口絵 1　アサガオとソライロアサガオの模様（第 2 章参照）

a：雀斑（*a3-flecked*）変異体，**b**：吹掛絞（*speckled*）変異体，**c**：吹雪（*Blizzard*）変異体，**d**：覆輪（*Margined*）変異体，**e**：刷毛目絞（*Striated*）変異体（三宅・今井（1934）から転載して作図），**f**："杜の秋月"という系統に見られる刷毛目絞，**g**："御幸の誉"に見られる刷毛目絞，**h**：新しくあらわれた変異体の刷毛目絞，**i**～**k**：偽柿（*duskish*）変異体，**l**："フライングソーサー（*pearly-variegated*）"。吹掛絞では，キメラ斑の数が多いのでトランスポゾンの転移頻度が高く，サイズが小さいので転移のタイミングは遅いことがわかる．偽柿変異体では，矢印の方向に表現型が変化する．1 つの個体内で変化するだけでなく，世代間でも変化するので self-colored や plain の花だけを咲かせる個体が分離する．self-colored や plain は ruled から最大で 80% 程度も分離することが観察されており，ruled の個体を維持することを困難にしている．一方で，細い矢印で示した変化は数 % 程度と頻度が低い（Imai, 1935）．

口絵 II

口絵 2　*met1-3* 突然変異体のホモ接合体確立後の第 2 世代の植物体（46 日目）（第 3 章参照）
同一の親由来であっても様々な大きさの植物が観察される。

口絵 3　（第 6 章参照）
野生クローン植物の集団の様子。上：スズラン，下：コンロンソウ。クローン植物はしばしば生育地全体に広く分布している（左）。互いに近くに存在するラメットは単一クローンがかたまっていることもあれば，異なるジェネットが混在していることもある。

エピジェネティクスの生態学

－環境に応答して遺伝子を調節するしくみ－

種生物学会　編
責任編集　荒木 希和子

文一総合出版

Ecologcal Epigenetics
-An understanding of gene regulation mechanisms under changing environments-

edited by
Kiwako S. ARAKI

The Society for the Study of Species Biology (SSSB)

Bun-ichi Sogo Shuppan Co.
Tokyo

種生物学研究　第 39 号
Shuseibutsugaku Kenkyu No. 39

責任編集　　荒木 希和子（立命館大学）

種生物学会 和文誌編集委員会
（2016 年 1 月～ 2018 年 12 月）

編集委員長	川北　篤	（京都大学）
副編集委員長	陶山 佳久	（東北大学）
編集委員	石濱 史子	（国立環境研究所）
	奥山 雄大	（国立科学博物館）
	川窪 伸光	（岐阜大学）
	工藤　洋	（京都大学）
	富松　裕	（山形大学）
	永野　惇	（龍谷大学）
	西脇 亜也	（宮崎大学）
	藤井 伸二	（人間環境大学）
	矢原 徹一	（九州大学）
	吉岡 俊人	（福井県立大学）
	山尾　僚	（弘前大学）

はじめに

　生物界の多様性の理解は，生物学における主要な目標の一つである。多様性は異なる種の間に見られるものだけでなく，同じ種に属する個体間の形態や生理的特性，行動といったさまざまな表現型にも見いだされる。そのため同種であっても，表現型の違いによって生物的・非生物的環境への応答に個体間の違いが生じ，その結果として生物界はより多様なものとなっている。しかし，同種の個体間に見られる表現型の多様性はどのようなメカニズムで生じるのだろうか。まず，遺伝情報物質であるDNAの塩基配列における個体間の差が表現型の差をもたらしていることは容易に想像できる。しかしながら同種の生物が示す表現型には，DNA塩基配列の違いだけでは説明できない多様性がある。すなわち，個体にはDNA塩基配列の変化を伴うことなく，環境の変化に応じて柔軟かつ迅速に表現型を作り変える能力が備わっている。この能力が，生物界の多様性をより高度で複雑なものにしているのである。

　個体の表現型を決定する発生過程において，遺伝子発現やDNA塩基配列の修飾，高次構造などといった細胞の状態は，その細胞が置かれた状況に応じて変化する。そして，いったんその変化（分化）が完了すると，それら細胞内の状態は，さらなる変化の能力を保ちつつも安定し，また母細胞から娘細胞へと継承される。興味深いことに，細胞の状態は，減数分裂前後の細胞間，さらには生物個体の世代間でも継承される場合がある。つまりこのメカニズムは，親世代が経験した環境に対する迅速な応答として機能するとともに，その結果が細胞内に「記憶」され，子世代に「遺伝」することを意味する。

　本書のメインテーマであるエピジェネティクスは，上に述べた細胞状態の柔軟性や安定性が，DNAの塩基配列の変化を伴うことなく実現されるメカニズム，およびそれを扱う研究分野のことを指す。エピジェネティクス研究は，単細胞生物の遺伝子発現制御から多細胞生物の細胞分化に至る幅広い生物現象を対象としている。また応用面でも，癌治療や再生医療といった医学分野の最先端研究に深くかかわっている。細胞状態の変化をもたらす要因は，発生過程での細胞間のミクロな相互作用だけでなく，個体として経験するマクロな外部環境であってもよい。したがって，エピジェネティクス研究が対象とする細胞内での

現象は，野外生物が環境変化に応じて表現型を作りかえるメカニズムにもなりうると考えるのは，ごく自然なことだろう．本書では，このようなエピジェネティクスがかかわる（かかわりうる）生態学的・進化学的な現象に焦点を当て，これを取り扱う学際的な分野をあらたに「エコロジカル・エピジェネティクス」(Bossdorf et al., 2008) と呼ぶこととし，以下のような内容で構成した．

　第1部「エピジェネティクスへの招待」では，エピジェネティクスの基本となるさまざまなメカニズムと，それが生物のどのような表現型の変化にかかわっているかについて解説していただいた．特に第1章は，歴史的背景や用語の解説を含む総説を兼ねている．野外生物が環境変化に応じて表現型を作りかえるさまざまなメカニズムは，エピジェネティクスが解明すべき課題の宝庫である．生態学研究者とエピジェネティクス研究者が協働することによって，その未知の扉がつぎつぎ開かれることが期待される．第2部「環境応答とエピジェネティクス」では，そのような協働による到達点の例を示していただいた．

　環境応答の適応性を考えることは，その性質がどのように進化してきたかを考えることにつながる．第3部「進化のメカニズムとエピジェネティクス」では，エピジェネティクスのメカニズムと適応進化とが，どのように相互に影響を及ぼし合ってきたかについて，多様な生物種からのアプローチを紹介していただいた．個体の環境応答に基づく世代間での表現型の継承メカニズムは，生物が集団として示す，環境変化への柔軟かつ迅速な適応性の分子基盤となっている可能性が近年指摘されている．これは，DNA塩基配列の突然変異のみに基づく適応進化の枠組に再考を迫るものとなるかもしれない．従来の適応進化メカニズムの理解は，エピジェネティクス研究によってどのように変わるのだろうか．第3章，第7章，第8章でその可能性について議論していただいた．締めくくりとなる第4部「手法編」では，エコロジカル・エピジェネティクスに関心を持たれた読者がすぐにでも実証研究に取りかかれるように，エピジェネティクスの代表的なメカニズムであるDNAメチル化とヒストン修飾の研究法を具体例とともに解説していただいた．

　技術革新にともなって，実験室内で扱うモデル生物だけにしか用いることができなかった研究手法が野外生物に対しても適用できるようになりつつある．このことは，野外生物に見られる現象を明らかにする新たなツールを手にした

Bossdorf, O. et al. 2008. Epigenetics for ecologists. *Ecology Letters* **11**: 106–115.

ことになる一方で，モデル生物でわかってきたことが野外生物にどれくらい適用可能かを検証できるようになったことにもなる。このような相互の研究アプローチの広がりが，生物界の多様性の理解を深める一助となることを期待したい。本書がそのような研究の進展につながれば，編者らにとって望外の喜びである。

　最後に，ご多忙の中，執筆をご快諾いただき，自身の経験や興味深い研究を多数織り交ぜた原稿をお寄せくださった執筆者の方々に心より御礼申し上げる。また，査読にご協力いただき, 貴重なコメントをお寄せいただいた査読者の方々，企画・出版にあたりご尽力いただいた種生物学会和文誌編集委員会の方々，出版にあたり多くのお力添えをいただいた文一総合出版の菊地千尋さんに厚く御礼申し上げる。

　　　　　　　　　　　　　　　　2016 年 11 月　　　荒木希和子

エピジェネティクスの生態学
－柔軟な環境応答をもたらす分子メカニズム－

目　次

はじめに

第1部　エピジェネティクスへの招待

第1章　クロマチン修飾が制御するエコロジカル・エピジェネティクス
　　　　………………………………………………………………… 玉田 洋介　11

第2章　アサガオの模様を生み出すエピジェネティクス …… 星野 敦　63

第3章　エピ変異：その安定性と表現型へのインパクト …… 西村 泰介　81

第2部　環境応答とエピジェネティクス

第4章　環境ストレスと進化：ストレス活性型トランスポゾンと宿主の関係
　　　　……………………………………………………………………… 伊藤 秀臣　101

コラム　トランスポゾン ……………………………………………… 伊藤 秀臣　113

第5章　冬の記憶：*FLC*のエピジェネティック制御から明らかとなる植物の繁殖戦略
　　　　…………………………………………………………………… 佐竹 暁子　117

第6章　野生クローン植物集団に見られるエピジェネティック空間構造
　　　　…………………………………………………………………… 荒木 希和子　133

第7章　進化学を照らす新しい光？：エピジェネティクスによる
　　　　適応的継代効果 ……………………………………………… 田中 健太　155

第3部　進化のメカニズムとエピジェネティクス

第8章　進化の単位としてのエピゲノム：
　　　　配列特異性を変える細菌のDNAメチル化系からの仮説
　　　　…………………………………………………………………… 小林 一三　167

第9章　有袋類を含めた比較解析から考える
　　　　ゲノムインプリンティングの進化の謎 ……………鈴木 俊介　185

第4部　手法編

第10章　DNA メチル化解析法 ……………………………西村 泰介　205

第11章　植物自然集団におけるヒストン修飾の解析法 ………西尾 治幾　219

執筆者一覧　237

索引　240

第1部

エピジェネティクスへの招待

第1章　クロマチン修飾が制御する
エコロジカル・エピジェネティクス

玉田 洋介（基礎生物学研究所・生物進化研究部門）

はじめに

　筆者が博士号を取得した後，最初のポスドク先として選んだ米国ウィスコンシン大学マディソン校は，その名の通りウィスコンシン州の州都マディソンにある。マディソンは北緯こそ札幌市とほぼ同じだが，冬の寒さは厳しく，筆者が居た4年半の間に，気温が−35℃にまで冷え込んで外出禁止令が出されたこともあった。冬の寒さが厳しい分だけ，春が来たときの喜びは大きく，気温が上がって雪が融けてくると，学生も教員も一斉にラボや教室から飛び出して，日光浴を楽しみ，大学食堂で提供されるウィスコンシン名物のビールを飲みながら，テラスでディスカッションや馬鹿話に花を咲かせる。

　花を咲かせる，といえば，厳しい冬を乗り越えて春を謳歌するのは，人間や動物たちだけではない。ウィスコンシンは豪雪地帯ではないが，10月後半から降り始めた雪は毎年厚さ30〜50 cmくらいの根雪となり，4月まで融けない。その下で，植物たちはじっと寒さと雪の重みに耐えている。そして，春になって雪が融けると，植物たちは一斉に花を咲かせる（図1）。ウィスコンシンの春の草原の美しさは，一見の価値があると思う。

　こうした，植物が冬を経験した後，春に花成を行う現象を「春化（vernalization）」と呼ぶ。春化の分子機構は，モデル被子植物であるシロイヌナズナ（*Arabidopsis thaliana*）を用いて，徐々に明らかにされてきている。シロイヌナズナを低温にさらすと，花成抑制に中心的な役割を果たす遺伝子である *FLOWERING LOCUS C*（*FLC*）[*1] の転写が徐々に抑制される。興味深いことに，植物が春を迎えた後，つまり低温から生育至適温度に戻っても，この *FLC* 遺伝子の転写抑制状態は安定に維持され，それで植物は春に花を咲かすことができる。この *FLC* 遺伝子の安定な転写抑制，すなわちエピジェネティックな転写抑制に，クロマチン修飾が関与していることが，2004年に「Nature」誌に続けて報告された（Bastow *et al.*, 2004; Sung & Amasino, 2004）。当時，筆者は植物の転写と形態形成について研究していたが，エ

図1　米国ウィスコンシン州マディソン市の風景
a: 2008年2月17日，**b**: 2008年5月6日

ピジェネティクスとあまり関連付けて考えることができておらず，後藤弘爾博士（岡山県生物資源研究所）と，同級生だった揚妻正和君（現大阪大学）にこれらの論文を紹介されて強い衝撃を受け，植物の遺伝子発現と形態形成を制御するエピジェネティクスを研究したいと思うようになった．片方の論文の責任著者がウィスコンシン大学の Richard M. Amasino 博士である．筆者は博士号取得後，海外学振に外れたにもかかわらず，Amasino 博士にポスドクとして採用していただき，シロイヌナズナの春化を制御するエピジェネティクス機構について一緒に研究をすることになった（e.g. Sung et al., 2006; Tamada et al., 2009; Yun et al., 2012）．こうした経緯もあり，ウィスコンシンの春の草原の花々の美しさは，一層印象深く，筆者の脳裏に焼き付いているのかもしれない．

　春化のエピジェネティクス研究から筆者が離れてから5年以上が経ち，その間にも複数の新しい知見が得られている．FLC 遺伝子のエピジェネティクス制御や，その生態学的な意義についての最新の知見は**第5，6章**をご覧いただきたい．この

＊1：**遺伝子やタンパク質の表記方法**
　遺伝子やその変異体は斜体（e.g. *FLOWERING LOCUS C*），タンパク質は立体（e.g. FLOWERING LOCUS C）で示す．また，長い名前を持つ遺伝子やタンパク質，変異体は通常，2〜4文字からなる短縮名が定められている（e.g. *FLC*）．以降については，はっきりと定められたルールはないようであるが，一般に植物では遺伝子やタンパク質はすべて大文字で示し，ホモ変異体はすべて小文字で示す（e.g. *flowering locus c, flc*）．動物では，遺伝子やタンパク質は最初の文字だけを大文字にして後は小文字にすることが多いようである（e.g. *Polycomb, Pc*）．変異体は，ショウジョウバエではすべて小文字で表記し（e.g. *polycomb, pc*），哺乳類では遺伝子の右上に接合体の状態を示すことが多いようである（e.g. ホモ接合体は $Oct4^{-/-}$，ヘテロ接合体は $Oct4^{+/-}$）．酵母では，遺伝子でも斜体にせず最初の1文字だけを大文字にし（e.g. Set1），タンパク質は後ろに p（e.g. Set1p），変異体はすべて小文字で最初に Δ をつける例が見られる（e.g. Δset1）．本稿では，できる限りこれらを原著や一般的に使われている表記法に合わせて記載した．

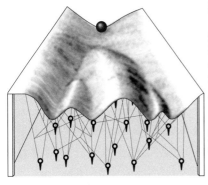

図 2　Epigenetic landscape（Waddington, 1957 を参考に作図）
Epigenetic landscape は，1 つの遺伝型から複数の表現型が生じうるメカニズムを模式的に表したものである。下に打ち付けられた杭は遺伝子，杭から伸びたロープは遺伝子産物である。遺伝子産物が複雑に相互作用しながら地面を引っ張ることで，遺伝型の地形が形成される。一番上のビー玉が受精卵で，下に転がることで胚発生が進行する。1 つの地形（遺伝型）に対して複数の谷底（異なる表現型）が存在し，ビー玉を取り巻く環境によってビー玉がたどる経路が変わり，どれか 1 つの谷底（表現型）に落ち着く。

章では，エピジェネティクスの定義や，エピジェネティクスの主要要素の 1 つであるクロマチン修飾の紹介，そしてエピジェネティクスが関与する適応的・進化的な意義について概説することで，本書への序論としたい。

1. エピジェネティクスとは

1.1. Waddington とエピジェネティクス

　エピジェネティクス（epigenetics）は，1942 年に英国の発生学者 Conrad H. Waddington 博士が提唱した研究分野で，当時は後生説（epigenesis）の研究を目的としていた。後生説とは，卵や精子の中に生物の雛形は存在せず，受精後に多様な器官が形成されて生物が発生するという考え方である。観察と比較が発生学の主流であり，まだ遺伝物質の正体も同定されていなかった当時，Waddington 博士はエピジェネティクスを，1 つの遺伝型からどのように多様な表現型（多様な細胞や器官，もしくは個体全体としての形態や環境応答性など）が生じうるのかを研究する分野，と定義した（Waddington, 1942b; 再版をオンラインで入手可；Waddington, 2012）。そうしたプロセスを模式的に表したのが epigenetic landscape（図 2）である（Slack, 2002; Waddington, 1957, 1968）。すなわち，多数の遺伝子産物の複雑な相互作用によって遺伝型の地形が形成される（図 2 下部）。胚発生とは，この地形の一番上に受精卵を模したビー玉を置いて，それが下に転がることと表される（図 2 上部）。多数の遺伝子が複雑に作用して谷が形成されることにより，多少の環境的攪乱や内因的ゆらぎがあっても，細胞の運命は正しく決定され，発生のプロセスが大きく乱されることはない。しかしながら，谷の分岐点では，わずかな環境的・内因的要因によって細胞や個体がたどる運命が切り替わってしまい，最終的に異なる

細胞運命や表現型に帰着する。彼はこれを発生の運河化（canalization）と呼んだ（Waddington, 1942a）*2。

1.2. エピジェネティクスから現代分子生物学研究への示唆

Epigenetic landscape や運河化といった概念は，遺伝物質としての DNA の発見とその後の分子生物学の隆盛の後，近年になって再び脚光を浴びることになった。2000 年代の前半までは，胚発生に限らず，ある生命現象を分子生物学的に説明する際，「転写因子 A →遺伝子 B の転写→発現したタンパク質 B とタンパク質 C の相互作用→ある器官の形成」のように，（多少の枝分かれがあったとしても）一次元的なモデルとして理解することが一般的であった。しかしながら 2000 年代中盤以降，オミクス解析の発展から，例えば転写因子が以前に考えられていたよりもはるかに多くの遺伝子の転写を制御していることが解明され，生命現象を複雑な遺伝子制御ネットワーク（gene regulatory network: GRN）として理解することが常識となった（*e.g.* Alvarez-Buylla *et al.*, 2007; Levine & Davidson, 2005; Oliveri & Davidson, 2004）。遺伝子制御ネットワークは一般に相互補足的に機能しており，それが環境的・内因的な攪乱に対する生命現象の頑健さ（robustness）を担保する一要因であることも示された（*e.g.* Sato *et al.*, 2010; Wagner, 2000）。図 2 下部に示された遺伝型の地形を形成する機構は遺伝子制御ネットワークそのものであり，運河化は遺伝子制御ネットワークによる生命現象の頑健さを予見した概念であるといえる。

ただし，epigenetic landscape を形成する分子機構は遺伝子制御ネットワークだけでなく，RNA 制御や翻訳，タンパク質修飾や分解，代謝産物制御，およびそれらの相互作用が総体として epigenetic landscape を形成していると考えられる。遺

---

*2：Epigenetic landscape は，受精卵を模したビー玉が（細胞）分裂をしながら下に転がるとしたほうが，発生をより正確に記述しているのではないか，と考えている。この場合，谷底はそれぞれの細胞が取りうる分化終着点であり，しばしば 1 つの谷底に複数のビー玉が帰着する。発生に欠かせないイベントである非対称細胞分裂（asymmetric cell division）は，epigenetic landscape の谷の分岐点のところでビー玉が 2 つに分裂してそれぞれ別の運命をたどることと記述できる。また，組織内における細胞の物理的な位置がその後の細胞運命の決定を決定する可能性が指摘されているが，それを epigenetic landscape に当てはめると，分岐点以前の段階で対称細胞分裂（symmetric cell division）が起き，谷の分岐点における細胞の物理的な位置によって細胞運命が決定されると記述できる。マウスの初期胚発生を例に取ると，桑実胚前には細胞の運命はまだ決定されていないが，桑実胚から胚盤胞にいたる過程において栄養外胚葉を構成する細胞か，内細胞塊を構成する細胞へと運命が決まる。その運命決定に，桑実胚から胚盤胞までのある段階の胚における細胞の物理的な位置か，もしくは非対称分裂のどちらかが関与していると考えられている（Gasperowicz & Natale, 2011; Rossant & Tam, 2009）。Epigenetic landscape にビー玉の分裂という概念を与えることで，両方の仮説をうまく説明できる。

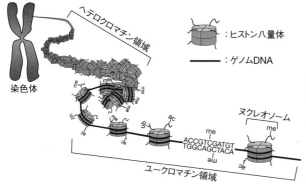

図3　クロマチン（染色質）の模式図
ヘテロクロマチン領域の大部分では、ゲノムDNAやクロマチン修飾は省略した。me: メチル基、ac: アセチル基、ub: モノユビキチン、ph: リン酸基。

伝子制御ネットワークはトランスクリプトーム解析やクロマチン免疫沈降−シーケンシング法（Chromatin immunoprecipitation-sequencing, ChIP-seq, 第11章参照）などによって解明可能になったが，今後，RNAやタンパク質，代謝産物の制御と，それらの相互作用をグローバルに明らかにする手法が開発されることによって，epigenetic landscape を担う分子機構の総体が解明できると期待される。

　Epigenetic landscape で暗示されているもう1つの重要なことが，重力の存在である。細胞は一度分化してしまうと，つまり谷底に落ちてしまうと，容易には元の未分化な状態には戻れない。この分化状態の維持 = 細胞記憶（cellular memory）は，個体の正常な発生には極めて重要である。もし分化細胞が容易に未分化な状態に戻れるのなら，動物では癌が発生しやすくなるだろうし，植物ではあちこちでカルスのような未分化な組織が増殖するだろう。皮膚細胞は皮膚細胞として，葉細胞は葉細胞として，一度決められた細胞の運命が容易に転換しないように細胞記憶を固定する必要がある。そのためには，細胞の転写プロファイルを安定に維持して，容易に変化しないようにする制御機構が必須である。こうした制御機構はエピジェネティック制御（epigenetic regulation）と呼ばれている。Epigenetic landscape における重力はまさにこのエピジェネティック制御の存在を暗示しているが，それを担うのが本書の主題の1つであるクロマチン修飾である（歴史的経緯については，総説 Haig, 2004, 2012 を参照）。

2. クロマチン修飾

2.1. クロマチンとその化学的修飾

　クロマチン（chromatin，染色質）は，ゲノムDNAと，ゲノムDNAに結合して

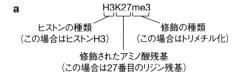

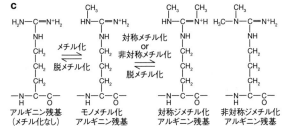

図4 ヒストン修飾
a: ヒストン修飾の一般的な表記法。**b**: メチル化リジン残基の化学式。**c**: メチル化アルギニン残基の化学式。

ともに染色されるタンパク質との複合体のことを指す（図3）。真核生物では，ゲノム DNA は主に塩基性のヒストンタンパク質に巻き付いてクロマチンを構成している。ヒストンタンパク質の中で，ヒストン H2A，H2B，H3，H4 はコアヒストンタンパク質と呼ばれ，それぞれ2分子ずつ集まってヒストン八量体を形成する。これに酸性のゲノム DNA が146 bp ずつ巻き付いて，クロマチンの構成要素であるヌクレオソームを形成する。はっきりと「これ」と指摘できるヌクレオソームと比較して，クロマチンは（ゲノムと同じく）幾分概念的な言葉である。クロマチンはその構造から，凝集して不活性なヘテロクロマチン（heterochromatin）と，ゆるんで転写などが起きやすくなっているユークロマチン（euchromatin）に分けることができる。

このクロマチンを構成する主な要素であるゲノム DNA とヒストンタンパク質は，どちらも化学的な修飾を受けることが知られており，これらをまとめて「クロマチン修飾」と呼ぶ。ゲノム DNA は，シトシンの5位の炭素原子がメチル化されることが知られている。原核生物では，シトシンに加えて，アデニンの6位の窒素原子がメチル化される。原核生物におけるゲノム DNA メチル化の適応的意義に

2. クロマチン修飾　17

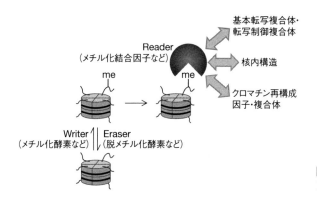

図5　一般的なクロマチン修飾の機能

ついては第8章をご覧いただきたい。また，ヒストンタンパク質は，リジン残基のメチル化，アセチル化，モノユビキチン化に加えて，アルギニン残基のメチル化，さらにセリン，スレオニン，チロシン残基のリン酸化が知られている。さらにややこしいことに，リジン残基は，ε-アミノ基がそれぞれモノ，ジ，トリメチル化されうる（図4）。また，アルギニン残基は，モノメチル化，1つのアミノ基がジメチル化される非対称ジメチル化，両方のアミノ基がモノメチル化される対称ジメチル化の3種類の修飾が存在する。これらのクロマチン修飾が別々に，ないしは協働して，クロマチン構造や転写，細胞分裂やDNA損傷応答の制御，もしくはそうした制御を行うタンパク質複合体のリクルート*3に機能している（図5，表1；Li et al., 2007; Liu et al., 2010）。

2.2. クロマチン修飾によるエピジェネティック制御

　これらクロマチン修飾の一部がエピジェネティック制御，すなわち「細胞分裂を通じて安定な転写制御」を担っている。この小節では，なぜクロマチン修飾がエ

＊3：リクルート（recruit）
　分子生物学分野では，標的分子Aと結合したある分子Bが，さらに機能性分子Cに結合することで，CがAに作用する状態を作り出すことを，「分子Bが分子Aに分子Cをリクルートする」もしくは「分子Bによって分子Cが分子Aにリクルートされる」と表現する。機能性分子Cは多くの細胞で発現しているが，分子Bの助けなしには標的分子Aに対して作用できない。本文を例に取ると，標的分子Aがクロマチン，分子Bは修飾されたヒストンもしくはシトシン，機能性分子Cは転写やクロマチン構造を制御するタンパク質複合体である。リクルートという言葉は直感的に意味がつかみにくいが，適切な熟語がないため，カタカナで表記されることが多いようである。以下は，なぜリクルートという用語が使われるようになったかについての筆者の私見であるが，分子Cは労働者，分子Aが会社だとすると，分子Bは人事部メンバーであり，会社に適切なタイミングで適切な労働者を「雇用」して労働してもらうことに似ているためなのではないかと思っているのだが，いかがだろうか。

表1 エピジェネティック制御に関与するクロマチン修飾の代表例

種類	局在
転写活性化	
H3K4me3	転写・翻訳開始点近傍
H3K36me2/me3	遺伝子ボディ領域
H2BK120ub1	プロモーターおよび転写領域
H3ac	転写・翻訳開始点近傍
H4ac	転写・翻訳開始点近傍
転写抑制	
H3K27me3	動物では主にプロモーターおよび転写領域、植物では主に転写領域
H2AK119ub1	プロモーターおよび転写領域
H3K9me2/me3	遺伝子領域全域
シトシンメチル化	遺伝子領域全域もしくはプロモーター領域（遺伝子ボディのみがCGメチル化を受ける遺伝子ボディメチル化は抑制機能なし）

ピジェネティック制御を担っているのか，担えるのかを考えてみたい．ここで鍵となるのが，細胞分裂である．細胞周期のM期において，細胞全体が再構成され，核膜は消失し，染色体が凝集する．一般的に，転写因子などのDNA結合タンパク質は凝集した染色体には結合できず，標的遺伝子から離れた状態となる．その後，核膜が再構成され染色体が脱凝縮されてG1期に入るが，その最初期にはすべての転写因子がそれぞれM期以前に標的としていた遺伝子座に完全に再結合できるわけではないと考えられる．これは，細胞記憶＝転写プロファイルの維持にとっては危険なことである．もし転写因子のみによって転写制御が行われていた場合，G1期の最初期に，本来転写されるべき遺伝子が転写されなかったり，転写されるべきでない遺伝子（例えば癌を引き起こしうる幹細胞遺伝子など）が転写される可能性がある．

それに対して，クロマチン修飾はどうだろうか．クロマチン修飾は化学的な修飾であり，共有結合によっている．これは，M期に染色体が凝集しても，クロマチンから切り離されないことを意味している．DNA複製期（S期）に親クロマチンにおける修飾のパターン＝エピゲノム（epigenome）が娘クロマチンへ安定に複製されさえすれば，細胞全体が再構成されるM期であっても修飾はクロマチン上に維持され，娘細胞に安定に継承されると考えられる．エピジェネティック制御の根幹であるS期におけるエピゲノム複製は，活発な研究の対象になっている．

実際にはこのように細胞分裂を経て安定に継承されるのは主にシトシンやヒストンのメチル化であり，ヒストンのアセチル化やリン酸化は一般に細胞周期によって活発に変動することが知られている．また，シトシンやヒストンのメチル化も発生や進化の過程で可塑的に変動しうる．この総説では，まずクロマチン修飾が担う，

安定でありながら可塑性を持つエピジェネティック制御について概説したい。

2.3. 食わず嫌いはもったいない！

……と，クロマチン修飾についてざっと述べてきたが，もうおなかいっぱいの方も多いと思う。「これだけわかってるんだったら，もう研究しなくてもいいんじゃないの？」や，「覚えることが多すぎて，今からこのフィールドに参入するのはちょっと……」などの声を，筆者は実際に数多く耳にしてきた。正直，筆者もクロマチン修飾の機能のすべてを把握しているわけではない。しかしながら，クロマチン修飾について調べれば調べるほど，クロマチン修飾の機能やどのようにエピジェネティック制御を行っているのかについて驚くほど理解が進んでいないことがわかる。

クロマチン修飾のゲノム上の場所については，ChIP-seqなどの方法によって解明が進んでおり，さらにトランスクリプトーム解析との連携によって，それらの修飾と転写活性との相関についてもよく調べられている (*e.g.* Ho et al., 2014)。しかし，たいていの場合，それらの結果は「相関どまり」であることが多い。それぞれのクロマチン修飾がどのように転写に寄与し，細胞記憶を制御しているのかはまだほとんど明らかになっておらず，最初のヒストン修飾酵素が見つかって20年近く経過した今なおクロマチン修飾の新しい機能を解明した論文は一流紙に掲載されている。

また，多くの組織で構成的に発現するクロマチン修飾酵素が，特異的な遺伝子座を最適のタイミングで修飾する機構についても大部分が未解明で，クロマチン修飾がどのようなタンパク質複合体によって認識され，そのタンパク質複合体がどのようにクロマチン構造や転写を制御しているのかについての研究は今まさに発展途上である。読者諸兄がクロマチン修飾についての最新の総説を2, 3本読んで，さらにそこで引用された重要そうな原著論文も読んでみても，「いまいち全体像がわからない」と思った場合は，その印象はそのまま正しいことが多い。そのくらい，エピジェネティクス研究はコンセプトや仮説が先行し，結果が追い付いていない研究分野なのである。筆者は，今後の研究によって，クロマチン修飾についての現在の仮説はかなり大きく塗り替えられるだろうと考えている。

3. エピジェネティック制御の種類

この節では，よく研究が進んでいる2つのエピジェネティック制御：ポリコームグループとトライソラックスグループによるヒストンメチル化と，シトシンメチル

化について，その歴史と現在までの主要な研究を紹介していきたい．遺伝学，発生学，分子生物学，生化学研究の結果が多いので，まず生態学について読みたい方は，この第3節を読み飛ばしていただいて，先に本章の第4節，もしくは第2章から読んでいただいても一向に構わない．用語解説も兼ねた節ということでご容赦願いたい．

3.1. ポリコームグループ（PcG）とトライソラックスグループ（TrxG）

ショウジョウバエ（*Drosophila melanogaster*）の胚発生において体節の運命決定を制御する *Homeobox*（*Hox*）遺伝子の研究などでノーベル賞を受賞することになる Edward B. Lewis 博士の研究室において，1947年，ショウジョウバエのオスの前足に存在する sex comb の数が増加する変異体が単離され，*polycomb*（*pc*）と名づけられた (Lewis, 1947)（単離したのは Lewis 博士の新妻であった Pamela H. Lewis 氏である）．単離された *pc* はヘテロ変異体であり，ホモ変異体にすると胚性致死を示す．さらに，ホモ変異体の胚ではすべての体節がより後方の体節の性質を示すことがわかり，Lewis 博士は，Pc が後胸部と腹部の運命を決定する bithorax complex（BX-C）の抑制に機能していると推定した (Duncan & Lewis, 1982; Lewis, 1978)．その後，変異体が *pc* と同様の表現型を示す一群の遺伝子群が単離された．後に，それらはまとめてポリコームグループ（Polycomb group, PcG）と名づけられた．また，PcG 変異体の表現型を抑制する一群の変異体として，*trithorax*（*trx*）などが単離され，それらの原因遺伝子はトライソラックスグループ（Trithorax group, TrxG）と名づけられた（表2）．外部から見ると一見地味にも見える「ハエのオスの前足に生えた毛の数が増える」変異体の単離が，エピジェネティクス機構の分子実体の解明という大きな研究の潮流のきっかけとなった．大きな研究が，必ずしも狙い澄まされた計画からだけ生み出されるのではないことを思い起こさせる．

3.1.1. PcG によるエピジェネティック制御

PcG がどのように多くの *Hox* 遺伝子の転写を抑制しているのかについて，Lewis 博士らは BX-C 遺伝子群の時空間的な発現を直接制御する因子，例えば胚内勾配因子に PcG が関与していると考えた (Lewis, 1978)．その一方，ケンブリッジ大学，次いでハーバード大学のポスドクであった Gary Struhl 博士（現コロンビア大学）は，PcG が BX-C 遺伝子群だけでなく，その他の *Hox* 遺伝子群の転写抑制にも関与していること，さらに，PcG が遺伝子の転写抑制状態を安定に維持していることを明らかにした (Struhl, 1981, 1983; Struhl & Akam, 1985; Struhl & Brower, 1982)．

表2　代表的なPcG/TrxGとその機能

ショウジョウバエ	哺乳類	シロイヌナズナ	機能
Polycomb group (PcG)			
Polycomb repressive complex 2 (PRC2)			
Enhancer of zeste (E[z])	E(z) homolog 1, 2 (Ezh1, 2)	CURLY LEAF (CLF)	SETドメインタンパク質, H3K27メチル化酵素
		SWINGER (SWN)	
		MEDEA (MEA)	
Extra sec combs (Esc)	Embryonic ectoderm development (Eed)	FERTILIZATION-INDEPENDENT ENDOSPERM (FIE)	クロマチンへの結合とH3K27メチル化の促進
Suppressor of zeste 12 (Su[z]12)	Suz12	EMBRYONIC FLOWER2 (EMF2)	クロマチンおよび他の複合体との結合
		VERNALIZATION2 (VRN2)	
		FERTILIZATION-INDEPENDENT SEEDS2 (FIS2)	
Polycomb repressive complex 1 (PRC1)			
Polycomb (Pc)	human Pc (Hpc)	No ortholog *	クロモドメインタンパク質, H3K27me3への結合
Posterior sex combs (Psc)	B lymphoma Mo-MLV insertion region-1 (Bmi-1)	AtBMI1a, b, c	PRC1の骨格 (scaffold) タンパク質
dRing	Ring1A, B	AtRING1a, b	ヒストンH2Aモノユビキチン化酵素
Trithorax group (TrxG)			
Trithorax (Trx)	Mixed-lineage leukemia1-4 (Mll1-4)	ARABIDOPSIS TRITHORAX1-5 (ATX1-5)	SETドメインタンパク質, H3K4メチル化酵素
		ATX-RELATED3, 7 (ATXR3, 7)	
Absent, small or homeotic discs 1 (Ash1)	Ash1-like (Ash1l)	EARLY FLOWERING IN SHORT DAYS (EFS/ASHH2/SDG8)	SETドメインタンパク質, H3K4, K36メチル化酵素
Brahma (Brm)	Brahma-related gene 1 (Brg1)	SPLAYED (SYD)	ATP依存的クロマチン再構成因子
		AtBRM	

*被子植物では, TERMINAL FLOWER2 (TFL2/LHP1) がH3K27me3と結合すると考えられている。TFL2は, 動物にてH3K9me3に結合するHP1のオルソログである。

この, Struhl博士が発見したPcGによる「維持型」の制御こそが, 後にエピジェネティック制御と呼ばれるものである。Struhl博士が最初にLewis博士とは異なる論旨で論文を発表した1981年当時, Struhl博士はまだ1980年に博士号を取りたてのポスドクであったのに対し, Lewis博士は63歳になっていた。少なくとも

新進のポスドクが単名で大物教授と異なる学説を主張できるというサイエンティフィックな雰囲気の中で当時のショウジョウバエの研究が進んでいたことを感じさせられる。遺伝学や発生学がショウジョウバエを用いて進んだ理由も，このあたりにあったのではないかと思う。

3.1.2. PcG と TrxG の機能の謎

　PcG は *Hox* 遺伝子が胚発生時の適切な細胞以外で発現しないようその転写をエピジェネティックに抑制していることが解明される一方で，TrxG が（おそらく PcG による抑制を打破して）*Hox* 遺伝子の転写を適切な細胞で活性化していることが明らかとなった（*e.g.* Ingham, 1983）。しかしながら，具体的に PcG や TrxG がどのようにエピジェネティック制御を達成しているのかについてはわかっていなかった。PcG や TrxG を構成するタンパク質，さらに 3.2.4. 以降で述べるヘテロクロマチン化に必須のタンパク質に共通するいくつかのドメインが同定され，それぞれ Suppressor of variegation 3-9（Su[var]3-9），Enhancer of zeste（E[z]），Trithorax（SET）ドメインや Chromatin organization modifier ドメイン（クロモドメイン，CD），Bromodomain（ブロモドメイン，BD）などと名づけられたが，これらのドメインがどのような生化学的な機能を有しているのかについてははっきりせず，数多くの学生やポスドクがこれらのタンパク質の機能の前に"討ち死に"したと聞いている。

3.1.3. ヒストンアセチル化と転写との関与

　PcG/TrxG の機能解明に最初のヒントを与えたのが，ロチェスター大学の C. David Allis 博士（現ロックフェラー大学）である。Allis 博士のグループは，1996 年にテトラヒメナ（*Tetrahymena thermophila*），ついで出芽酵母（*Saccaromyces cerevisiae*）において，General control noninducible 5（Gcn5）がコアヒストン H3 と H4 の N 末端に存在するリジン残基のアセチル化（H3ac，H4ac）を触媒することで，転写活性化に機能することを明らかにした（Brownell *et al.*, 1996; Wang *et al.*, 1997）。さらに同時期，ケミカルバイオロジーの開拓者の 1 人であるハーバード大学の Stuart L. Schreiber 博士によってヒストン脱アセチル化酵素（histone deacetylase, HDAC）も同定されている（Taunton *et al.*, 1996）。ヒストンのリジン残基がアセチル化されうることは 1960 年代にすでに明らかにされ（Allfrey *et al.*, 1964; Allfrey & Mirsky, 1964），それが転写活性化と関連していることはたびたび指摘されてはいたが，アセチル化されるタンパク質は非常に多いことから，広く信じ

られるには至っていなかった。転写活性化因子である Gcn5 がヒストンアセチル化の触媒酵素（histone acetyltransferase, HAT）であることが解明されたことで，初めて決定的な証拠としてヒストンの化学的な修飾が転写に主要な影響を持ちうることが示された。

ヒストンアセチル化の機能であるが，アセチル化ヒストンに結合するタンパク質・ドメインが複数単離されており，こうしたタンパク質が転写を抑制すると考えられている（図5）。さらに，ヒストンのリジン残基がアセチル化されることで電荷が中和され，ヒストンと DNA の結合が弱まることで，転写因子や RNA ポリメラーゼ II が DNA に結合しやすくなったり，RNA ポリメラーゼ II による転写伸長が起きやすくなったりすると考えられている（Shogren-Knaak et al., 2006; Tropberger et al., 2013）。

ちなみに gcn は酵母の一連の変異体の名前であり，アミノ酸が存在する培地からアミノ酸欠乏培地に移動させた際に，アミノ酸合成遺伝子の転写を活性化できない表現型を示す。アミノ酸培地上の酵母における転写プロファイルとアミノ酸欠乏培地上の酵母における転写プロファイルは，アミノ酸合成遺伝子だけでなく大規模に変動する必要があると考えられる。それに Gcn5 を介したヒストンアセチル化が不可欠ということは，アミノ酸培地上という環境に適した転写プロファイルが安定に維持されて細胞記憶となっており，それを打破してアミノ酸欠乏下に適した転写プロファイルに変更するためにヒストンアセチル化が必要ということを示唆している。そうした意味では，Waddington 博士の提示した epigenetic landscape は多細胞生物の胚発生だけでなく，単細胞生物の相転移や環境応答にも適用しうるのではないかと考えている。

3.1.4. PcG によるエピジェネティックな転写抑制

さて，PcG/TrxG に話を戻そう。GCN5 のヒストンアセチル化活性が明らかになった後, Vienna Biocenter の Thomas Jenuwein 博士（現 Max Planck Institute）は，Su[var]3-9 の SET ドメインが，ヒストン H3 の 9 番目のリジン残基（H3K9）のメチル化を触媒することを明らかにした（Rea et al., 2000）。さらに，ノースキャロライナ大学の Yi Zhang 博士（現 Harvard Medical School）のグループをはじめとする複数グループが，E(z) およびその哺乳類ホモログ Enhancer of zeste homolog (Ezh) の SET ドメインが H3K27 のメチル化に機能すること，さらに Polycomb がクロモドメインを介して（トリ）メチル化された H3K27（H3K27me3）に結合することを解明した（e.g. Cao et al., 2002）。

以前の生化学的な解析から，PcG は E(z) を含む Polycomb repressive compex2 (PRC2) と Pc を含む PRC1（表 2），そして Pleiohomeotic (Pho) を含む Pho repressive complex (Pho-RC) という 3 つのタンパク質複合体を形成することがわかっていたが，上記の結果によって，PcG によるエピジェネティックな抑制は，まず PRC2 によって H3K27 がトリメチル化され，その H3K27me3 に PRC1 が結合することによって達成されることが明らかとなった（e.g. Margueron & Reinberg, 2011; Schuettengruber et al., 2007)。

　PRC1 の中にはヒストン H2A をモノユビキチン化する Ring も含まれており，H3K27me3 に加えてモノユビキチン化 H2A (H2Aub) も PcG によるエピジェネティック抑制に不可欠であると考えられている（Wang et al., 2004)。PcG や H3K27me3，H2Aub がどのように転写抑制に機能しているのかは完全にはわかっていないが，PRC がクロマチン上に凝集して，転写因子の結合を阻害するか，部分的にヘテロクロマチンを形成すると考えられている。こうしたヘテロクロマチンは発生段階や環境応答などで H3K27me3 が失われてユークロマチンになりうることから，条件的ヘテロクロマチンと呼ばれている。また，PcG を蛍光標識すると核質全体における発現とともに，スペックル（斑点）状の局在を示すことが知られており，PcG ボディと呼ばれている。このことから，H3K27me3 によって標識された複数の領域が三次元的に集まって，不活性なヘテロクロマチン構造をとることで転写が抑制されているのではないかと考えられている（Bantignies & Cavalli, 2011; Pirrotta & Li, 2012)。クロマチンの三次元構造を同定する方法として Hi-C が知られており（Lieberman-Aiden et al., 2009）*4，Hi-C と H3K27me3 や PcG の ChIP-seq を組み合わせることで，PcG ボディの実体や，PcG によるクロマチンの三次元制御が明らかになると期待される。

　陸上植物では，PRC2 の構成因子はすべて見つかっているが，PRC1 の構成因子は Psc（哺乳類における Bmi1）と Ring 以外には保存されていないようである。PRC1 に お け る H3K27me3 結 合 因 子 は TERMINAL FLOWER2/LIKE-HETEROCHROMATIN PROTEIN1 (TFL2/LHP1) であるが，この因子は動物における H3K27me3 結合因子 Pc のオルソログではなく，後述する別の因子

＊4：Hi-C
　　三次元的に相互作用するクロマチンを架橋し，DNA を制限酵素で切断する。その後，DNA を連結すると，相互作用するクロマチンの DNA が近位にあるため，優先的に連結される。その後，DNA を精製して，次世代シーケンサーでシーケンシングを行う。ゲノム上の異なる領域が連結された DNA 配列を抽出することによって，相互作用するクロマチンの DNA 配列をゲノムワイドに同定することができ，クロマチンの三次元構造を推定できる。

Heterochromatin protein1 (HP1) のオルソログである (表2, Butenko & Ohad, 2011; Hennig & Derkacheva, 2009)。また，H3K27me3 の位置も，動物ではプロモーターと転写領域の両方に存在していることが多いのに対し，植物では主に転写領域 (特に遺伝子ボディ*5) に存在している (表1)。動物と比べて植物では多能性幹細胞化しやすいなど，細胞の運命がより柔軟である (つまり，epigenetic landscape における重力が弱い) ことが知られているが，それがこうした PcG 因子の機能や局在の違いにあるとすると興味深い。

3.1.5. TrxG によるエピジェネティックな転写活性化

TrxG の機能は，SET ドメインタンパク質である Trx (哺乳類では Mll) が H3K4 メチル化酵素，Ash1 がおそらく H3K36 メチル化酵素であるほか，Brm が ATP 依存的にクロマチンの構造を変えるクロマチン再構成因子である (表2, Ash1 は H3K4，H3K9 メチル化活性も報告されている。Schuettengruber *et al.*, 2011; Shilatifard, 2012)。H3K4me3 は遺伝子の5'領域に局在しており，クロマチン再構成因子を含むタンパク質複合体によって認識され，その複合体が遺伝子の5'領域に存在するヌクレオソームを移動させることで，基本転写因子や RNA ポリメラーゼ II のクロマチンへの結合，もしくは RNA ポリメラーゼ II の転写伸長開始を促進していると考えられている。また，H3K36 me2/me3 は一般に，よく転写されている遺伝子ボディに局在している。

出芽酵母には PcG や H3K27me3 は存在しないが，Trx および Ash1 のオルソログとしてそれぞれ Set1, Set2 が存在しており，H3K4me3 や H3K36 me2/me3 を介した転写活性化機構について詳細に明らかにされている。RNA ポリメラーゼ II の C 末端ドメイン (C-terminal domain, CTD) には Tyr-Ser-Pro-Thr-Ser-Pro-Ser 配列のリピートが存在し，5番目のセリン残基がリン酸化 (Ser5P) されると転写が開始され，ついで2番目のセリン残基がリン酸化 (Ser2P) されると転写伸長が活性化されることが知られている。Set1 は Ser5P に結合し，遺伝子の5'領域の H3K4 をトリメチル化することで，転写開始が促進される (*e.g.* Briggs et al., 2001)。さらに，カンザス大学の Jelly L. Workman 博士 (現 Stowers Institute) によって，Set2 が Ser2P に結合することで，遺伝子ボディ領域の H3K36 がメチル化される

---

*5：エピジェネティクスにおいては，遺伝子領域をヘッド (遺伝子の転写開始点近傍の5'領域) とボディ (遺伝子の中央と3'領域) に分けることが多い。それは，遺伝子ヘッド領域には転写開始に機能するクロマチン修飾 (H3K4 me3 や H3Ac, H4Ac) や因子が局在しており，遺伝子ボディ領域には転写伸長に関与するクロマチン修飾 (H3K36 me2/me3) や因子が局在しているからである。

こと，さらに H3K36 me2/me3 には Rpd3 がリクルートされることを明らかにした（Carrozza et al., 2005）。Rpd3 は Schreiber 博士が初めて HDAC 活性を証明した HD1 のオルソログであり，遺伝子ボディを脱アセチル化することで，遺伝子ボディから異常な転写開始（Workman 博士はこれを cryptic transcription と呼んだ）が起きないようにしていることが示唆された。

　ヒストンはそもそも強固に DNA と結合していることから，それ自体転写の強力な抑制因子である。基本転写因子群や RNA ポリメラーゼ II が DNA に結合して転写を行うためには，ヒストンを DNA から取り除く必要がある。そのためにヒストンアセチル化や H3K4me3 が機能しているが，遺伝子ボディにおいてアセチル化ヒストンや H3K4me3 を放置すると，そこに RNA ポリメラーゼ II などが結合して，異常な転写が起きてしまう。Set2 および H3K36 me2/me3 は，RNA ポリメラーゼ II の通過直後に遺伝子ボディにおけるヒストンのアセチル基を除去してヒストンと DNA の結合を強固にし，異常な転写が起きないようにすることで，遺伝子の 5' 領域からの通常の転写開始を保証していると考えられる。多細胞生物においても，Ash1 および H3K36 me2/me3 を介して，似た機構が保存されているのではないかと考えているが，それを示すデータはまだ筆者の知る限り存在しない。

3.1.6. PcG/TrxG のクロマチンへの結合

　PcG/TrxG がクロマチン結合する機構についても，重点的に研究が進められている。ショウジョウバエにおいて，PcG/TrxG による *Hox* 遺伝子のエピジェネティック制御に必須のシス領域が複数発見され，PcG/TrxG response element（PRE/TRE）や Maintenance element（ME）と名付けられた（詳しくは Ringrose & Paro, 2007; Schwartz & Pirrotta 2008 参照）。PRE/TRE の 1 つ Fab-7 とレポーター遺伝子を用いた，エピジェネティックな転写抑制と転写活性化の切り替えの再現は，PRE/TRE の機能をエレガントに証明した代表的な例である（Cavalli & Paro, 1998）。PRE/TRE から H3K27me3 領域が数万〜数十万 bp にも広がり，そこに存在する複数の遺伝子がまとめて抑制される。哺乳類では，PRC2 は EED（哺乳類における Esc ホモログ）を介して H3K27me3 それ自体に結合することが知られており，一度 H3K27 がトリメチル化されると，そこから周辺の H3K27 が次々とトリメチル化されると考えられている（Margueron et al., 2009）。以上の結果から，PRE/TRE はエピジェネティック制御のハブとして機能すると考えられる。H3K27me3 領域の拡大を TrxG がどのように抑制しているのかについてはよくわかっていないが，Ash1 のゲノムへの結合や（Papp & Muller, 2006），次項にて詳述する Trx/MLL 複合体

に含まれるH3K27脱メチル化酵素が機能しているのではないかと考えられている。

　PcG/TrxGはほぼすべての細胞で構成的に発現している。それでは，PcG/TrxGはいつ，どのようにPRE/TREにリクルートされるのだろうか。結論からいえば，これまで重点的に研究が行われてきたにもかかわらず，未だはっきりとはわかっていない。研究初期のころからPcG/TrxGをリクルートする因子として着目されていたのは，PcG/TrxGに含まれるDNA結合タンパク質であるPho，GAGA factor，zesteである。実際に，これらの因子がいくつかの*Hox*遺伝子のエピジェネティック制御に不可欠であることが示されている。しかしながら，これらの因子は必ずしもPRE/TREに結合するわけではなく，またH3K27me3が局在するすべての遺伝子の制御に必須でもない。ただ，Phoの変異体はPRCの構成因子の変異体とよく似た表現型を示すことから，Phoが何らかの形でPRCの機能に貢献していることは間違いないと考えられる。

　2006年以降，そうしたDNA結合タンパク質のほかに，PRE/TREから非コードRNAが転写され，その非コードRNAとPcGやTrxG，さらにPRE/TREが複合体を形成することで，PcG/TrxGがPREにリクルートされる例が多数見つかってきた（*e.g.* Sanchez-Elsner *et al.*, 2006）。しかしながら，必ずしも非コードRNAと相補的なゲノム領域にPcGやTrxGがリクルートされるわけではなく，非コードRNAを介した特異的なリクルート機構はまだ解明途上である。

　上記は主にショウジョウバエを用いた研究の結果である。それに対して，哺乳類や植物では，PRE/TREはごく一部を除いて見つかっておらず，またH3K27me3領域もショウジョウバエほど広いわけではない。とはいえ，PcGやTrxGと結合する非コードRNAは哺乳類でも数多く見つかっており（Hekimoglu & Ringrose, 2009; Peschansky & Wahlestedt, 2014），少なくとも動物では非コードRNAによるPcG/TrxGの制御は共通であるようである。また植物では，「はじめに」で述べた春化による*FLC*遺伝子座のエピジェネティック抑制にvernalization response element（VRE）というシス領域とそこから転写される非コードRNAが必須であることが知られている（Heo & Sung, 2011; Sung *et al.*, 2006）。しかしながら，植物ではそうした例は稀である。まとめると，哺乳類や植物では，PRE/TREをハブとしたエピジェネティック制御は一般的ではなく，遺伝子ごとに別々の転写因子や非コードRNAによってPcG/TrxGがリクルートされているのかもしれない（Lodha *et al.*, 2013）。

3.1.7. クロマチン修飾と脱修飾によるダイナミクス

　PcG-H3K27me3/TrxG-H3K4me3によるエピジェネティック制御は安定である

が，生殖系列における細胞の初期化などの際には，発生の過程で植えつけられたクロマチン修飾を脱修飾して，細胞記憶を消去する必要がある。こうしたクロマチン修飾の脱修飾による細胞の初期化は，エピジェネティックリプログラミングと呼ばれている。アセチル化は加水分解反応によって比較的容易に脱修飾できるのに対し，脱メチル化は化学的に容易ではない。細胞周期のM期にゲノムワイドに変動するアセチル化ヒストンに対し，メチル化クロマチンは細胞周期を通じて安定であり，S期に娘染色体に複製さえされれば娘細胞へと安定に継承され，エピジェネティック制御を担いうることはすでに述べた (*e.g.* Lanzuolo *et al.*, 2011; Muramoto *et al.*, 2010; Steffen & Ringrose 2014)。

逆にいうと，エピゲノムを変動させて，細胞記憶の消去や細胞運命の転換を行うためには，S期にクロマチン修飾を娘染色体に複製しないのが一番エネルギーを必要としない。これを受動的脱修飾と呼び，以前はこの受動的脱修飾によるメチル化クロマチンの希釈 (dilution) のみが脱メチル化の方法であると考えられていた。クロマチンメチル化酵素は一般にほとんどの細胞で発現しているが，それが発現していない細胞では，細胞分裂依存的にこの受動的脱修飾が起きると考えられる。また，転写因子の結合によって特定の遺伝子座でのみクロマチン修飾の複製が起こらなくなる現象も報告されている (Sun *et al.*, 2014)。

クロマチン修飾の受動的脱修飾に加えて，近年，クロマチン修飾の脱修飾を触媒する酵素が数多く発見され，積極的にクロマチン修飾を消去する能動的脱修飾も活発に行われていることがわかってきた (Pedersen & Helin, 2010)。植物におけるシトシン脱メチル化酵素の同定 (3.2.8. に後述) を皮切りに，Lysine-Specific Demethylase1 (LSD1) がH3K4me1/me2の脱メチル化酵素であること，さらに哺乳類の脳の発生に関与するJumonjiタンパク質(胚発生過程の変異体の脳において，神経管が十字型になることからこの名前がつけられた。Takeuchi *et al.*, 1995) に含まれるJumonjiC (JmjC) ドメインがヒストン脱メチル化活性を持つことが解明された。

現在では，数多く存在するJmjCドメインタンパク質の基質はほぼ解明され，生化学的な解析から，ヒストン修飾酵素と協働して転写を制御する例も明らかとなってきた。例えば，Trx/MLLを含むH3K4メチル化複合体の一部に含まれるUbiquitously transcribed tetratricopeptide repeat protein X (UTX) はH3K27脱メチル化酵素であり，H3K27me3によるエピジェネティックな抑制の打破に機能していると考えられている (Lee *et al.*, 2007)。また，PRC2がH3K4me3脱メチル化酵素であるJumonji AT-Rich Interactive Domain 1a (Jarid1a) をリクルートすることも知られており，H3K27のメチル化とH3K4の脱メチル化の両方によって，

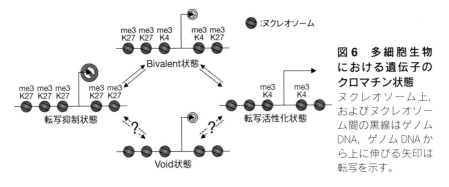

図6 多細胞生物における遺伝子のクロマチン状態
ヌクレオソーム上，およびヌクレオソーム間の黒線はゲノムDNA，ゲノムDNAから上に伸びる矢印は転写を示す。

効率的にH3K27me3領域の拡大と条件的ヘテロクロマチン化を行っていると考えられる（Pasini et al., 2008）。しかしながら，PcG-H3K27me3とTrxG-H3K4me3がどのように競合しながらその境界を決めているのかはよくわかっていない。また，PcG/TrxGと同様，JmjCタンパク質を特異的な遺伝子座にリクルートする分子機構についてはほとんどわかっておらず，活発な研究の対象となっている。

3.1.8. バイバレント遺伝子

前項では，PcG-H3K27me3とTrxG-H3K4me3が拮抗的に機能することを示してきた。しかしながら，ハーバード大学のBradley E. Bernstein博士は2006年，胚性幹細胞（ES細胞）において，発生に関与する遺伝子を含む数多くの遺伝子群にH3K4me3とH3K27me3の両方が局在することを明らかにした（Bernstein et al., 2006）。それぞれの修飾を認識する抗体を用いたChIPを順番に行うSequential ChIPによって，同一の遺伝子座にH3K4me3とH3K27me3の両方が局在することが証明され，こうした特徴的なクロマチン状態はバイバレント領域（bivalent domain）と名づけられた。Bernstein博士は，このバイバレント領域が含まれる遺伝子は準備状態であり，どちらかの修飾が脱メチル化されることで，容易に転写活性化状態にも転写抑制状態にもなりうる状態であると提唱した。さらに，このバイバレント状態がES細胞の多能性に寄与しているという仮説を立てた。哺乳類以外の種でも多くのバイバレント遺伝子が見つかっており（例えば植物ではシロイヌナズナFLC遺伝子），現在ではこのバイバレントという言葉はH3K4me3とH3K27me3の両方が存在する遺伝子やクロマチン構造を示す言葉として広く受け入れられている（図6）。その一方，H3K4me3とH3K27me3のどちらも局在せず，転写活性もない遺伝子群が数多く存在することも明らかにされ（Filion et al., 2010; Roudier et al., 2011; Schwartz et al., 2010），ラトガース大学のVincenzo Pirrotta博士

らはこれをボイド状態（Void chromatin state）と名づけた。ボイド状態にある遺伝子の一部は，限られた組織での発現が観察されることから，生活環を通じて完全に抑制されている（沈黙状態，3.2.2. 参照）わけではないようであるが，ボイド状態からどのように転写活性化状態に移行するのか，またボイド状態の意義はよくわかっていない。

3.1.9. 今後の PcG/TrxG 研究

以上，PcG と TrxG の単離・機能解析の歴史から，近年の結果までを述べてきた。2000 年代中盤までは，PcG や TrxG は特定の発生遺伝子だけに機能する「特殊な」転写制御機構であると考えられてきた。しかしながら現在では，ChIP-chip, ChIP-seq などエピゲノム解析手法の発展によって，PcG-H3K27me3 や TrxG-H3K4me3 のどちらか，もしくはその両方（バイバレント領域）が，万を超える数多くの遺伝子に局在しており，ごく一般の転写制御機構であることがわかってきた (e.g. Ho et al., 2014; Schwartz & Pirrotta, 2008; Vastenhouw et al., 2010, 図 6）。また，クロマチン修飾がクロマチン構造や転写に影響を与えるだけでなく，クロマチン構造や転写がクロマチン修飾に影響を与える例も多数見つかっており (e.g. Buzas et al., 2012; Yuan et al., 2012)，クロマチン修飾が転写制御のきっかけでは必ずしもないことも明らかとなってきた。その結果，ある遺伝子の転写制御におけるクロマチン修飾の関与を解明しただけで，論文のインパクトが跳ね上がるようなバブル時代も終焉を迎えたのである。そうした状況を受けて，「クロマチン修飾ってもうインパクトにはなりえない」や，果てには「エピジェネティクスは終わった」などといった言説を筆者はしばしば耳にする。そうしたバブルに乗っかってインパクトを稼ごうという態度を排すれば，運命が決定されている多細胞生物のほとんどの細胞において，大多数の遺伝子がエピジェネティックに制御されているとしても，なんら不思議ではないことは，これまでの記述を読んでいただければ理解していただけると思う。

今後，エピジェネティクス研究は，PcG-H3K27me3 や TrxG-H3K4me3 を含むクロマチン修飾系の全貌や，それらが細胞記憶にどのような影響を及ぼしているのか，また細胞の運命転換過程におけるクロマチン修飾のダイナミクスなどを研究する，新しい局面を迎えつつあるといっていいと思う。また，転写因子や miRNA などによる発現制御機構と比べて，クロマチン修飾を介した転写制御はどのような特長を持っているのだろうか？ 独立に多細胞体制を獲得した動植物の系統において，クロマチン修飾系はどのように進化したのだろうか？ こうした疑問は，ショ

ウジョウバエやマウス，シロイヌナズナなどにおいてクロマチン修飾の機能をさらに詳細に研究するとともに，より古い時代に分岐した基部側の多細胞生物，例えばカイメンや多細胞の緑藻類，コケ植物などにおけるクロマチン修飾の機能を解明することで，わかってくるのではないかと感じている。

3.2. メチル化シトシン

さて，次はエピジェネティクスのもう1つの主役，メチル化DNAである。メチル化DNAは最も古くに発見されたクロマチン修飾であり，その発見は1925年にさかのぼる (Johnson & Coghill, 1925)。動物では主に遺伝子のプロモーター領域，植物ではコアプロモーターと転写領域の全域に局在して，その転写を抑制することが知られている。また，トランスポゾンやレトロトランスポゾンなど転移因子 (transposable element, TE) の全域に局在して，その転写や転移を抑制することで，ゲノムを保護する機能を持つ。動原体周辺部の繰り返し配列にもメチル化DNAは高度に局在しており，ヘテロクロマチンを構成することで，細胞分裂時における紡錘糸の動原体部位の認識を強固にしていると考えられている。転移因子や動原体周辺部に形成されるヘテロクロマチンは生活環を通じておおむね安定であることから，構成的ヘテロクロマチンと呼ばれる。

3.2.1. シトシンメチル化酵素とその配列

陸上植物では，すべての配列におけるシトシンがメチル化される。それに対して，哺乳類では主にCG配列がメチル化され，胚発生の過程で一過的にCHG, CHH配列（HはA, CないしはTを意味する）もメチル化される[6]。シトシンのメチル化を触媒する酵素は，新しくシトシンをメチル化する *de novo* メチル化酵素と，DNAの一本鎖がメチル化された場合，それをもとに他方の鎖をメチル化する維持型メチル化酵素が存在する。*de novo* メチル化酵素（動物DNA methyltransferase3

---

*6：メチル化シトシンの表記法
　本文に示したCG, CHG, CHH メチル化に加えて，ホスホジエステル結合をpと表記し，CpGメチル化などと表記する場合がかつては多かった。特にCpGアイランドは今でもこのように表記することが多い。このようにpを加えるのはより丁寧な表記法であるが，現在はpが省略されることが多くなっている。CpGアイランドに関してもCGアイランド表記が増えているように思う。こうした現状から，本章では統一してpは省略した。ただ，他章ではその分野の慣例に合わせて表記した。また，かつてはHの代わりにNを用いてCGメチル化，CNGメチル化，CNNメチル化と表記していたが，現在はCHGメチル化，CHHメチル化表記が広く用いられているように思う。Hの部分にGは含まれないと考えられるので，本書ではすべてHで表記した。

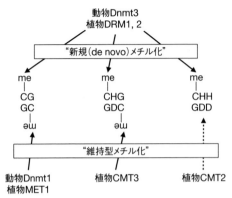

図7 多細胞生物におけるメチル化シトシンとその触媒酵素
CMT2はすでにCHHメチル化を受けている構成的ヘテロクロマチン領域のCHHメチル化を触媒する。H A, T, もしくはC; D A, T, もしくはG。

[Dnmt3]；植物 DOMAINS REARRANGED METHYLTRANSFERASE1 [DRM1], DRM2), CG メチル化の維持型酵素（動物 Dnmt1; 植物 METHYLTRANSFERASE1 [MET1]）は動植物に保存されているが，CHG メチル化の維持型酵素（CHROMOMETHYLASE3 [CMT3]），CHH メチル化の維持型酵素 CMT2 は植物の系統に特異的である（図7）。PcG/TrxG などによるヒストンメチル化と異なり，DNA 複製機構と密接に関連した維持型メチル化酵素 Dnmt1/MET1 が存在することが，植物や哺乳類などにおいてメチル化シトシンがメチル化ヒストンよりも安定に維持される理由であるのかもしれない。また，哺乳類では，非CG メチル化の維持型酵素が存在しないため，de novo メチル化が特に活発に行われる胚発生の過程

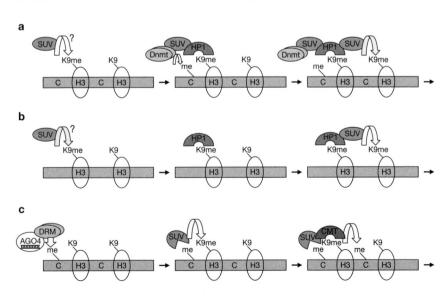

ではすべてのCがメチル化されるものの，細胞分裂を通じた受動的脱メチル化（3.1.7. 参照）によってCHG，CHHメチル化は希釈されていき，成体では観察できなくなると考えられる。

CGメチル化はMethylated cytosine Binding Domain（MBD）を含む複数のタンパク質によって認識される。また，すべての配列におけるメチル化シトシンはSET- and RING-Associated（SRA）ドメインによって認識される。こうしたメチル化シトシン結合ドメインを有するタンパク質群によって，メチル化シトシンの維持，転写制御，および構成的ヘテロクロマチン領域の形成や拡大が行われている。

3.2.2. メチル化シトシンとメチル化H3K9との相互作用

転移因子や動原体周辺部などの構成的ヘテロクロマチン領域においては，メチル化シトシンとメチル化H3K9（動物では主にH3K9me3，植物ではH3K9me2）が共局在している。被子植物では，シトシンメチル化機構とH3K9メチル化機構がポジティブフィードバックループを形成することで，ヘテロクロマチン領域の拡大を行っている（図8）。メチル化シトシンとメチル化H3K9の両方が局在する遺伝子は，生活環のほとんどで強固に発現が抑制されていることから，一般的な抑制状態（repressed state）と区別して，沈黙状態（silenced state）と呼ばれることもある。導入遺伝子が頻繁に受ける「サイレンシング」とは，一般にこの状態のことを指している。

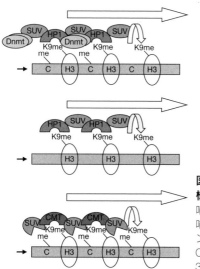

図8 構成的ヘテロクロマチン領域の拡大機構

哺乳類（**a**），ショウジョウバエ（**b**），被子植物（**c**）。哺乳類やショウジョウバエでは，ヘテロクロマチン化の開始機構ははっきりとわかっていない。
C：シトシン，H3：ヒストンH3，SUV：Su（var）3-9もしくはそのオルソログ，me：メチル基。

de novo シトシンメチル化酵素，維持型シトシンメチル化酵素，H3K9 メチル化酵素は哺乳類と被子植物の双方に存在していることから，PcG/TrxG と同じく，動物と植物の共通祖先である単細胞生物において，シトシンメチル化と H3K9 メチル化によるヘテロクロマチン化機構は存在していたと考えられる。しかしながら，現生の哺乳類と被子植物とで，生活環を通じたメチル化 DNA のエピゲノムや，発生における機能，また H3K9 メチル化との相互作用の様式は大きく異なる。例えば哺乳類では，胚発生と生殖細胞形成の過程でメチル化 DNA のパターンが大きく変動し，細胞運命の初期化が起きるのに対し，被子植物のシロイヌナズナでは，配偶体形成過程から胚発生初期まで CG メチル化と CHG メチル化は大きく変動せず，そのパターンは世代を越えて維持される。また，ショウジョウバエではメチル化シトシンはほとんど存在しない。次節からは，こうした多様な生物におけるシトシンメチル化機構やその役割を追っていきたい。

3.2.3. 哺乳類におけるメチル化シトシン

哺乳類では，数多くの遺伝子のプロモーター，例えばヒト (Homo sapiens) では実に約 70% の遺伝子のプロモーターに，CG 配列が密に存在することが知られており，CG アイランドと呼ばれている (Blackledge & Klose, 2011; Deaton & Bird, 2011)。CG アイランドはハウスキーピング遺伝子*7 のプロモーターに多く存在しているが，発生過程で制御される遺伝子のプロモーターにも存在している。CG アイランドにおけるメチル化シトシンは，その下流に存在する遺伝子の転写活性と負の相関があり，さらにエピジェネティック抑制にもしばしば関与が指摘されている。こうしたことから，哺乳類においてエピジェネティック抑制を受けた遺伝子が見つかった場合，その遺伝子のプロモーターにおける CG アイランドの有無や，CG アイランドが存在した場合，それがメチル化を受けているかどうかを調べることは，一般的な手法となっている (e.g. Weaver et al., 2004)。

次に，哺乳類の生活環におけるメチル化シトシンに注目してみよう (図9)。受精後，桑実胚期までの細胞は比較的一律であり，全胚葉と胚外組織の両方に分化しうる全能性を有している。すでに 1980 年代の時点で，この時期にグローバルな DNA 脱メチル化によるエピジェネティックリプログラミングが起きることが明ら

---

*7：**ハウスキーピング (housekeeping) 遺伝子**
ほぼすべての細胞で発現している，また発現する必要があると考えられる，細胞の基礎的な活動に必要な遺伝子。代謝酵素遺伝子 (*Glyceraldehyde-3-phosphate dehydrogenase, GAPDH*)，細胞骨格遺伝子 (*β-Actin, Tubulin*)，タンパク質のグローバルな分解や制御に関与する遺伝子 (*Ubiquitin*) など。

かにされていた (e.g. Monk et al., 1987)。卵と精子に存在したメチル化シトシンのエピゲノムを初期化（リプログラミング）することが，初期胚における全能性の獲得に不可欠なのではないかと考えられる。この時期に起きる複数の転移因子の活性化も (Macfarlan et al., 2012; Peaston et al., 2004)，グローバルなシトシン脱メチル化によって引き起こされると考えられる。その一方，メチル化シトシンが完全に脱メチル化されるわけではなく，卵や精子におけるメチル化シトシンの一部はそのまま維持され，片側の親由来の遺伝子のみが発現するゲノムインプリンティングに貢献する（詳しくは第9章を参照）。

　その後，胚盤胞の内細胞塊から胚葉が形成されるが，その過程で活発にシトシンはメチル化され，X染色体が不活性化されるとともに，それぞれの細胞系列の機能に即したシトシンメチル化エピゲノムが形成される。*Dnmt3*および*Dnmt1*遺伝子の変異体は両方とも胚性致死を示すことから (Li et al., 1992; Okano et al., 1999)，このシトシンメチル化が正常な胚発生には不可欠であると考えられる。体細胞系列においては，さらにシトシンがメチル化されて，成体における体細胞の機能に即したシトシンメチル化エピゲノムが形成され，epigenetic landscape の一番谷底に細胞が落ち着く。その一方，初期中胚葉細胞から分化すると考えられている生殖細胞の系列においては，再度グローバルなシトシンの脱メチル化を受け，初期中胚葉由来のエピゲノムが消去されるとともに，ゲノムインプリンティング遺伝子や不活性化X染色体も再活性化され，細胞が初期化される (e.g. Monk et al., 1987)。その後，卵もしくは精子の分化とともに，メチル化シトシンのエピゲノムも卵もしくは精子に適したものに変化する（図9，Seisenberger et al., 2013）。この雌性配偶体と雄性配偶体におけるメチル化シトシンエピゲノムの大部分は胚発生初期の初期化の過程で再び消去されるが，一部は胚発生を通じて維持され，ゲノムインプリンティング，つまり片方の親由来の遺伝子のみが発現する現象を引き起こす。

　メチル化シトシンによる体細胞の細胞記憶は非常に強固であり，体細胞核移植によるクローン胚[*8]や，京都大学の山中伸弥博士が開発した万能性因子の異所的過剰発現による誘導万能性幹細胞（iPS細胞）においても，元の分化体細胞におけるメチル化シトシンのエピゲノムを完全には初期化できていないことが明らかとなっている (e.g. Dean et al., 2001; Kim et al., 2010)。また，5-aza-2-deoxycytidine (5-aza) のようなシトシンメチル化阻害剤がiPS細胞誘導を促進することは，メチル化シトシンのエピゲノムがiPS細胞誘導の障害の1つであることを示唆している。H3K27メチル化阻害剤である3-deazaneplanocin A (DZNep) も同様の効果を持つことから，H3K27me3もiPS細胞誘導の障害の1つであると考えられる (Hou

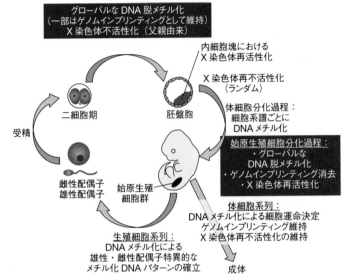

図9 マウスの生活環におけるメチル化DNAのパターン
エピジェネティックリプログラミングは黒背景に白字で示した。

et al., 2013)。こうしたことは，哺乳類において細胞記憶はメチル化シトシンとPcG/TrxGの両方によって担われていることを意味しているが，メチル化シトシンと比べるとメチル化ヒストンの方が変動しやすいようである。

前節にて述べたように，転移因子や動原体周辺部などの領域においては，メチル化シトシンにH3K9me3が共局在しており，共同して構成的ヘテロクロマチン形成を担っている。H3K9me3はSETドメインタンパク質であるSu(var)3-9 homolog（SUV39H）によって触媒される。SUV39HはDnmt3およびDnmt1をリクルートすることによってDNAをメチル化する。また，H3K9me3にはHeterochromatin protein1（HP1）タンパク質がリクルートされる（Muramatsu *et al.*, 2013）。HP1はSUV39Hと直接相互作用し，周辺領域のH3K9メチル化およびDNAメチル化を促進する。新しく形成されたH3K9me3にまたHP1が結合するこ

＊8：体細胞核移植によるクローン胚
　体細胞の核を，核を除去した未受精卵に導入し，代理母の子宮に移植することで，体細胞クローン胚の発生を誘導することができる。しかし，正常な個体が発生する確率は数％であるといわれている。正常な個体発生が阻害される原因の1つは，配偶子発生や受精を経験していない体細胞の核を用いることで，胚発生の初期過程で起きるエピジェネティックリプログラミング（メチル化シトシンやH3K9me3などのクロマチン修飾の初期化）が正常に起きないことにあると考えられている。初めて正常に発生した哺乳類の体細胞クローンとして羊のドリーが有名。

とで，さらに周辺領域の H3K9 およびシトシンがメチル化され，構成的ヘテロクロマチン領域が拡大されると考えられている（図 8）。

3.2.4. ショウジョウバエにおける斑入り位置効果

哺乳類や前口動物のミツバチ（*Apis mellifera*），さらにアカパンカビ（*Neurospora crassa*）とも異なり，ショウジョウバエにはほとんどメチル化シトシンが存在しない。しかしながら，このメチル化シトシンの項をショウジョウバエの斑入り位置効果（position-effect variegation, PEV）に関する遺伝学的研究から書き始めようか迷ったくらい，この研究がメチル化シトシンの機能の解明に果たした役割は大きい（実際そうしなかった理由の1つは，PEV 研究の歴史的経緯についての筆者の知識が，PcG/TrxG よりもさらに少なかったためである）。

ショウジョウバエの PEV は，X 線による変異誘導の発見によってノーベル賞を受賞した，テキサス大学の Hermann J. Muller 博士によって 1930 年に初めて報告された（Muller, 1930）。Muller 博士は，ショウジョウバエに X 線を用いて変異を誘導し，目の赤い色素がランダムに抜けて斑状になる表現型を示す変異体を単離した。その後，その表現型は，X 染色体の逆位によって，赤色色素の合成に関与する *white* 遺伝子が動原体周辺部近傍に位置するようになり，構成的ヘテロクロマチンの拡大によって確率論的に抑制されることによって生じることが明らかとなった（ご存知の通り，*white* 遺伝子の単離と伴性遺伝の発見は，染色体説によってノーベル賞を受賞したコロンビア大学の Thomas H. Morgan 博士によるものである [Morgan, 1910]）。

その後，PEV が抑制されて目が赤色に戻る抑制変異体（*Suppressor of variegation, Su[var]*），もしくは PEV が亢進して目がすべて白色になる促進変異体（*Enhancer of variegation, E[var]*）の単離によって，PEV および構成的ヘテロクロマチン領域の拡大と抑制に関与する遺伝子が複数単離されてきた。その代表が Su(var)2-5 と Su(var)3-9 である。後者は前述のとおり初めてヒストンメチル化活性が証明された H3K9 メチル化酵素であり，Su(var)2-5 は HP1 そのものである。また，Su(var)3-3 は，H3K4 脱メチル化酵素 LSD1 のオルソログである。

ショウジョウバエにはメチル化シトシンはほとんど存在しないため，おそらくヘテロクロマチン領域の形成は H3K9me3 のみで担われていると考えられる。すなわち，H3K9me3 に HP1 が結合し，HP1 は Su(var)3-9 および HDAC をリクルートすることで，周辺領域の H3K9 を次々と脱アセチル化およびメチル化し，ヘテロクロマチン領域が拡大されるというモデルである（図 8）。

3.2.5. 被子植物におけるメチル化シトシンの機能

被子植物シロイヌナズナにおけるメチル化シトシンの局在や機能の中で，哺乳類と最も異なる点は，生活環を通じて CG メチル化と CHG メチル化は大きく変動せず，大部分が世代を越えて継承される点である（CHH メチル化は変動する。詳しくは 4.4. 参照）。シロイヌナズナにおける de novo メチル化酵素遺伝子の二重変異体 drm1 drm2，維持型メチル化酵素遺伝子の変異体 met1 がどちらも致死ではないことも，シトシンメチル化の変動がその生活環に必須ではないことを意味している。ただし，met1 変異体は多面的な表現型を示し，その表現型も世代を越えるごとに徐々に重篤になることから，シトシンメチル化が植物の生活環に何らかの機能を果たしているのは間違いない。

この，植物におけるシトシンメチル化機構については，1990 年代後半から急速に解明された。そのきっかけとなったのが，カリフォルニア工科大学の Steve E. Jacobsen 博士（現カリフォルニア大学）と Elliot M. Meyerowitz 博士によって 1997 年に報告された，SUPERMAN (SUP) 遺伝子の clark kent (clk) 変異体である（Jacobsen & Meyerowitz, 1997）。Meyerowitz 博士は，シロイヌナズナを用いて花器官のホメオティック遺伝子を多数同定し，花の ABC モデルを確立した，いわばシロイヌナズナをモデル植物にした立役者の 1 人である。SUP 遺伝子も 1992 年に Meyerowitz 博士の研究室において単離され，変異体において雄蕊の数が増えることからその名がつけられた（Bowman et al., 1992）。clk 変異体は sup 変異体と同じ表現型を示し，さらに遺伝学的解析から CLK 遺伝子と SUP 遺伝子は対立遺伝子であることがわかったが，clk 変異体において SUP 遺伝子の DNA 配列に変異は発見されなかった。そのかわり，SUP 遺伝子座においてシトシンが高度にメチル化されることで SUP 遺伝子の発現が世代を越えて抑制され，あたかも変異体のようにふるまうことが分かった。こうした変異体はこれまでに複数発見されており，通常の塩基変異による変異体と分けてエピアリル（epiallele）と呼ばれる（エピアリルについては，第 3 章にて詳述）。

シロイヌナズナもショウジョウバエと同じく，遺伝学的研究を行いやすい。Jacobsen 博士は PI として独立後，clk 変異体の抑制変異体のスクリーニングを行い，CHG メチル化の維持型酵素遺伝子 CMT3，ショウジョウバエにおける H3K9 メチル化酵素遺伝子 Su(var)3-9 のオルソログである KRYPTONITE (KYP)（名前の由来はスーパーマンの力を弱めるクリプトナイト鉱石），そして次節にて後述する ARGONAUTE4 (AGO4) 遺伝子を単離した（Jackson et al., 2002; Lindroth et al., 2001;

Zilberman et al., 2003)。CMT3 はクロモドメインを介して H3K9me2 に結合してシトシンメチル化を促進するとともに，KYP（および他の Su[var]3-9 オルソログ）は SRA ドメインを介してメチル化シトシンに結合して H3K9 メチル化を触媒する。このポジティブフィードバックループによって構成的ヘテロクロマチン領域が拡大されると考えられる（図8）。

こうしたシトシンメチル化と H3K9me2 による遺伝子の沈黙状態はダブルロックと呼ばれ，5-aza などのメチル化阻害剤だけでは再活性化できない。こうした遺伝子を再活性化するためには，シトシンメチル化と H3K9 メチル化両方に基質を供給する S-アデノシルメチオニンのリサイクルを促進する *S-adenosyl-L-homocysteine hydrolase*（*SAHH*）遺伝子の変異，もしくは SAHH の機能を阻害する dihydroxypropyladenine（DHPA）などの薬剤を処理する必要がある（Baubec et al., 2010）。

DNA がダブルロック状態になって構成的ヘテロクロマチン化してしまうと，転写因子だけでなく維持型メチル化酵素もアクセスできなくなると考えられる。しかしながら，構成的ヘテロクロマチン領域は常に高メチル化状態が維持されている。構成的ヘテロクロマチン領域におけるメチル化シトシンの維持に，クロマチン再構成因子の1つ Decrease in DNA methylation1（DDM1）が機能することが明らかとなった(Zemach et al., 2013)。DDM1 が構成的ヘテロクロマチンを一部再構成して，MET1 や CMT3，さらには CHH メチル化酵素である CMT2 のリクルートを促進する。*ddm1* 変異によって，メチル化シトシンが著しく低下し，ダブルロックが解除されることが 1990 年代初頭から知られていたが，長らく謎であった DDM1 の機能が解明された。

3.2.6. メチル化シトシンの確立機構

それでは，メチル化シトシンの確立機構，つまり *de novo* メチル化酵素はどのように特異的なシトシンを選んでいるのだろうか。今のところ，植物ではその開始からシトシンのメチル化まで，大まかにその経路が解明されている（Matzke & Mosher, 2014）。その最初のきっかけとなった研究が，1994 年に報告された。タバコに植物ウイルス由来の cDNA を導入すると，その mRNA が発現した後，cDNA 配列全域のシトシンがメチル化される（Wassenegger et al., 1994）。こうした，RNA によって相補的な配列を有するゲノム DNA がメチル化を受け，不活化する現象は RNA 依存的 DNA メチル化（RNA-dependent DNA methylation, RdDM）と名づけられた。その後，内在性の遺伝子を導入して過剰発現させると，導入遺伝子だけでな

く内在性の遺伝子まで抑制される co-suppression という現象が知られていたが，この co-suppression にもメチル化シトシンが機能することも解明された。

こうした RdDM に不可欠なのが，前述の Jacobsen 博士らによって単離された AGO4 である。AGO タンパク質は，動植物の両方で，マイクロ RNA（micro RNA, miRNA）や低分子干渉 RNA（short-interfering RNA, siRNA）など，低分子 RNA（small RNA, sRNA）と複合体を形成することが知られていたが，AGO4 は特に 24 ヌクレオチド（24-nt）の siRNA と相互作用して，siRNA と相補的な配列を持つ DNA のメチル化を誘導する。この DNA メチル化によって構成的ヘテロクロマチン化が誘導されることから，24-nt の siRNA は特にヘテロクロマチン siRNA（HC-siRNA）とも呼ばれている。AGO4 に加えて，RNA 依存的 RNA ポリメラーゼである RNA-dependent RNA polymerase2（RDR2），二本鎖 RNA を切断して 24-nt の siRNA を生成する Dicer-like 3（DCL3），新しく発見された DNA 依存的 RNA ポリメラーゼ IV（Pol. IV/NRPD1, 2）と RNA ポリメラーゼ V（Pol. V/NRPE）が RdDM に必須であることが示されている。以上の結果から，RdDM の分子機構として，以下のモデルが提唱されている。まず，外来遺伝子による異常な mRNA の蓄積が何らかの機構で感知されて，RDR2 によって二本鎖 RNA となる。二本鎖 RNA は DCL3 によって 24-nt の HC-siRNA に切断される。HC-siRNA は AGO4 と，さらに Pol. V によって転写される非コード RNA と複合体を形成し，相補的なゲノム DNA に de novo シトシンメチル化酵素をリクルートし，シトシンのメチル化を行う（Zhong et al., 2014）。Pol. IV はメチル化された遺伝子座から非コード RNA を転写する。その RNA は速やかに RDR2 によって二本鎖 RNA になり，上記の機構によってメチル化シトシンが亢進する（図 10）。こうして確立されたメチル化シトシンに KYP などの H3K9 メチル化酵素がリクルートされ，周辺領域にシトシンメチル化と H3K9me2 によるヘテロクロマチン領域が拡大されると考えられる（図 8）。

動物における構成的ヘテロクロマチン領域の確立機構は，筆者らの知る限りまだはっきりしたことはわかっていない。メチル化 DNA がほとんど存在しない分裂酵母（*Schizosaccharomyces pombe*）では，ヘテロクロマチン領域の確立・維持に siRNA と非コード RNA の関与が指摘されている（Iida *et al.*, 2008）。

3.2.7. 遺伝子領域におけるシトシンメチル化

近年，国立遺伝学研究所の佐瀬英俊博士（現 沖縄科学技術大学院大学）および角谷徹仁博士らによって，シロイヌナズナにおいて転移因子からのヘテロクロマチン領域の拡大から遺伝子を保護する因子として，JmjC ドメインを有する H3K9 脱

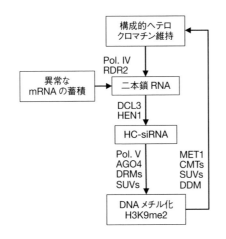

図10　被子植物の動原体周辺部・転移因子・外来遺伝子における構成的ヘテロクロマチンの確立・維持機構

メチル化酵素 INCREASE IN BONSAI METHYLATION1（IBM1）が単離された（Saze et al., 2008）。興味深いことに，IBM1 による H3K9 脱メチル化によってダブルロックから保護されるのは通常の遺伝子のみであり，トランスポゾンは保護されない。

この IBM1 の機能と関連があるかは不明だが，近年数多くの生物種においてメチル化シトシンのエピゲノムを調べた結果，これまで述べてきた遺伝子領域や転移因子における抑制的なシトシンメチル化に加えて，機能未知の遺伝子ボディメチル化が存在することがわかった（Zemach et al., 2010）。遺伝子ボディメチル化は，発現が高く，さらにゲノム上で長い遺伝子に存在する傾向がある。興味深いことに，プロモーターメチル化と遺伝子ボディメチル化の両方を有する哺乳類やシロイヌナズナの他に，プロモーターメチル化のみを有する生物や，遺伝子ボディメチル化のみを有する生物も存在する。

シロイヌナズナにおいて，トランスポゾンや全転写領域がメチル化される場合，すべての配列のCがメチル化されるが，遺伝子ボディのメチル化にはほぼ CG メチル化のみが観察される。IBM1 によって保護される遺伝子も長い遺伝子が多い傾向にあり，さらに ibm1 変異体において影響を受ける遺伝子座では主に CHG メチル化が上昇する。以上の結果は，長い遺伝子は何らかの理由でシトシンメチル化とH3K9 メチル化によるダブルロックを受けやすい状態にあり，それを保護するために IBM1 が機能し，H3K9me2 が脱メチル化されることによって CHG メチル化も抑制された結果，CG メチル化のみが遺伝子ボディに残るのかもしれない。また，CG メチル化も一般に転写抑制に機能することから，遺伝子ボディメチル化は，H3K36 me2/me3 と同様，遺伝子ボディからの不適切な転写開始を抑制しているのではないかと考えられているが，それを支持する証拠は，筆者の知る限りまだ得ら

れていない。

3.2.8. シトシンの脱メチル化とヒドロキシメチル化

　動物を用いた研究の圧倒的な早さをいつもうらやましく思っている筆者だが，シトシンメチル化に関する分子機構については植物を用いた研究の方が進んでいる点が多く，密かに溜飲を下げている。シトシンの脱メチル化についても，長らく受動的脱メチル化による希釈によって脱メチル化が起きると考えられていたが，植物を用いた研究によって最初にシトシン脱メチル化酵素が発見された。

　カリフォルニア大学の Jian Kang Zhu 博士（現 Purdue 大学）はシロイヌナズナにレポーター遺伝子を導入し，そのレポーターの発現が抑制されることを指標に，*repressor of silencing1*（*ros1*）変異体を単離した（Gong *et al.*, 2002）。*ROS1* 遺伝子は障害を受けて変異した DNA の除去と修復を担う DNA グリコシラーゼをコードする。レポーター遺伝子にはメチル化シトシンが高度に局在していたことから，Zhu 博士は ROS1 はメチル化シトシンの脱メチル化酵素であると推定した。その後，カリフォルニア大の Robert L. Fischer 博士らによって，H3K27 メチル化酵素 MEDEA（MEA，エウリピデスのギリシャ悲劇における子殺しの王女メディアに由来）の雌性配偶体特異的発現（ゲノムインプリンティング）を担う ROS1 パラログ DEMETER（DME，ギリシャ神話における豊穣の女神デメテルに由来）が *MEA* 遺伝子座におけるメチル化シトシンを除去することで DNA を脱メチル化することが証明された（Gehring *et al.*, 2006）。DME は雌性配偶体におけるゲノムインプリンティングの確立という特別の機能を持っているが，ROS1 は外来遺伝子のヘテロクロマチン化を恒常的に抑制していると考えられる。植物では，一度遺伝子がダブルロックを受けるとその解除が非常に困難であるため，何らかのきっかけで通常の遺伝子がダブルロックを受けないように，IBM1 や ROS1 によって構成的に H3K9me2 とシトシンメチル化が取り除かれているのかもしれない。

　それに対して，生活環の中でメチル化シトシンのエピゲノムがダイナミックに変動する哺乳類では，異なるシトシン脱メチル化機構の存在が示唆されている。まず 2009 年に Ten-eleven translocation1（TET1）がメチル化シトシンのヒドロキシル化を担うことが明らかにされた（Tahiliani *et al.*, 2009）。その後，2011 年に，Yi Zhang 博士らによって，TET1 がヒドロキシメチル化シトシンからホルミルシトシン，さらにホルミルシトシンからカルボキシシトシンへの一連の酸化反応を触媒することが明らかされた（Ito *et al.*, 2011b）。同年，別の複数のグループによって，ヒドロキシメチル化シトシン，ホルミルシトシン，およびカルボキシシトシンは

thymine-DNA glycosylase（TDG）などによって除去され，メチル化されていないシトシンが修復されることで脱メチル化が行われていることが生化学的に証明された（Guo et al., 2011; He et al., 2011）。その後，Yi Zhang 博士は，マウス ES 細胞において TET1 がシトシン脱メチル化を介した遺伝子の転写活性化と PRC2 による H3K27 メチル化を介した遺伝子の転写抑制の両方を促進していることを解明した（Wu et al., 2011）。現在，TET1 によるメチル化シトシンの酸化反応がシトシン脱メチル化のきっかけであることはほぼ受け入れられているが，ヒドロキシメチル化シトシン，ホルミルシトシン，カルボキシシトシンは脱メチル化への中間産物に過ぎないのか，それとも転写に積極的な機能を持っているかについては活発な研究の対象となっている。

4. エコロジカル・エピジェネティクスへの誘い

　以上，クロマチン修飾によるエピジェネティック制御に着目して，その研究の歴史と，最近の成果をかいつまんで述べてきた。本節では，前節までに取り扱ったエピジェネティクス機構が，どのように環境との相互作用に機能しているのか，どのような適応的意義を担っているのか，また進化にどの程度影響しているのかについて，できる限り生態学的な視点から述べてみたい。生態学とエピジェネティクスの関連を研究する分野は新しく，これまでエピジェネティクスが主に研究されてきた発生学的・生化学的視点と区別して，エコロジカル・エピジェネティクスと呼ばれている。この節では，いくつかの研究例を挙げつつ，エコロジカル・エピジェネティクスへの誘いとしたい。

4.1. 表現型可塑性：エピジェネティクスと環境応答

　「表現型可塑性」という言葉がある。同じ遺伝型であっても，環境に応答して異なる表現型（例えば，発生様式，行動様式など）を示すことを意味する言葉である。例えばアブラムシは，いい環境条件の時には単為生殖で翅のないメスだけが発生するが，餌の減少や冬の到来など環境条件が悪くなってくると，翅のあるメスや，オスが発生してくる。この「表現型可塑性」という言葉を聞いた筆者の最初の率直な感想は，「当たり前のこと過ぎて，取りたてて言葉として定義する必要を感じない」というものであった。なぜなら，植物にとっては，環境に応答して発生様式を変えるのは一般的なことだからである。それを示す端的な例が，「花成」，つまり植物が主に根や葉を形成する栄養成長期から，主に花を形成する生殖成長期への転換である。例えばキャベツのような二年生植物は，ある程度成長した後，冬を経験し

図11 植物の表現型可塑性
二年生植物の野生キャベツ（*Brassica oleracea*）は長期間の低温（春化）を経験しないと決して花を咲かせない。左の野生キャベツとRick（Amasino博士）のお嬢さんはともに5歳である。お嬢さんが手に持っているのは同じ遺伝型の野生キャベツであるが、春化により早咲きの表現型を示している（Amasino博士より写真の使用許可をいただいた）。

て（この章の「はじめに」で記述した「春化」）さらに適切な日長条件にさらされると花成を行う。花成によって栄養成長（つまり葉や根の成長）は基本的に停止するため、それで植物の大まかなサイズが決まる。もし二年生植物がそうした適切な条件にさらされないと、花成は起きず、物理的な制約を受けるまで大きくなり続ける。その姿は、すぐに花成を行った個体と比較すると、まるで同じ遺伝型の個体とは思えないほどである（図11, Amasino, 2004）。植物発生学者のほとんどは、「表現型可塑性」を大前提として研究を進めており、少なくとも私は、こうした特別な言葉を設定する必要を感じなかった。

しかしながら、Waddington博士の著作を眺めながらもう一度考えてみると、「表現型可塑性」という言葉に深い含蓄を感じるようになった。すなわち、epigenetic landscapeに存在する「谷底」、つまり細胞の分化終結点は、それぞれの細胞系譜に1つだけ存在するのではなく、複数の谷底が存在し、環境によってビー玉が落ちる谷底が異なる、というepigenetic landscapeのコンセプトと同じことを「表現型可塑性」が意味しているということである。さらに、一度ある谷底に落ちたビー玉が別の谷底に移動することもありうることを、「表現型可塑性」は示している。

4.2. 表現型可塑性を制御するクロマチン修飾

実際に、表現型可塑性で示されることの多くには、クロマチン修飾を介したエピジェネティクスが関与している。先ほどの「花成」を例に挙げると、栄養成長期

では，根や葉を作る遺伝子をエピジェネティックに活性化して，花をつくる遺伝子をエピジェネティックに抑制する必要がある．それが，花成によって逆転して，前者は抑制，後者は活性化される．これには，ヒストンメチル化酵素を含む PcG/TrxG の関与が解明されているが，おそらく JmjC ドメインタンパク質などのヒストン脱メチル化酵素も不可欠であろう（Gan et al., 2014; Kim et al., 2009）．

　こうした環境応答とエピジェネティクスについては第 6, 7 章で詳しく述べられるのでここでは詳しく述べないが，筆者が最も好きな研究例をもう 1 つだけ紹介したい．母マウスの育児行動によって，子マウスの性格が生涯にわたって変化する現象に，クロマチン修飾を介したエピジェネティック制御が関与していることを解明した報告である．育児行動をしっかりと行う母マウスに育てられた子マウスは，生涯にわたって穏やかな視床下部－下垂体－副腎（hypothalamic-pituitary-adrenal, HPA）反応を行うようになる．それに対して，育児行動をとらない母マウスに育てられた子マウスは，同じ遺伝型はであっても，生涯にわたって激しい HPA 反応を取るようになる．HPA 反応は哺乳類におけるストレス応答経路であり，最終的には糖質コルチコイドなどの副腎皮質ホルモンの分泌によって，ストレスに応答した緊張状態を体に作り出すことに寄与している．HPA 反応にはネガティブフィードバックが存在することが知られており，海馬に存在する受容体（glucocorticoid receptor, GR）によって糖質コルチコイドが感知され，視床下部における応答を抑制する．この GR の発現が，母マウスの育児行動によってエピジェネティックに制御され，子マウスの性格が生涯にわたって変わることが，2004 年に示された（Weaver et al., 2004）．

　マウスは胚発生の過程で，海馬の GR 遺伝子がシトシンメチル化を受け，その発現が低下する．しかしながら，生後 1 週間までに母マウスから育児行動を受けた場合，子マウスの海馬において，GR 遺伝子プロモーターの特に転写因子結合部位のシトシンメチル化が脱修飾を受け，GR 遺伝子の発現が生涯にわたって上昇する．これによって，HPA 反応のネガティブフィードバックループが強化され，生涯にわたって穏やかな HPA 反応を示すようになる．HPA 反応が穏やかなマウスは，ストレスをあまり気にせず，性格も穏やかで，ぼけにくく，うつにもなりにくく，さらに育児行動を行う母マウスになりやすい．母親から育児行動を受けず，生涯にわたって激しい HPA 反応を示すマウスは，その逆である．ストレスに過敏に反応し，激しい性格で，ぼけやすく，うつにかかりやすく，育児行動をしない母マウスになりやすい．この結果を我々の目から見ると，小さいころに母親にかわいがられなかった子マウスは，生涯にわたって救いがないように見えるが，もちろんそうではな

い．激しい HPA 反応を示すマウスは警戒心が強いのに対し，穏やかな HPA 反応を示すマウスは新しい環境でも長時間エサを食べ続けるといった，無警戒な行動をとる (Caldji et al., 1998)．これは，母親が育児行動を十分にとれないような危険な環境では，子マウスも警戒心が強く成長したほうがより適応的であることを示している．また，この論文では母マウスに育児行動をされなくても，HDAC 阻害剤の腹腔内注射によって，GR 遺伝子のメチル化を低下させることができることも示されている．閑話だが，我々がよく口にする HDAC 阻害剤はクルクミンであり，カレーの香辛料として用いられている．我々はカレーが大好きなのも，母の愛を思い起こさせるからかもしれない．

　この例のように，ある環境（この場合は母親が育児行動を十分に取れないような危険な環境）が長期間にわたって継続する場合は，クロマチン修飾のようなエピジェネティック制御によって生涯にわたって表現型を変化させた方が，より適応的であることがある．そうした現象の多くが，従来の一過性の環境応答とは異なる「表現型可塑性」と呼ばれる現象の本質なのではないかと思ったのだが，いかがだろうか．また，そうした現象の多くは，世代を1つの区切りにしている．先ほどの例では，親マウスの海馬 GR のシトシンメチル化状態にかかわらず，子マウスの全員が胚発生過程で海馬 GR のメチル化を受ける．そのため，両親の表現型に関係なく，子マウスが生後1週間までに育児行動を受けるか否かによって，生涯にわたる HPA 反応が決定される．哺乳類を含む多くの動物では，生殖系列の細胞を体細胞とは別に維持しているため，海馬細胞のような体細胞において環境に応答したクロマチン修飾の変動が起きても，それが後代に遺伝するわけではない．

　それに対して植物では，胚発生後も多能性幹細胞を茎頂に維持し，そこから花成以後に生殖器官である花を形成する．そのため，多能性幹細胞など，後に生殖細胞に分化する体細胞がエピジェネティック制御を受けた場合，次の世代までにエピジェネティック制御をリセットする必要がある．花成を例に挙げると，花成によって根や葉をつくる遺伝子はエピジェネティックに抑制され，花をつくる遺伝子はエピジェネティックに活性化されるが，次の世代は再び栄養成長期から発生を開始する必要がある．そのため，配偶子形成と胚発生の過程で，前者の遺伝子を再活性化し，後者の遺伝子を再抑制するように，メチル化ヒストンの状態をリセットしていることが明らかにされている (Crevillen et al., 2014)．

4.3. 動物におけるエピジェネティック制御の世代間継承

　しかしながら，もし環境刺激によって生殖系列の細胞のクロマチン修飾が影響

を受け，そのクロマチン修飾が胚発生初期と生殖系列における初期化（リプログラミング）を何らかの形で回避できたとすると，次の世代，またさらに次の世代に，形質がエピジェネティックに継承されることはありうる。環境の変化や環境刺激が，数世代にもわたって長期間に継続する場合は，こうした世代を越えたエピジェネティック制御を行った方がより適応的であると考えられる。実際に，こうした例が近年いくつか見つかっており，Jean-Baptiste P. A. M. Lamarck 博士による獲得形質の遺伝を思い起こさせ，大きなセンセーションを巻き起こした（Heard & Martienssen, 2014）。

その最も有名な例が，妊娠中の低栄養が子孫に与える影響についての研究であろう。第二次世界大戦によるインフラの破壊と厳冬の影響で，オランダ西部に大規模な飢饉が発生し，実際に多くの方が飢えと寒さで亡くなった。オランダ冬飢饉（The Dutch Hunger Winter, 1944～1945）として有名な事件であるが，その時に胎児期を経験して，主に低体重で出産された人は，同性のきょうだいと比較して有意にインシュリン分泌能が低下し，糖尿病を含む生活習慣病の割合が高いことが明らかとなった（Lumey et al., 2007）。こうした結果はマウスを用いた実験でも再現され，さらにその影響は胎児だけでなくその子にまで影響することが明らかとなった（Radford et al., 2014）。もちろん，これも飽食の時代であれば生活習慣病のリスクを高めることでデメリットとなるが，インシュリンによる養分蓄積が必要ないような飢餓条件下においてはより適応的であると考えられる*9。

ショウジョウバエにおいては，2011 年に理化学研究所の石井俊輔博士らによって，ヘテロクロマチン化に機能する転写因子 ATF-2 が熱ストレスや浸透圧ストレスによってリン酸化されることでクロマチンから除外され，その結果 ATF-2 が結合していた領域のヘテロクロマチン状態が解除されることを発見した。さらに，ストレスによるヘテロクロマチン状態の解除は複数世代にわたって維持されうることも明らかとなった。熱ストレスや浸透圧ストレスに応答する ATF-2 の標的遺伝子は未解明であるが，ストレス応答が複数世代にわたって継承される可能性があることを示した先進的な結果の 1 つである（Seong et al., 2011）。また，線虫において，wdr5 変異体は長寿命の表現型を示すが，野生型の Wdr5 遺伝子を復帰させてもその表現型は数世代にわたって回復しない。Wdr5 は Trx/MLL による H3K4 メチル化酵素複合体の一因子であり，寿命を調節する遺伝子における H3K4 の低メチル

＊9：オランダ冬飢饉の例においては，すでに胎児の中で生殖細胞が形成されつつあるので，世代間継承ではなく，胎児の生殖細胞が直接飢餓の影響を受けることで次の世代まで表現型が出たのではないかという議論も存在する。

化状態が世代を越えて継承されている可能性が示唆された（Greer et al., 2011）。さらに最近，マウスでは，電流によって特定の匂いを条件付けすると，その恐怖行動が数世代にわたって継承されうること，さらに精子におけるその匂いの受容体遺伝子座のメチル化シトシンレベルが低下していることが明らかとなった（Dias & Ressler, 2014）。この「匂いの記憶」は母親からも継承されることから，おそらく卵においても匂い受容体遺伝子座のシトシンは低メチル化されていると考えられる。ショウジョウバエの熱ストレスについては，生殖細胞も熱にさらされているので理解しやすいが，マウスの匂い刺激がどのように生殖細胞にまで到達しているのかはまだ分かっていない。匂い物質が血管に取り込まれ，生殖細胞にまで到達しているのかもしれないが，そうすると特定の匂いを生殖細胞がどのようにかぎ分けて，特定の匂い受容体遺伝子座にシトシンの低メチル化を誘導しているのかについては，大きな疑問として残されている。いずれにしても，こうした世代を越えたエピジェネティック制御はこれまで考えられていた以上に多様に存在すると考えられる。

4.4. 被子植物におけるエピジェネティック制御の世代間継承

前述したように，動物では，胚発生過程と生殖系列において，H3K27me3とメチル化シトシンの大部分が初期化（リプログラミング）されるため，初期化をまぬがれて世代を越えて継承されたとしても，その継承は長く続いて数世代である。しかしながら，植物では転移因子研究（第2，4章を参照），およびclkのようなエピアレル研究（第3章を参照）によって，メチル化シトシンが少なくとも数世代，長い場合は何百世代以上も維持される例も知られている。その代表例が，ホソバウンランのperoria変異体である。peloriaとはギリシャ語のpelōros，つまり怪物を意味しており，左右相称花が放射相称化になる表現型として，18世紀にCarl von Linné博士によって記載され，その試料もロンドンのリンネ標本室に保存されている。John Innes CentreのEnrico Coen博士は1999年，このperoria変異体が花の左右相称化を制御するCycloidea遺伝子におけるシトシンの高メチル化によって引き起こされていることを明らかにした（Cubas et al., 1999）。このことは，シトシンメチル化による表現型が，少なくとも250年近くにわたって維持されてきた可能性を示唆している。

この，peloria変異体に代表されるエピアリルは，通常の塩基変異と比較すると，以下の2点で異なる。1つ目は，既述であるが，変異が不安定であり，しばしば復帰体を生じる点である。これについては，配偶子形成および胚発生過程におけるシトシンメチル化のエピゲノムが解明されたことで，どのようにシトシンメチル化が

世代を越えて維持されているのかが解明されつつある。具体的には，維持型メチル化酵素であるMET1およびCMT3によって，CGメチル化およびCHGメチル化は，雄性配偶子形成および胚発生の過程で大部分は安定に維持される。しかしながら，CHHメチル化については，*de novo* メチル化酵素であるDRM2の発現が減数分裂以降消失することで，著しく低下する (Calarco *et al.*, 2012)。受精後，胚発生初期の段階でCHHメチル化は急速に回復するが，それはDRM2の発現が回復するとともに，主に母親栄養細胞由来のHC-siRNAが胚に移行して，新しいメチル化シトシンのエピゲノムを形成するためであると考えられている。そのためCHHメチル化については世代ごとに大きく異なりそれがエピアリルの不安定性の一因であると考えられる。

2つ目は，エピアリルがヘテロ接合体である場合，メチル化シトシンが片方の遺伝子座からメチル化を受けていない遺伝子座にコピーされ，しばしばホモ接合体となる点である。これは，おそらくエピアリルからPol. IV，RDR2，DCL3を介してHC-siRNAが生成され，同じ配列を持つメチル化を受けていない遺伝子座にもシトシンメチル化が誘導されることに由来すると考えられる。

4.5. 進化・種分化へのエピジェネティクスの意義

世代を越えて継承されるエピジェネティクス機構は，長期間の環境変動に応答するための広義の環境応答に貢献する分子機構であるだけでなく，進化や種分化に何らかの影響を与えると考えられる。こうしたエピジェネティクスが駆動する進化について示唆を与える先進的な結果が，理化学研究所の古澤力博士らによって得られている (Furusawa & Kaneko, 2013)。単細胞生物の適応シミュレーションに，エピジェネティック制御として遺伝子発現と抑制を安定化させる回路を加えることで，細胞が経験したことのない（応答機構を持たない）環境に，より適応度の高い細胞状態が得られることがわかった。さらに，遺伝子制御ネットワーク (GRN) に変異が加わる適応進化シミュレーションを行ったところ，エピジェネティック制御を加えることで，より適応度の高いGRNが速く進化することがわかった。この結果は，世代を越えて継承されるエピジェネティック制御によって表現型のバリエーションが拡大することで，適応進化の速度が上がりうることを意味している。本小節では，進化に影響を与えうるエピジェネティクス機構についての研究を紹介することで，シミュレーションの結果とあわせて，進化や種分化にエピジェネティクスがどのように貢献してきたかについて考察したい。

4.5.1. 転移因子と進化

　エピジェネティクスがトランスポゾンなど転移因子の制御を通じて進化に影響を与えてきた可能性については広く受け入れられつつある。*met1* 変異体や *ddm1* 変異体など，シトシンのグローバルな低メチル化を引き起こす変異体では，世代を経るごとに徐々に表現型が重篤になっていく。また，これらの変異体に野生型の *MET1* 遺伝子や *DDM1* 遺伝子を導入しても表現型はほとんど相補されない。その原因の1つが，転移因子の転移であると考えられる。*met1* 変異体や *ddm* 変異体においてメチル化シトシンのレベルがグローバルに低下すると，多くの転移因子が再活性化され，転移する。一度転移した転移因子は MET1 や DDM1 の活性が復帰しても元に戻るわけではないので，表現型が回復しない。また，シロイヌナズナにおいてメチル化シトシンのエピゲノムは世代を通じて維持されるため，一度転移能を回復した転移因子は MET1 や DDM1 の活性が復帰してもすぐに抑制されるわけではなく，再メチル化されるまでは転移能を持ち続けると考えられる（第2, 4章を参照）。

　実際に，国立遺伝学研究所の角谷徹仁博士らによって，シロイヌナズナ近縁種であるセイヨウミヤマハタザオ（*Arabidopsis lyrata* subsp. *lyrata*）の進化の過程において，こうした転移因子の大規模な転移（これを角谷博士らは burst と呼んだ）が起きていることを示す結果を得た (Tsukahara *et al.*, 2012; Tsukahara *et al.*, 2009)。さらに，近年，熱ストレス応答のシスエレメントとして機能するレトロトランスポゾン *ONSEN* が，熱ストレスによって burst を起こしうることが解明された（詳しくは，第4章を参照, Ito et al., 2011a)。通常のランダムな変異と比較すると，シスエレメントとして機能する転移因子の burst による変異は，新しい熱ストレス応答能を身に着けた植物の進化を著しく促進すると考えられる。

4.5.2. シトシンメチル化と進化

　次に，エピジェネティクスと進化の関連として受け入れられはじめているのは，メチル化シトシンのチミンへの変換だろう。メチル化シトシンは Activation-induced deaminase（AID）などの脱アミノ酵素によってウラシルに変換される。この U:G ミスマッチは DNA グリコシラーゼによって U が取り除かれ，多くの場合は非メチル化シトシンに修復されると考えられるが，次の DNA 複製までに U の除去と C の修復が起きなかった場合，U の相補塩基として A が取り込まれ，最終的には C:G ペアが T:A ペアに変換される。Max Planck Institute の Detlef Weigel

博士らは，シロイヌナズナの自殖を30世代繰り返して，変異率とシトシンメチル化変化率を観察した（Becker et al., 2011; Ossowski et al., 2010）。その結果，世代ごとの変異率は7.1×10^{-9}，メチルシトシン変化率は7.8×10^{-6}と計算された。また，C：G → T：A変異は他の変異と比べて10倍近く変異率が高く，さらにメチル化されているシトシンはメチル化されていないシトシンと比較して有意にチミンへの変換率が高かった。つまり，塩基変異のバリエーションよりも，シトシンメチル化のバリエーションの方が1,000倍近く広く，多様な環境への適応を可能にしていると考えられる。加えて，メチル化シトシンのバリエーションは，チミンへの変換を通じて，安定な塩基変異のバリエーションを引き起こす原動力の1つになっていることも明らかとなった。

4.5.3. エピジェネティック制御による染色体不和合と種分化

近年では，メチル化シトシンエピゲノムの違いによって，種分化の始まりを示唆するような系統間の不和合性を解明した研究例が報告されている。シロイヌナズナのColumbia-0（Col-0）系統の4番染色体とShahdara（Sha）系統の5番染色体は不和合であることが知られていたが，それが植物の生存に必須の葉酸トランスポーター（*Folate transporter, FOLT*）遺伝子の異常な遺伝子重複とHC-siRNAを介したエピジェネティックな遺伝子抑制によって引き起こされていることが解明された（Durand et al., 2012）。Col-0系統では，*FOLT*遺伝子は5番染色体にしか存在しない（*FOLT1*）。それに対して，Sha系統では5番染色体の*FOLT1*遺伝子に加えて，4番染色体に*FOLT2*遺伝子が存在する。*FOLT2*遺伝子は遺伝子重複によって*FOLT1*遺伝子から生じたと考えられるが，おそらくその重複の際に異常があり，一部繰り返し配列が*FOLT2*遺伝子の上流に存在している。こうした異常な繰り返し配列からはHC-siRNAが産生されヘテロクロマチン化の標的となるが，*FOLT2*遺伝子は急速な分子進化によってその抑制を逃れ，*FOLT1*遺伝子だけが4番染色体由来のHC-siRNAによるヘテロクロマチン化の標的となった。その結果，生存に必須の活性化型*FOLT*遺伝子が，Col-0系統では5番染色体に，Sha系統では4番染色体にだけ存在することになり，Col-0系統とSha系統における染色体不和合を引き起こしている。

こうした現象は，系統間だけでなく，個体ごとに幅広く起こり，染色体不和合だけでなく，種分化の源の1つとなっているのではないだろうか。また，Sha系統の*FOLT*遺伝子に起きた現象と同様に遺伝子重複が跳躍的な遺伝子の分子進化にも機能してきたことが示唆されている（Keller & Yi, 2014; Rodin & Riggs, 2003）。遺伝

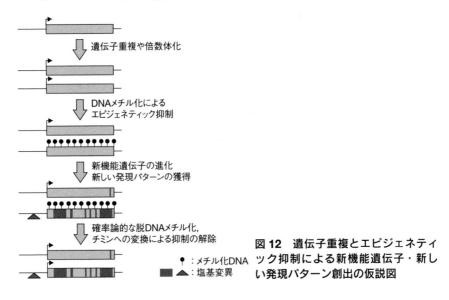

図12 遺伝子重複とエピジェネティック抑制による新機能遺伝子・新しい発現パターン創出の仮説図

子重複が起きた場合，FOLT遺伝子のように異常な繰り返し配列が生じたり，もしくは単に遺伝子コピーが増えてco-suppressionが起きたりして，一方の遺伝子のみがエピジェネティックな抑制を受けることがあると考えられる。そうした遺伝子は負の自然選択から解除され，進化的に中立になるため，変異が蓄積する。そうしているうちに，シトシンが確率論的に脱メチル化されるか，もしくはメチル化シトシンがチミンに変換されることで，新しい機能，新しい発現パターンを有する遺伝子として活性化される（図12）。転写因子をコードするホメオティック遺伝子などは，遺伝子重複によって発現量が2倍になったり，少しでも変異が入ったりすると発生に非常に有害であると考えられるが，こうした過程を経ることで，自由に分子進化することができるのではないだろうか。

4.5.4. エピジェネティックバリエーションが駆動する進化

　Waddington博士が定義したように，1つの遺伝型から多様な表現型が生じる機構を研究するのがエピジェネティクスだとすると，クロマチン修飾によって，1つの遺伝型からまさにバリエーションに富んだ多様な表現型が生み出されていることが明らかになってきた。それに加えて，Waddington博士は，epigenetic landscapeや運河化が，発生だけでなく，進化にも該当すると考えていた。その，当時「かなりのひんしゅくを買った」（岡田, 2001）というWaddington博士の1942年の論文の最後の記述"…it is possible that an adaptive response can be fixed without waiting for the occurrence of a mutation which, in the original genetic background, mimics the response well enough to enjoy a selective advantage."（Waddington, 1942a）は，"an adaptive response" を "an adaptive character" といいかえれば，4.5.2. に述べたメチル化 DNA による表現型バリエーションの拡大を正確に予言していたといえるだろうし，"an adaptive response" を "an stress response" と言いかえれば，4.3. で述べた例を予言していたといえると思う。また，メチル化シトシンからチミンへの変換や，図 12 に述べたような可能性を通じて，メチル化シトシンのバリエーションは塩基変異のバリエーションにもなりうるのだ。本小節の最初に述べたシミュレーションの結果を合わせて考えれば，メチル化シトシンによる表現型バリエーションと塩基変異バリエーションの拡大によって，より速い適応進化が駆動されてきたと考えても，突飛な発想ではないだろう。

以上のことから，epigenetic landscape を進化に当てはめると，地形はまさに生物を取り巻く環境そのものであり，重力は塩基変異であると考えられる。そうすると，クロマチン修飾は，ビー玉のゆらぎではないだろうか。つまり，メチル化シトシンによる表現型可塑性のバリエーションの中から，自然選択もしくは中立的に後代が生き残る。そうしてエピジェネティックに抑制された遺伝子群は中立的に分子進化，あるいはメチル化シトシンがチミンに変換され，塩基変異として固定される。ここで強調しておきたいのは，環境を表す地形それ自体が，非常に多様で可変であることである。ある場所ではエピジェネティックバリエーション A を持つ個体が生き残り，その隣の場所ではエピジェネティックバリエーション B を持つ個体が生き残る。そして，エピジェネティックに抑制されたそれぞれの遺伝子が中立進化する。その後，前述の FOLT 遺伝子で示されたようなエピジェネティックな不和合現象が起き，種分化が開始されるのではないだろうか。などと，さらに妄想の翼を広げている。

おわりに

以上，エピジェネティクスについて本当に好き勝手に述べさせていただいた。たくさんの重要な研究，例えば，ヒストン変異種や，クロマチン動態，植物のゲノムインプリンティングを，スペースの都合や，筆者の無知によって取りこぼしていると考えられるが，ご容赦いただければと心から願う（もしよろしければ，次に会った時にぜひ教えてください）。

謝辞

原稿にコメントをくださいました,沖縄科学技術大学院大学の川島武士博士(現筑波大学),佐瀬英俊博士,基礎生物学研究所の星野敦博士,立命館大学の荒木希和子博士,匿名の査読者に深く感謝いたします。また,写真の使用許可を下さいました,ウィスコンシン大学の Richard Amasino 博士に深く感謝いたします。

引用文献

Allfrey, V. G. *et al.* 1964. Acetylation and methylation of histones and their possible role in the regulation of RNA synthesis. *Proceedings of the National Academy of Sciences of the United States of America* **51**: 786-794.

Allfrey, V. G. & A. E. Mirsky. 1964. Structural modifications of histones and their possible role in the regulation of RNA synthesis. *Science* **144**: 559.

Alvarez-Buylla, E. R. *et al.* 2007. Gene regulatory network models for plant development. *Current Opinion in Plant Biology* **10**: 83-91.

Amasino, R. 2004. Vernalization, competence, and the epigenetic memory of winter. *Plant Cell* **16**: 2553-2559.

Bantignies, F. & G. Cavalli. 2011. Polycomb group proteins: repression in 3D. *Trends in Genetics* **27**: 454-464.

Bastow, R. *et al.* 2004. Vernalization requires epigenetic silencing of *FLC* by histone methylation. *Nature* **427**: 164-167.

Baubec, T. *et al.* 2010. Cooperation of multiple chromatin modifications can generate unanticipated stability of epigenetic states in *Arabidopsis*. *Plant Cell* **22**: 34-47.

Becker, C. *et al.* 2011. Spontaneous epigenetic variation in the *Arabidopsis thaliana* methylome. *Nature*, **480**: 245-249.

Bernstein, B. E. *et al.* 2006. A bivalent chromatin structure marks key developmental genes in embryonic stem cells. *Cell* **125**: 315-326.

Blackledge, N. P. & R. Klose. 2011. CpG island chromatin: A platform for gene regulation. *Epigenetics* **6**: 147-152.

Bowman, J. L. *et al.* 1992. *SUPERMAN*, a regulator of floral homeotic genes in *Arabidopsis*. *Development* **114**: 599-615.

Briggs, S. D. *et al.* 2001. Histone H3 lysine 4 methylation is mediated by Set1 and required for cell growth and rDNA silencing in *Saccharomyces cerevisiae*. *Genes & Development* **15**: 3286-3295.

Brownell, J. E. *et al.* 1996. Tetrahymena histone acetyltransferase A: A homolog to yeast Gcn5p linking histone acetylation to gene activation. *Cell*, **84**: 843-851.

Butenko, Y. & N. Ohad. 2011. Polycomb-group mediated epigenetic mechanisms through plant evolution. *Biochimica et Biophysica Acta* **1809**: 395-406.

Buzas, D. M. *et al.* 2012. *FLC*: A hidden polycomb response element shows up in silence.

Plant & Cell Physiology **53**: 785-793.

Calarco, J. P. *et al.* 2012. Reprogramming of DNA methylation in pollen guides epigenetic inheritance via small RNA. *Cell* **151**: 194-205.

Caldji, C. *et al.* 1998. Maternal care during infancy regulates the development of neural systems mediating the expression of fearfulness in the rat. *Proceedings of the National Academy of Sciences of the United States of America* **95**: 5335-5340.

Cao, R. *et al.* 2002. Role of histone H3 lysine 27 methylation in Polycomb-group silencing. *Science* **298**: 1039-1043.

Carrozza, M. J. *et al.* 2005. Histone H3 methylation by Set2 directs deacetylation of coding regions by Rpd3S to suppress spurious intragenic transcription. *Cell* **123**: 581-592.

Cavalli, G. & R. Paro. 1998. The *Drosophila Fab-7* chromosomal element conveys epigenetic inheritance during mitosis and meiosis. *Cell* **93**: 505-518.

Crevillen, P. *et al.* 2014. Epigenetic reprogramming that prevents transgenerational inheritance of the vernalized state. *Nature* **515**: 587-590.

Cubas, P. *et al.* 1999. An epigenetic mutation responsible for natural variation in floral symmetry. *Nature* **401**: 157-161.

Dean, W. *et al.* 2001. Conservation of methylation reprogramming in mammalian development: aberrant reprogramming in cloned embryos. *Proceedings of the National Academy of Sciences of the United States of America* **98**: 13734-13738.

Deaton, A. M. & A. Bird. 2011. CpG islands and the regulation of transcription. *Genes & Development* **25**: 1010-1022.

Dias, B. G. & K. J. Ressler. 2014. Parental olfactory experience influences behavior and neural structure in subsequent generations. *Nature Neuroscience* **17**: 89-96.

Duncan, I. & E. B. Lewis. 1982. Genetic control of body segment differentiation in *Drosophila*. *In*: Developmental Order: Its origin and regulation, p. 533-554. Alan R. Liss, New York.

Durand, S. *et al.* 2012. Rapid establishment of genetic incompatibility through natural epigenetic variation. *Current Biology* **22**: 326-331.

Filion, G. J. *et al.* 2010. Systematic protein location mapping reveals five principal chromatin types in *Drosophila* cells. *Cell* **143**: 212-224.

Furusawa, C. & K. Kaneko. 2013. Epigenetic feedback regulation accelerates adaptation and evolution. *PLoS One* **8**: e61251.

Gan, E. S. *et al.* 2014. Jumonji demethylases moderate precocious flowering at elevated temperature via regulation of *FLC* in *Arabidopsis*. *Nature Communications* **5**: 5098.

Gasperowicz, M. & D. R. Natale. 2011. Establishing three blastocyst lineages-then what? *Biology of Reproduction* **84**: 621-630.

Gehring, M. *et al.* 2006. DEMETER DNA glycosylase establishes *MEDEA* polycomb gene self-imprinting by allele-specific demethylation. *Cell* **124**: 495-506.

Gong, Z. *et al.* 2002. *ROS1*, a repressor of transcriptional gene silencing in *Arabidopsis*, encodes a DNA glycosylase/lyase. *Cell* **111**: 803-814.

Greer, E. L. *et al.* 2011. Transgenerational epigenetic inheritance of longevity in

Caenorhabditis elegans. Nature **479**: 365-371.

Guo, J. U. *et al.* 2011. Hydroxylation of 5-methylcytosine by TET1 promotes active DNA demethylation in the adult brain. *Cell* **145**: 423-434.

Haig, D. 2004. The (dual) origin of epigenetics. *Cold Spring Harbor Symposia on Quantitative Biology* **69**: 67-70.

Haig, D. 2012. Commentary: The epidemiology of epigenetics. *International Journal of Epidemiology* **41**: 13-16.

He, Y. F. *et al.* 2011. Tet-mediated formation of 5-carboxylcytosine and its excision by TDG in mammalian DNA. *Science* **333**: 1303-1307.

Heard, E. & R. A. Martienssen. 2014. Transgenerational epigenetic inheritance: myths and mechanisms. *Cell* **157**: 95-109.

Hekimoglu, B. & L. Ringrose. 2009. Non-coding RNAs in polycomb/trithorax regulation. *RNA Biology* **6**: 129-137.

Hennig, L. & M. Derkacheva. 2009. Diversity of Polycomb group complexes in plants: same rules, different players? *Trends in Genetics* **25**: 414-423.

Heo, J. B. & S. Sung. 2011. Vernalization-mediated epigenetic silencing by a long intronic noncoding RNA. *Science* **331**: 76-79.

Ho, J. W. *et al.* 2014. Comparative analysis of metazoan chromatin organization. *Nature* **512**: 449-452.

Hou, P. *et al.* 2013. Pluripotent stem cells induced from mouse somatic cells by small-molecule compounds. *Science* **341**: 651-654.

Iida, T. *et al.* 2008. siRNA-mediated heterochromatin establishment requires HP1 and is associated with antisense transcription. *Molecular Cell* **31**: 178-189.

Ingham, P. W. 1983. Differential expression of bithorax complex genes in the absence of the *extra sex combs* and *trithorax* genes. *Nature* **306**: 591-593.

Ito, H. *et al.* 2011a. An siRNA pathway prevents transgenerational retrotransposition in plants subjected to stress. *Nature* **472**: 115-119.

Ito, S. *et al.* 2011b. Tet proteins can convert 5-methylcytosine to 5-formylcytosine and 5-carboxylcytosine. *Science* **333**: 1300-1303.

Jackson, J. P. *et al.* 2002. Control of CpNpG DNA methylation by the KRYPTONITE histone H3 methyltransferase. *Nature* **416**: 556-560.

Jacobsen, S. E. & E. M. Meyerowitz. 1997. Hypermethylated *SUPERMAN* epigenetic alleles in *Arabidopsis*. *Science* **277**: 1100-1103.

Johnson, T. B. & R. D. Coghill. 1925. Researches on pyrimidines. C111. The discovery of 5-methyl-cytosine in tuberculinic acid, the nucleic acid of the tubercle bacillus. *Journal of the American Chemical Society* **47**: 2838-2844.

Keller, T. E. & S. V. Yi. 2014. DNA methylation and evolution of duplicate genes. *Proceedings of the National Academy of Sciences of the United States of America* **111**: 5932-5937.

Kim, D. H. *et al.* 2009. Vernalization: winter and the timing of flowering in plants. *Annual Review of Cell and Developmental Biology* **25**: 277-299.

Kim, K. *et al.* 2010. Epigenetic memory in induced pluripotent stem cells. *Nature* **467**: 285-

290.
Lanzuolo, C. *et al.* 2011. PcG complexes set the stage for epigenetic inheritance of gene silencing in early S phase before replication. *PLoS Genetics* **7**: e1002370.
Lee, M. G. *et al.* 2007. Demethylation of H3K27 regulates polycomb recruitment and H2A ubiquitination. *Science* **318**: 447-450.
Levine, M. & E. H. Davidson. 2005. Gene regulatory networks for development. *Proceedings of the National Academy of Sciences of the United States of America* **102**: 4936-4942.
Lewis, E. B. 1978. A gene complex controlling segmentation in *Drosophila*. *Nature* **276**: 565-570.
Lewis, P. H. 1947. Melanogaster-new mutants: report of Pamela H. Lewis. *Drosophila Information Service* **21**: 69.
Li, B. *et al.* 2007. The role of chromatin during transcription. *Cell* **128**: 707-719.
Li, E. *et al.* 1992. Targeted mutation of the DNA methyltransferase gene results in embryonic lethality. *Cell* **69**: 915-926.
Lieberman-Aiden, E. *et al.* 2009. Comprehensive mapping of long-range interactions reveals folding principles of the human genome. *Science* **326**: 289-293.
Lindroth, A. M. *et al.* 2001. Requirement of *CHROMOMETHYLASE3* for maintenance of CpXpG methylation. *Science* **292**: 2077-2080.
Liu, C. *et al.* 2010. Histone methylation in higher plants. *Annual Review of Plant Biology* **61**: 395-420.
Lodha, M. *et al.* 2013. The ASYMMETRIC LEAVES complex maintains repression of KNOX homeobox genes via direct recruitment of Polycomb-repressive complex2. *Genes & Development* **27**: 596-601.
Lumey, L. H. *et al.* 2007. Cohort profile: the Dutch Hunger Winter families study. *International Journal of Epidemiology* **36**: 1196-1204.
Macfarlan, T. S. *et al.* 2012. Embryonic stem cell potency fluctuates with endogenous retrovirus activity. *Nature* **487**: 57-63.
Margueron, R. *et al.* 2009. Role of the polycomb protein EED in the propagation of repressive histone marks. *Nature* **461**: 762-767.
Margueron, R. & D. Reinberg. 2011. The Polycomb complex PRC2 and its mark in life. *Nature* **469**: 343-349.
Matzke, M.A. & R. A. Mosher. 2014. RNA-directed DNA methylation: an epigenetic pathway of increasing complexity. *Nature Reviews Genetics* **15**: 394-408.
Monk, M. *et al.* 1987. Temporal and regional changes in DNA methylation in the embryonic, extraembryonic and germ cell lineages during mouse embryo development. *Development* **99**: 371-382.
Morgan, T. H. 1910. Sex-limited inheritance in Drosophila. *Science* **32**: 120-122.
Muller, H. J. 1930. Types of visible variations induced by X-rays in *Drosophila*. *Journal of Genetics*, **22**: 299-334.
Muramatsu, D. *et al.* 2013. Pericentric heterochromatin generated by HP1 protein interaction-defective histone methyltransferase Suv39h1. *Journal of Biological*

Chemistry **288**: 25285-25296.

Muramoto, T. *et al.* 2010. Methylation of H3K4 Is required for inheritance of active transcriptional states. *Current Biology* **20**: 397-406.

Okano, M. *et al.* 1999. DNA methyltransferases Dnmt3a and Dnmt3b are essential for de novo methylation and mammalian development. *Cell* **99**: 247-257.

Oliveri, P. & E. H. Davidson. 2004. Gene regulatory network controlling embryonic specification in the sea urchin. *Current Opinion in Genetics & Development* **14**: 351-360.

岡田節人 2001. 岡田節人の歴史放談7 遺伝と発生と環境の関係を夢想する文化人 C. H. Waddington（1905〜75）. 生命誌 **9**: 2.

Ossowski, S. *et al.* 2010. The rate and molecular spectrum of spontaneous mutations in *Arabidopsis thaliana*. *Science* **327**: 92-94.

Papp, B. & J. Muller. 2006. Histone trimethylation and the maintenance of transcriptional ON and OFF states by trxG and PcG proteins. *Genes & Development*, **20**: 2041-2054.

Pasini, D. *et al.* 2008. Coordinated regulation of transcriptional repression by the RBP2 H3K4 demethylase and Polycomb-Repressive Complex 2. *Genes & Development* **22**: 1345-1355.

Peaston, A. E. *et al.* 2004. Retrotransposons regulate host genes in mouse oocytes and preimplantation embryos. *Developmental Cell* **7**: 597-606.

Pedersen, M. T. & K. Helin. 2010. Histone demethylases in development and disease. *Trends in Cell Biology* **20**: 662-671.

Peschansky, V. J. & C. Wahlestedt. 2014. Non-coding RNAs as direct and indirect modulators of epigenetic regulation. *Epigenetics* **9**: 3-12.

Pirrotta, V. & H. B. Li. 2012. A view of nuclear Polycomb bodies. *Current Opinion in Genetics & Development* **22**: 101-109.

Radford, E. J. *et al.* 2014. In utero undernourishment perturbs the adult sperm methylome and intergenerational metabolism. *Science* **345**: 1255903.

Rea, S. *et al.* 2000. Regulation of chromatin structure by site-specific histone H3 methyltransferases. *Nature* **406**: 593-599.

Ringrose, L. & R. Paro. 2007. Polycomb/Trithorax response elements and epigenetic memory of cell identity. *Development* **134**: 223-232.

Rodin, S. N. & A. D. Riggs. 2003. Epigenetic silencing may aid evolution by gene duplication. *Journal of Molecular Evolution* **56**: 718-729.

Rossant, J. & P. P. Tam. 2009. Blastocyst lineage formation, early embryonic asymmetries and axis patterning in the mouse. *Development* **136**: 701-713.

Roudier, F. *et al.* 2011. Integrative epigenomic mapping defines four main chromatin states in Arabidopsis. *EMBO Journal* **30**: 1928-1938.

Sanchez-Elsner, T. *et al.* 2006. Noncoding RNAs of trithorax response elements recruit Drosophila Ash1 to Ultrabithorax. *Science* **311**: 1118-1123.

Sato, M. *et al.* 2010. Network modeling reveals prevalent negative regulatory relationships between signaling sectors in Arabidopsis immune signaling. *PLoS Pathogens* **6**:

e1001011.
Saze, H. et al. 2008. Control of genic DNA methylation by a jmjC domain-containing protein in *Arabidopsis thaliana*. *Science* **319**: 462-465.
Schuettengruber, B. et al. 2007. Genome regulation by polycomb and trithorax proteins. *Cell* **128**: 735-745.
Schuettengruber, B. et al. 2011. Trithorax group proteins: switching genes on and keeping them active. *Nature Reviews Molecular Cell Biology* **12**: 799-814.
Schwartz, Y. B. & V. Pirrotta. 2008. Polycomb complexes and epigenetic states. *Current Opinion in Cell Biology* **20**: 266-273.
Schwartz, Y. B. et al. 2010. Alternative epigenetic chromatin states of polycomb target genes. *PLoS Genetics* **6**: e1000805.
Seisenberger, S. et al. 2013. Reprogramming DNA methylation in the mammalian life cycle: building and breaking epigenetic barriers. *Philosophical Transactions of the Royal Society B* **368**: 20110330.
Seong, K. H. et al. 2011. Inheritance of stress-induced, ATF-2-dependent epigenetic change. *Cell* **145**: 1049-1061.
Shilatifard, A. 2012. The COMPASS family of histone H3K4 methylases: mechanisms of regulation in development and disease pathogenesis. *Annual Review of Biochemistry* **81**: 65-95.
Shogren-Knaak, M. et al. 2006. Histone H4-K16 acetylation controls chromatin structure and protein interactions. *Science* **311**: 844-847.
Slack, J. M. 2002. Conrad Hal Waddington: the last Renaissance biologist? *Nature Reviews Genetics* **3**: 889-895.
Steffen, P. A. & L. Ringrose. 2014. What are memories made of? How Polycomb and Trithorax proteins mediate epigenetic memory. *Nature Reviews Molecular Cell Biology* **15**: 340-356.
Struhl, G. 1981. A gene product required for correct initiation of segmental determination in *Drosophila*. *Nature* **293**: 36-41.
Struhl, G. 1983. Role of the *esc*[+] gene product in ensuring the selective expression of segment-specific homeotic genes in *Drosophila*. *Journal of Embryology and Experimental Morphology* **76**: 297-331.
Struhl, G. & M. Akam. 1985. Altered distributions of *Ultrabithorax* transcripts in extra sex combs mutant embryos of *Drosophila*. *EMBO Journal*, **4**: 3259-3264.
Struhl, G. D. Brower. 1982. Early role of the *esc*[+] gene product in the determination of segments in Drosophila. *Cell* **31**: 285-292.
Sun, B. et al. 2014. Timing mechanism dependent on cell division is invoked by Polycomb eviction in plant stem cells. *Science* **343**: 1248559.
Sung, S. & R. M. Amasino. 2004. Vernalization in *Arabidopsis thaliana* is mediated by the PHD finger protein VIN3. *Nature* **427**: 159-164.
Sung, S. et al. 2006. Epigenetic maintenance of the vernalized state in *Arabidopsis thaliana* requires LIKE HETEROCHROMATIN PROTEIN 1. *Nature Genetics* **38**: 706-710.

Tahiliani, M. et al. 2009. Conversion of 5-methylcytosine to 5-hydroxymethylcytosine in mammalian DNA by MLL partner TET1. *Science* **324**: 930-935.

Takeuchi, T. et al. 1995. Gene trap capture of a novel mouse gene, jumonji, required for neural tube formation. *Genes & Development* **9**: 1211-1222.

Tamada, Y. et al. 2009. ARABIDOPSIS TRITHORAX-RELATED7 is required for methylation of lysine 4 of histone H3 and for transcriptional activation of *FLOWERING LOCUS C*. *Plant Cell* **21**: 3257-3269.

Taunton, J. et al. 1996. A mammalian histone deacetylase related to the yeast transcriptional regulator Rpd3p. *Science* **272**: 408-411.

Tropberger, P. et al. 2013. Regulation of transcription through acetylation of H3K122 on the lateral surface of the histone octamer. *Cell* **152**: 859-872.

Tsukahara, S. et al. 2012. Centromere-targeted de novo integrations of an LTR retrotransposon of *Arabidopsis lyrata*. *Genes & Development*, **26**: 705-713.

Tsukahara, S. et al. 2009. Bursts of retrotransposition reproduced in *Arabidopsis*. *Nature* **461**: 423-426.

Vastenhouw, N. L. et al. 2010. Chromatin signature of embryonic pluripotency is established during genome activation. *Nature* **464**: 922-926.

Waddington, C. H. 1942a. Canalization of development and the inheritance of acquired characters. *Nature* **150**: 563-565.

Waddington, C. H. 1942b. The epigenotype. *Endeavour* **1**: 18-20.

Waddington, C. H. 1957. The Strategy of the Genes Geo Allen & Unwin, London.

Waddington, C. H. 1968. 発生と分化の原理．岡田瑛，岡田節人（訳），共立出版．

Waddington, C. H. 2012. The epigenotype. *International journal of epidemiology* **41**: 10-13.

Wagner, A. 2000. Robustness against mutations in genetic networks of yeast. *Nature Genetics* **24**: 355-361.

Wang, H. et al. 2004. Role of histone H2A ubiquitination in Polycomb silencing. *Nature* **431**: 873-878.

Wang, L. A. et al. 1997. Histone acetyltransferase activity is conserved between yeast and human GCN5 and is required for complementation of growth and transcriptional activation. *Molecular and Cellular Biology* **17**: 519-527.

Wassenegger, M. et al. 1994. RNA-directed de novo methylation of genomic sequences in plants. *Cell* **76**: 567-576.

Weaver, I. C. et al. 2004. Epigenetic programming by maternal behavior. *Nature Neuroscience* **7**: 847-854.

Wu, H. et al. 2011. Dual functions of Tet1 in transcriptional regulation in mouse embryonic stem cells. *Nature* **473**: 389-393.

Yuan, W. et al. 2012. Dense chromatin activates Polycomb repressive complex 2 to regulate H3 lysine 27 methylation. *Science* **337**: 971-975.

Yun, J. Y. et al. 2012. ARABIDOPSIS TRITHORAX-RELATED3/SET DOMAIN GROUP2 is required for the winter-annual habit of *Arabidopsis thaliana*. *Plant & Cell Physiology* **53**: 834-846.

Zemach, A. *et al.* 2013. The *Arabidopsis* nucleosome remodeler DDM1 allows DNA methyltransferases to access H1-containing heterochromatin. *Cell* **153**: 193-205.

Zemach, A. *et al.* 2010. Genome-wide evolutionary analysis of eukaryotic DNA methylation. *Science* **328**: 916-919.

Zhong, X. *et al.* 2014. Molecular mechanism of action of plant DRM de novo DNA methyltransferases. *Cell* **157**: 1050-1060.

Zilberman, D. *et al.* 2003. ARGONAUTE4 control of locus-specific siRNA accumulation and DNA and histone methylation. *Science* **299**: 716-719.

第2章　アサガオの模様を生み出す
　　　　エピジェネティクス

星野　敦（基礎生物学研究所）

はじめに

　毎年夏になると，さまざまな色や模様をもつ"アサガオ"の花を目にするが，広く一般的に"アサガオ"と呼ばれている植物には複数の種（species）と品種（cultivar）が含まれている。種としては，アサガオ（*Ipomoea nil*，または *Pharbitis nil*），ノアサガオ（*I. indica*），ソライロアサガオ（*I. tricolor*）やマルバアサガオ（*I. purpurea*）などがある。そのうちアサガオやマルバアサガオには，花の色や模様に違いが見られる多数の品種が，1つの種内に存在する。この色や模様の違いは，自然に起きた突然変異に由来するものである。突然変異を起こした植物が選抜あるいは採取され，それらが交配されることで，突然変異の多様な組み合わせを持つ植物が品種として育種されてきた。この品種の多さが，さまざまな色や模様を持つ"アサガオ"の花を目にする理由であり，よく栽培されている"アサガオ"は種としては上記の4つである。

　さて，筆者が研究しているアサガオの話をすると，しばしば「アサガオの模様はトランスポゾンですよね？」という質問をいただく。トランスポゾンは染色体上を転移する（移動する，座位を変える）ことができる一定のDNA配列を持つ遺伝因子のことで，動く遺伝子とも呼ばれている。アサガオの模様にトランスポゾンが関係することは，ご存じの方も多いだろう。高校生物の教材にも取り上げられている。確かに，このあと紹介する雀斑（そばかす）という模様（口絵1-a）などは，トランスポゾンの転移が原因でできている。質問される方々は，このことを知っておられる訳である。しかし，質問には「トランスポゾンだけではありませんよ」と答えている。なぜなら，筆者がアサガオの多様な模様がつくり出される仕組みについて調べてきた結果，トランスポゾンの転移が原因でできる模様は，ほとんどないことがわかってきたからだ。実際，市場に出回っている品種のなかに雀斑を含めてトランスポゾンの転移がかかわる模様を有するものは存在しない。トランスポゾンの転移によってできる模様のうち，一般に目にするチャンスがあるものは，愛好家

たちが育てている少数の品種がもつ吹掛絞だけだ（口絵1-b）。また，マルバアサガオやソライロアサガオにも数種類の模様がある。しかし，それらの多くもトランスポゾンの転移がつくり出す模様ではない。

では，どのような原因がアサガオやその近縁種の模様をつくり出すのか？その答えの一つが本書のテーマであるエピジェネティクスである。この章ではアサガオにおけるエピジェネティクスの研究の歴史と現状を概説する。そしてソライロアサガオの模様を例にして，トランスポゾンがエピジェネティクスと協調して，その転移とは無関係に模様をつくり出す仕組みを紹介したい。まずは予備知識として，アサガオとその近縁種，花の色，トランスポゾンのことから話をはじめよう。

1. アサガオ，花色とトランスポゾン

1.1. アサガオとその近縁種

アサガオはヒルガオ科（Convolvulaceae），サツマイモ属（*Ipomoea*）の一年草である。ヒルガオ科の植物は50属1,600種あるとされていて，熱帯から亜熱帯にかけて世界的に分布している。サツマイモ属はヒルガオ科最大の属であり，500〜700種程度が存在している（Eich, 2008）。その中には，食用になるサツマイモやヨウサイ（クウシンサイ），園芸植物としてアサガオの近縁種であるマルバアサガオやソライロアサガオなどの身近な植物も含まれる。

アサガオは日本で独自に園芸植物として発展を遂げた種で（石川ら，2002），花の色や模様だけでなく，花や葉のかたちも変化に富み，多種多様である。この多種多様な形質は自然突然変異に由来するもので，その大部分は江戸時代の後期に起源を持っている。文化文政期，嘉永安政期，明治期にはアサガオの栽培ブームがあり，ただ育てるだけではなく，今風にいえば変異体のスクリーニングが盛んに行われていた。とてもアサガオとは思えない奇妙なかたちをした「変化アサガオ」の，珍奇さを愛でたり競い合ったりする特異な文化も花ひらいた。このような色や模様とかたちにかかわる突然変異の多くは現存しており，その多くは*Tpn1*（*Transposable element Pharbitis nil 1*）ファミリーのトランスポゾン（*Tpn1*とそれに類縁なトランスポゾンで，ゲノム中に350コピー程度ある（Hoshino et al., 2016））による挿入変異であることがわかってきた（Hoshino et al., 2009）。

一方，マルバアサガオやソライロアサガオは西洋アサガオとも呼ばれていて，欧米で園芸化された歴史がある。マルバアサガオの研究は歴史が古く，Charles Darwinが1876年に出版した『The effects of cross and self fertilisation in the

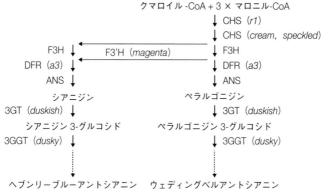

図1 アサガオのアントシアニン色素と生合成経路
野生型のアサガオは青い花を咲かせ，シアニジン系のヘブンリーブルーアントシアニンを蓄積する．カタカナは化合物名．ローマン体の英数字は酵素を示し，（ ）内に対応する変異遺伝子を記載した．CHS：カルコン合成酵素，CHI：カルコン異性化酵素，F3'H：フラボノイド 3'-水酸化酵素，F3H：フラバノン 3-水酸化酵素，DFR：ジヒドロフラボノール 4-還元酵素，ANS：アントシアニジン合成酵素；3GT，UDP-グルコース：フラボノイド 3-O-グルコシル転移酵素，3GGT：UDP-グルコース：アントシアニジン 3-O-グルコシド-2″-O-グルコシル転移酵素．

vegetable kingdom』で，自家受精と他家受精が後代の生育に与える影響を10世代にわたって観察したことを記載している．今でも California 大学 Irvine 校の Michael T. Clegg や Duke 大学の Mark D. Rausher らのグループが，種分化や進化の観点から研究している．マルバアサガオはトウモロコシ畑などの雑草としてアメリカ国内に分布していて，花色にかかわる突然変異も多いことから研究材料に適している．花色の突然変異はソライロアサガオにもあるが，その種類はアサガオ＞マルバアサガオ＞ソライロアサガオの順に報告例が多い．

1.2. 花の色

アントシアニンはフラボノイドの一種で，花の色素としてオレンジ色から青色までの幅広い花に含まれている（Tanaka *et al.*, 2008）．アントシアニンは，基本構造のアントシアニジンに糖や糖鎖が結合した配糖体である．アントシアニジンはB環に結合する水酸基の数により3種類（ペラルゴニジン，シアニジン，デルフィニジン）に分類されている．この水酸基の数が多いほどアントシアニンは青みが強い．アントシアニンには糖のほかにも有機酸などが結合していて，それらの種類や結合の仕方は植物種によって多様性がある．この多様性が，植物ごとに花の色が多様であることの主要因になっている．

図1はアサガオのアントシアニン生合成経路で，この経路のなかで最初につく

られるアントシアニンはシアニジン 3-グルコシドとペラルゴニジン 3-グルコシドである。野生型のアサガオとソライロアサガオの青い花には，ペオニジンに 6 分子のグルコースと 3 分子のコーヒー酸が結合したヘブンリーブルーアントシアニンが含まれている。水酸基の転移酵素である F3'H（図 1）を欠く変異体は，ペラルゴニジン系のウェディングベルアントシアニンが合成されて赤い花を咲かせる。このように突然変異により生合成経路中の酵素が欠けると，最終生成産物のアントシアニンが合成されない代わりに，欠けた酵素の基質となる中間体やその派生物などが蓄積する。アントシアニンの合成以前に経路が遮断されると，一般的に無色か黄色いフラボノイドが蓄積する。たとえばアサガオの DFR を欠く変異体では，無色のフラボノールなどを蓄積して白い花になる（Inagaki *et al.*, 1994）。一方，アントシアニンが合成されたのちに経路が遮断されると，不完全なかたちのアントシアニンが蓄積することになる。*Dusky* 遺伝子がコードする 3GGT（図 1）を欠くアサガオは，不完全なアントシアニンが蓄積して暗い花色になる（Morita *et al.*, 2005）。

アントシアニンは液胞の中に蓄えられていて，液胞内部のイオンや無色のフラボノイド，あるいは pH などがその発色に影響している。アントシアニンには溶媒の pH が低いと赤くなり，pH が高まるにつれて青みを増す性質がある。このためアントシアニンは pH 指示薬として利用されている。さらにこの性質をうまく利用して，液胞内部の pH を調節する遺伝子について調べられているのがアサガオとペチュニアである。アサガオは開花する前の晩に pH が高まって，赤いツボミが青色の花へと劇的に変化する。一方，ペチュニアは数日かけて開花していくが，その間に逆に pH が下がって青っぽいツボミが赤くなっていく。青くならない赤いアサガオや，赤くならない青いペチュニアの変異体を使って，液胞の pH と色の変化を決定するプロトン輸送体が発見されている（Faraco *et al.* 2014; Fukada-Tanaka *et al.*, 2000）。

花に模様ができるのは，以上のようなアントシアニンの生合成や液胞内部の pH などを決める遺伝子が，花の部分ごとに異なる発現をするためである。アサガオで一番人気がある縞模様の吹雪（口絵 1-c）や，花弁が白く縁取られる覆輪（口絵 1-d）という模様では，花弁の白い部分においてのみアントシアニン生合成系の酵素遺伝子が発現抑制されている。この発現抑制にはトランスポゾンではなくて small RNA がかかわっていることがわかってきている。small RNA による遺伝子の発現抑制というと，「遺伝子組換え技術で RNA 干渉を起こして模様をつくったのですか？」とよく聞かれるけれども，吹雪や覆輪も江戸時代から存在している歴とした「自然」突然変異による模様である。一方でいずれは，これまでの研究の知見やさらなる知

見を利用して，花の模様を自在にデザインすることが可能になる日がくるだろう．

1.3. トランスポゾン

　トランスポゾンは2つのグループに大別できるが，本章ではそのうちの1つである「DNA型トランスポゾン」だけが登場するので，それのみを対象として話を進める（コラム「トランスポゾン」も参照）．DNA型トランスポゾンは通常，染色体から切り出されて染色体の別の位置に転移する．転移にはトランスポゾンの内部にコードされている転移酵素の発現が必要である．転移酵素はトランスポゾンの末端や末端近傍の認識配列に結合する．転移酵素が発現して作用できるかどうかが，トランスポゾンの転移活性を決めている．植物ゲノムにはさまざまなトランスポゾンが大量に存在し，ファミリーという用語でグループ分けされている．トランスポゾンの転移酵素は，ゲノム中にあるおなじファミリーに属するトランスポゾンに作用することができる．このため，転移酵素をコードして自律的に転移できる自律性トランスポゾンだけでなく，転移酵素をコードせずに自律性トランスポゾンから転移酵素を供給されることで転移できる非自律性トランスポゾンも存在する．

1.4. トランスポゾンの転移が生み出す模様

　Barbara McClintock はトウモロコシの葉や穀粒にあらわれる斑入り模様の研究からトランスポゾンを発見して，「調節因子（controlling element）」と呼んだ（Kass & Chomet, 2009）．これは彼女が，トランスポゾンが周辺の遺伝子の発現を調節する能力に着目していたためである．トランスポゾンは転移することで生じるジェネティックな変異を介して周辺遺伝子を調節するだけでなく，転移しなくてもトランスポゾン自身と周辺のDNA配列のエピジェネティクスの状態が変わることで間接的に周辺遺伝子を調節することもある．

　アサガオの雀斑変異（口絵1-a，後出図2）を例にして，トランスポゾンが転移することで周辺遺伝子を調節してできる模様について説明する（Inagaki et al., 1994）．雀斑変異体では $Tpn1$ の挿入により DFR 遺伝子の発現が完全に阻害されているので白い花になる．ところが，$Tpn1$ が転移して DFR 遺伝子から飛び出してしまえば DFR 遺伝子の発現が回復（再活性化）する．花弁の発生過程における細胞系譜を考慮すると，再活性化した DFR 遺伝子を持つ細胞に加えて，その細胞から分裂して生じた娘細胞は DFR 遺伝子が発現するのでアントシアニンを合成することができる．このため花弁の発生過程で再活性化が起きると，白い花弁に着色したセクターやスポットがあらわれる．着色した細胞と白い細胞では遺伝子型が異なるので，

このようなセクターやスポットを「キメラ斑」と呼び，細胞分裂の系譜を反映した形状になる特徴がある。また，雀斑変異では，*Tpn1* が転移することで *DFR* 遺伝子の突然変異が何度も繰り返して起きるが，このような高頻度で突然変異を繰り返して起こす変異は「易変性変異」と呼ばれる。

キメラ斑のあらわれ方やそのパターンは，トランスポゾンの転移活性と転移のタイミングを反映している。転移活性が高く，高頻度で起きれば多数のキメラ斑が形成される。反対に転移活性が低いと転移頻度も低いので少数のキメラ斑しかあらわれない。また，花弁の発生過程の早い時期に転移活性があると，早い段階で *DFR* 遺伝子の再活性化が起きて，再活性化が起きた細胞は花弁の発達が終わるまでの長い間細胞分裂をくり返すため大きなキメラ斑になることがある。また，花弁の発生過程以前に再活性化が起きて，花弁が再活性化した細胞のみで構成されると，野生型のように花弁全体が着色した花になる。ある枝に咲いた花がすべて野生型のような花になる「枝変わり」も，しばしば観察される。その一方で，花弁発生の遅い時期にだけしか転移活性がないと，小さなキメラ斑しかあらわれない。このように，キメラ斑の数はトランスポゾンの転移頻度を，サイズは転移の時期を反映している。トランスポゾンが転移する時期は，雀斑では確率論的に決まっておりキメラ斑の大きさはバラバラである。吹掛絞（口絵1-b）もトランスポゾンの転移によってできるキメラ斑であるが，読者の皆さんには転移の頻度と時期がわかるだろうか？（答えは図の説明中）。

トランスポゾンが飛び出した遺伝子にもういちど飛び込む頻度は極めて低いので，トランスポゾンの転移による遺伝子の発現調節は不可逆的である（図2）。これはキメラ斑を観察すればわかることで，もし，もういちど飛び込むことがあればキメラ斑の中に白いセクターやスポットができるはずであるが，そのようなセクターやスポットは観察できない。このようにトランスポゾンは転移を伴って不可逆的な遺伝子の調節を行うが，一方で転移を伴わずにエピジェネティクスを介して可逆的な調節を行う場合もある。この場合については，改めて説明する。

2. アサガオにおけるエピジェネティクスの研究史

2.1. トランスポゾンからエピジェネティクスへ

エピジェネティクスという言葉が使われるようになったのは1940年代であり，現在では「DNA配列の変化を伴わずに細胞分裂を経て維持される遺伝子機能の変化」という意味が定着している。McClintock は1950年代に，トランスポゾンの

活性がある状態から別の状態に変化することや，変化したあとの状態は遺伝するものの再びもとの状態に戻ることもあることを報告している。このような活性変化をMcClintockはトランスポゾンの「changes of phase」と呼び，突然変異によらない，すなわちDNA配列の変化を伴わない現象だと考えていた（Fedoroff, 2013）。1980年代になって，「changes of phase」は実際に突然変異によらないエピジェネティックな現象であるとことが確認され，その発見はエピジェネティクスの先駆的な研究だと評価されている。

トランスポゾンが転移するとDNA配列は変化するので，雀斑や吹掛絞で見られる遺伝子の発現変化はもちろんジェネティックな変化（変異）であり，エピジェネティックな変化ではない。しかしトランスポゾンの転移活性の多くはエピジェネティックなメカニズム，特にDNAのメチル化により調節されている。このため，エピジェネティクスがトランスポゾンの転移する頻度やタイミングを調節することで，間接的に周辺遺伝子の発現を調節して，模様のあらわれ方に影響することがある。

2.2. アサガオ研究の黎明期

植物の斑入りや絞り模様は，McClintock以前から生物学者の興味をひきつけてきた。たとえばキンギョソウの斑入り模様については，Darwinが1868年に著した『The variation of animals and plants under domestication』に記載しているし，メンデルの法則の再発見者であるHugo De Vriesも研究している（De Vries, 1910）。

アサガオに絞り模様があることは，DarwinやDe Vriesからさかのぼること100年前の江戸時代から知られていた。1758年に阿部照任と松井重康が記した「採薬使記」には，備中松山（岡山県高梁市）で絞りアサガオが出現して「松山アサガホ」と呼ばれているとある。また，伊藤若冲の「向日葵雄鶏図」（1759）など，絵画の中にも絞り花が登場している。

アサガオは二倍体で自家受粉により種子をつくる自殖性の植物で，とても簡単に人工交配も行える。これらの性質は遺伝学にとって都合がよく，江戸時代からの突然変異が豊富に存在していたこともあり，メンデルの法則が日本に伝えられるとすぐに遺伝学に用いられた。その成果が最初に報告されているのは，1916年に発刊された日本育種学会（現在の日本遺伝学会）の会報（日本育種学会会報第1巻第1号）である。メンデルの法則が動物に適用できることをカイコで証明した外山亀太郎らにより，アサガオのメンデル遺伝が報告されている。我が国最初の女性博士である保井コノも研究しており，染色体数が2n＝30であることを1928年に

報告している（Yasui, 1928）。こうしたアサガオの遺伝学の黎明期において，最も活躍したのは今井喜孝と萩原時雄の2人である。特に今井はMcClintockに先んじてエピジェネティックな現象を観察していたようだ。

今井は1915年に東京大学農学実科を卒業したのち，東京大学農学部植物学教室の三宅驥一のもとでアサガオの遺伝学を行った。1927〜28年にはTomas H. Morganの教室に留学してショウジョウバエの遺伝学を学んでいる。帰国後，首都大学東京の前身である東京府立高等学校の教授に着任して，易変性変異などを精力的に研究した。McClintockが調節因子の転移について報告した「トランスポゾンの発見」は1948年であるが，その前年の1947年に54歳で逝去している。今井がもう少し長生きしてMcClintockの発見を知ることがあれば，その後のアサガオの研究も違った展開をしていただろう。その今井が解析した「ホワイトバリアント（white variant）」の研究こそがアサガオにおけるエピジェティクス研究の幕開けであり，あるいは我が国最初のエピジェネティクス研究かも知れない（Imai, 1931）。

2.3. アサガオのエピジェネティクス研究のはじまり

ホワイトバリアント（図2）は，雀斑変異体から分離する白い花しか咲かせない個体のことである（Imai, 1931）。今井は1924年に雀斑変異系統を入手して，1928年までに5世代の表現型を観察している。ホワイトバリアントはその第4世代で分離している。第3世代にあたる6個体のアサガオの種をまいたところ，4個体分の種から合計で6個体，率にして2.5%の個体がホワイトバリアントであったと記録されている。さらにホワイトバリアントの次の第5世代では，ホワイトバリアントが145個体中に4個体だけあらわれるだけで，大部分の個体で雀斑の花が咲いた。これを現在の知見から考察すると，*Tpn1*の転移活性はホワイトバリアントのなかで抑制されており，その後代では再活性化したと解釈できる。

> The data show the fact that the white variants appearing in the flecked families are not due to a genic change, but to a temporary variation.

今井は上のように，ホワイトバリアントがあらわれる原因を"temporary variation"だと考察している。"temporary variation"とはなんとも曖昧な言葉であるが，いずれにしても突然変異ではない何かが原因だと考えていたようだ。ホワイトバリアントに見られる*Tpn1*の転移活性の変化は，トランスポゾンの「changes of phase」そのものである。今井がホワイトバリアントを解析していた当時，McClintockはトウモロコシの染色体を観察してその遺伝的連鎖や交差との関連を

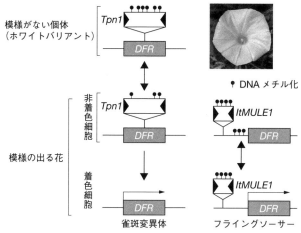
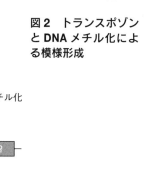

図2 トランスポゾンとDNAメチル化による模様形成

研究していた。穀粒の斑入り現象に着目したのは1931年だとノーベル賞の受賞講演で述べている。これらのことから，今井はMcClintockに先んじてエピジェネティクスに着目していたと言えそうだ。

2.4. アサガオの模様とエピジェネティクス

今井はホワイトバリアントだけでなく，刷毛目絞(はけめしぼり)においてもエピジェネティックな現象を観察している (Imai, 1935)。刷毛目絞は，淡い色の花弁に文字どおり刷毛で濃い色を塗りつけたような模様である（口絵1-i）。雀斑と同じように，花ごとに模様のあらわれ方は異なっている。刷毛目絞をつくり出す突然変異は1つだけではなく，由来の異なる複数の刷毛目紋が出現している。記述があるだけで，以下の4つが知られている。

1：優性の刷毛目絞 (*Striated*) 変異 (Imai, 1933)。ホモ接合体では模様が不明瞭だが，ヘテロ接合になると明瞭にあらわれる（口絵1-e）。残念ながら現存してはいない。

2：劣性の偽柿 (*duskish*) 変異 (Imai, 1935)。今井が遺伝学的に調べている。長らく行方不明になっていたが，近年になって静岡の山中達生氏が再発見した(口絵1-i)。偽柿は，淡い茶色などの暗い花になる変異で，刷毛目絞のない花を咲かせる系統も存在する。また，1969年に中村長次郎氏が作出した'杜の秋月'に見られる模様も刷毛目絞と呼ばれており（米田, 2006），偽柿に似た表現型を示すことから，同じ変異を持つ可能性がある（口絵1-f; 仁田坂英二, personal communication）。

3：大輪咲の系統にしばしば見られる刷毛目絞の変異。'御幸の誉' や '駿河の流' などの系統に見られるが、コントラストが低いために目立たない（米田，2006；口絵 1-g）。

4：優性の立縞（条線（Lined））変異（Imai, 1930）。「淡色地に、あまり鮮明ではないが、濃色の条斑が不規則に入る」と記述されているので、刷毛目絞に近い模様だったと思われる。現存はしない。

また最近になって、筆者らが行っている突然変異体のスクリーニングからも、新たに刷毛目絞の花を咲かせる個体が得られている（口絵 1-h）。いずれの変異も、花の地色が白色ではなく淡色になるので、リーキー（leaky）な変異だと思われる。リーキーな変異とは、遺伝子の発現が完全に抑制されずに、本来の機能を部分的に発現するような変異のことである。トランスポゾンが原因遺伝子のプロモーター領域に挿入していると、リーキーな変異になる場合があることが知られている。実際に、偽柿は *3GT* 遺伝子のプロモーター領域に *Tpn1* ファミリーのトランスポゾンである *Tpn10* が挿入した変異であり（Morita *et al.*, 2015）、ほかの刷毛目絞にかかわる変異も偽柿に似た構造をしている可能性がある。

前述のように、雀斑では遺伝子型が変異型から野生型への不可逆的な変化しか起こらないので、キメラ斑の中に白いスポットが生じることはない。ところが刷毛目絞は雀斑によく似ているが、濃色のセクターの中に淡色のスポットが見られるので、原因遺伝子の遺伝子型は野生型と変異型の間で可逆的に変換しているように見える。もし、刷毛目絞がトランスポゾンの転移によるキメラ斑だとすると、トランスポゾンは花色を決めている遺伝子から飛び出したり、飛び込んだりをくり返していることになるので不自然である。偽柿変異にかかわる *Tpn10* も、刷毛目絞の花では転移していないことがわかっている（Morita *et al.*, 2015）。これに対して、エピジェネティクスの担い手である DNA のメチル化やヒストン修飾は、DNA 配列とは違って可逆的な変換が可能な遺伝情報であり、刷毛目絞の形成にかかわっていると推測できる。

2.5. エピジェネティクスまであと一歩だった刷毛目絞の考察

今井は刷毛目絞のうち、偽柿変異について詳細な解析を行っている。三宅との共著『現色朝顔図譜』（三宅・今井，1934）には以下の記述があり、特に注目していたことがうかがい知れる。

　　この花の遺傳性は頗る複雜で、研究者にとっては興味深い對照（原文ママ）

である．(中略) 目下わかった範囲では，この因子座には五つの複對因子が存在する．

　偽柿変異体の花に見られる模様のことを，今井は「ruled」あるいは條斑(じょうはん)と呼んでいる．偽柿変異は非常に不安定で，條斑があらわれる ruled の花（口絵 1-i）のほかに，野生型と同じように着色して條斑がない「self-coloured」（口絵 1-j）と，変異型の着色で條斑がない「plain」（口絵 1-k）の花を咲かせる個体が分離する．これらの表現型は相互に変換をする（口絵 1-i〜k の矢印）．また，今井は変換のしやすさで ruled と plain をそれぞれ 2 種類に分けている．これら 5 種類の表現型があらわれる仕組みについて今井は，それぞれの表現型に対応する 5 つの対立遺伝子があって，それらが可逆的に「突然変異」によって相互変換するからだと考えていたようだ．実際にはエピジェネティック変異が原因だと思われるので，この突然変異によるという考えは間違っている．しかし，ruled の模様自体ができる仕組みについて，今井は現在のエピジェネティクスの概念にもつながる考察を残している（Imai, 1935）．

> It seems that the variable expression of variegation on the flowers of a given ruled individuals is effected by the plasm under the control of the genes carried by the stock, generally without any changes in the genes themselves. The changed plasm is distributed in the sporophyte through cell-division, exhibiting mosaic flowers with different degree of variegation.

　刷毛目絞は，模様を決定する遺伝子群自身が変化しているのではなくて，その系統が持つ遺伝子群の支配下にあって，「状態が変化する形質（plasm）により花の模様が影響される」からであり，その変化した形質は細胞分裂を経て娘細胞にも遺伝するものであるという考察である．遺伝子の変化（変異）を伴わずに遺伝子の発現が変わるというアイデアはエピジェネティクスの概念そのものである．plasm を DNA のメチル化やヒストンの修飾などのエピジェネティクスの担い手と読みかえると，現在のエピジェネティクスともよく一致する．

3. アサガオにおけるエピジェネティクスの最近の研究

3.1. *Tpn1* の DNA メチル化とホワイトバリアント

　ホワイトバリアントや刷毛目絞の研究は，今井が亡くなったあとはすっかり停

滞してしまっていた。ようやく1980年代に入ってトウモロコシなどでトランスポゾンがクローニングされると，アサガオでもトランスポゾンのクローニングが試みられるようになった。最初の試みは，平野博之（東京大学）らによるトランスポゾンの一部と思われる DNA 断片（snap-back DNA）のクローニングである（Hirano et al., 1989）。この断片が活性のあるトランスポゾンの一部であるのかどうかは今でも不明のままであるが，正真正銘のトランスポゾンで転移活性もある *Tpn1* を雀斑からクローニングしたのは，当時東京理科大学の教授であった飯田滋（現・静岡県立大学）とその学生だった稲垣善茂（現・神戸女子大学）らである（Inagaki et al., 1994）。筆者は彼らのもとで卒業研究としてアサガオの研究をスタートし，博士論文のサブテーマとしてホワイトバリアントの解析を行った。当時，トランスポゾンと DNA メチル化の関係がトウモロコシで調べられており，転移活性が低いトランスポゾンの DNA はメチル化されていることがわかっていた。そこで，ホワイトバリアントが白い花ばかり咲かせてキメラ斑をあらわさないのは *Tpn1* の DNA がメチル化されて転移活性が低いためであろうと予想して，*Tpn1* の DNA メチル化状態を DNA メチル化感受性の制限酵素を用いたサザンハイブリダイゼーションによって解析した（第11章参照）。その結果，予想どおりにホワイトバリアントでは雀斑があらわれる個体よりも *Tpn1* の DNA が高度にメチル化されていることがわかった。*Tpn1* が高メチル化状態であると転移が抑制されてホワイトバリアントとしてあらわれ，その後代で *Tpn1* が低メチル化状態になると転移が再活性化して雀斑の花を咲かせる株が分離するのだと考えられる（図2）。こうして，今井の研究から60年を経て，ホワイトバリアントがあらわれる仕組みに少しだけ迫ることができた。

Tpn1 は非自律性のトランスポゾンであるから，その転移活性は *Tpn1* に転移酵素を供給する自律性因子によるところが大きいと考えられる。しかし，当時は *Tpn1* ファミリーの自律性因子がクローニングされていなかった。最近になってアサガオのゲノムを解読して自律性因子と思われる配列を見つけた（Hoshino et al., 2016）ので，ホワイトバリアントにおけるその DNA メチル化についても今後調べてみたい。

3.2. フライングソーサーに見られる刷毛目絞

筆者らの研究により，雀斑だけではなく吹掛絞（口絵1-b）などもトランスポゾンの転移によるキメラ斑であることが明らかになった。しかし，前述の刷毛目絞や市販されている品種に見られる吹雪（口絵1-c），覆輪（口絵1-d）などの模様はキ

メラ斑ではないし，これらの模様の形成をうまく説明できる遺伝子の調節メカニズムも知られていなかった。これらの模様を解析すれば，未知の遺伝子発現の調節メカニズムがわかるかもしれない。そういった動機から，いくつかの模様の解析に挑戦することになった。その1つが，ソライロアサガオの'フライングソーサー'という園芸品種に見られる刷毛目絞である。

フライングソーサーはカリフォルニア州チュラビスタでアサガオの育種をしていた Darold Decker が 1960 年に発表した品種で，白と青のコントラストが美しい刷毛目絞の花を咲かせる（口絵 1-l）。刷毛目絞を構成する白色（もしくは淡青色）と青色の細胞群は，細胞系譜を反映して分布しているように思われる。そして白地に青色なのか，青地に白色なのか分からないほどに両者の細胞群は入り混じっているので，原因遺伝子は変異型と野生型の間を可逆的に変換していることが予想できる。フライングソーサーと白色花品種の'パーリーゲート（Pearly Gates）'の交配実験から，2つの品種は同じ遺伝子を欠損していることがわかった。そこで，刷毛目絞の変異を *pearly-variegated*，白色花になる変異を *pearly-stable*（Choi et al., 2007）と命名して解析することにした。

3.3. DNA メチル化と刷毛目絞

2000 年にポスドクとして崔丁斗（現・慶北バイオ産業研究院）が研究チームに加わることになり，彼のテーマとしてフライングソーサーの解析がスタートした。その後，筆者と崔の後輩にあたる朴慶一（現・嶺南大学）が引き継いで解析を進めている。まず手始めに，アントシアニンの色素合成系遺伝子（図1）の構造と発現を片端から調べていったところ，原因は *DFR* 遺伝子にあることが明らかになった。*DFR* 遺伝子のプロモーター領域には *Mutator* スーパーファミリーのトランスポゾンである *ItMULE1* が挿入していた（図2）。また，*ItMULE1* は細胞の着色にかかわらずまったく転移していないことも明らかになった。

それまで，トランスポゾンの DNA メチル化と模様の関係では，トウモロコシの葉にストライプ模様があらわれる *hcf106* 変異の研究が知られていた（Martienssen et al., 1990）。この変異では葉緑体発達にかかわる遺伝子のプロモーター領域に *Mutator* が挿入していて，*Mutator* の DNA が高メチル化状態であると，*Mutator* 内部から転写が起きて遺伝子が発現するので細胞は緑色になる。反対に低メチル化状態である場合は，*Mutator* 内部からの転写は起こらないので遺伝子は発現せずに細胞は黄緑色になる。葉の発達段階において *Mutator* のメチル化状態が何らかの要因で変化することでストライプ模様ができる。この *hcf106* 変異をヒントに，フライ

ングソーサーの模様にも DNA メチル化が関与しているという仮説を考えた。そのような仮説を持ちはじめた頃，*hcf106* 変異を研究した Robert Martienssen（現・Cold Spring Harbor）と国際シンポジウムで一緒になったので相談したところ，*hcf106* 変異とのアナロジーから「青い細胞では *ItMULE1* の DNA がメチル化されていて，白い細胞ではされていないはずだ」という意見をもらった。その後メチル化シークエンス（第 12 章参照）により *ItMULE1* のメチル化状態を調べてみたところ，Martienssen の意見に反する結果が得られた。確かに *ItMULE1* の DNA はメチル化されているが，白色細胞でも青色細胞でも *ItMULE1* は高度に DNA メチル化されており，着色とは相関関係がなかったのである。ところがさらに調べてみると，*ItMULE1* の挿入部位から下流に位置する *DFR* 遺伝子のプロモーター領域に，白色細胞では高メチル化状態にあり，青色細胞では低メチル化状態にある配列が見つかった。この DNA メチル化が *DFR* 遺伝子の発現を抑制しているだろうと仮定して，フライングソーサーにおける刷毛目絞の形成メカニズムをまとめた仮説が図 2 である。まず，*DFR* 遺伝子の上流領域に挿入した *ItMULE1* の DNA がメチル化されたと思われる。そして，メチル化される領域が *ItMULE1* にとどまらずに，すぐ近くにある *DFR* 遺伝子のプロモーター配列にまで拡大することがあり，その場合に *DFR* 遺伝子の転写が抑制されて細胞は白色になる。一方で，メチル化される領域が縮小してプロモーター配列が低メチル化状態になることもあり，この場合には *DFR* 遺伝子の転写が再活性化して細胞は青色になる。DNA メチル化の状態は細胞分裂を経て遺伝するので，キメラ斑のように細胞分裂の系譜を反映したスポットやセクターができる。一方で DNA メチル化の状態が遺伝しないこともあって，可逆的かつ確率論的に DNA メチル化される領域の拡大と縮小が起きて変化する。こうして，青いセクターの中に白いスポットが生じるといった，キメラ斑とは異なる刷毛目絞に特有な模様が作られているらしい。

今のところ，日本のアサガオに見られる刷毛目絞が，フライングソーサーと同じような DNA メチル化の状態変化によりできているのかどうかは不明である。現在，原因遺伝子を同定している偽柿変異の刷毛目絞について解析を進めている。また，フライングソーサーについても，DNA のメチル化が転写抑制の原因なのか，あるいは結果なのか，すなわち DNA のメチル化が本当に転写抑制を起こしているのか（原因），転写抑制されているから DNA のメチル化が起きているだけ（結果）なのかどうかが明らかにできていない。これを明らかにしてはじめて，この研究は完結できると考えて，現在も実験を続けている。DNA のメチル化状態が変化し続け，それを花の着色によって可視化できるフライングソーサーは，DNA メチル化

のユニークな研究材料である。DNAのメチル化状態が高頻度で変わる分子メカニズムを明らかにして，それを制御する内的，外的な要因を探索して人為的に制御できれば，模様を自在につくり出すことも可能になるであろう。

アサガオの模様からエコロジカル・エピジェネティクスへ

　本章の冒頭でアサガオの模様は「トランスポゾンだけではありません」と書いた。覆輪（口絵1-d）などはトランスポゾンとは関係がないことがわかってきているので，トランスポゾン以外にも原因があるという意味で「トランスポゾンだけではない」ことが明白になっている。また，フライングソーサーの刷毛目絞もトランスポゾンだけではなくDNAメチル化が関与してはじめてあらわれるという意味で「トランスポゾンだけではない」模様である。

　植物のゲノム中にはトランスポゾンが大量に存在しているので，フライングソーサーの*DFR*遺伝子と同じように，トランスポゾンが近くに挿入したことでDNAのメチル化により調節されるようになった遺伝子が多いことは間違いないだろう。トランスポゾンが飛び回る限り，DNAのメチル化はトランスポゾンを介してゲノム中のあらゆる遺伝子を調節する力が潜在的にあって，その状態の変化のしやすさによって組織内，個体内，集団内，集団間における多様性の源になっていると思われる（図3）。

　フライングソーサーでは個体内でDNAメチル化の状態変化があり，この個体内で状態変化するという状況は世代更新において減数分裂を経ても変化せずに次世代へ安定に遺伝する（図3）。エコロジーの観点から考察すると，このようなDNAメチル化が変化し続けるという状態は組織内や個体内においてエピジェネティック変異を生じて，その多様性が個体の生存ひいては適応度に寄与するかもしれない。たとえば，ある樹木個体の一部の枝は環境変動に対応していくことができずに枯れてしまうが，DNAメチル化状態の異なる別の枝は環境変動に強く，生き残ることも考えられる。あるいは，揮発性のある物質の放出にかかわる遺伝子のDNAメチル化が組織内の細胞間で異なっていて，一部の細胞でのみ揮発性物質が発現している場合があるかも知れない。そのような場合でも揮発性物質の効果が十分にあるのなら，放出しない細胞はその分だけエネルギー消費を抑えることができるなどの理由で，個体にとって有利に働きうることも期待できるだろう。あくまでも，これらは想像の枠を出ないが，個体内で変化しつづける状態にあるDNAのメチル化が花や葉の模様以外の形質にも効いていることは充分に考えられる。

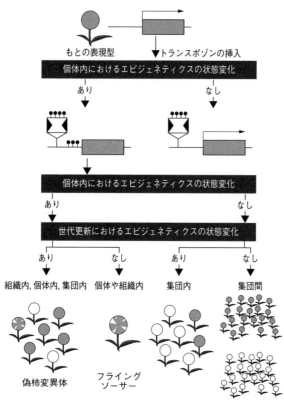

図3 トランスポゾンの挿入によるエピジェネティック変異と植物に見られるさまざまなレベルの多様性
トランスポゾンを介したDNAのメチル化状態の変化のしやすさによって，組織内，個体内，集団内，集団間に多様性が生じると考えられる．詳細は本文参照．

　また，今井の観察した偽柿変異では，個体内でエピジェネティクスの状態が変化することがあるが，フライングソーサーの場合とは違って，状態が変化するという状況が減数分裂を経て次世代に安定して遺伝しない．このため，self-coloredやplainの花のように形質が固定することがあるので，組織や個体内だけでなく個体間，すなわち集団内にも多様性を与える（図3）．偽柿変異によってruledの花を咲かせる個体は，self-coloredやplainの分離する頻度が高いために維持が難しい．そのため長らく行方不明になっていたが，最近になって復活してきた．このようなことが野生植物でも起きているとしたら，集団中の一部の個体が環境変動に対してエピジェネティクス変異を起こして生存率を高めるというように，エピジェネティクスが集団の適応にかかわる場合があるかも知れない．

　アサガオの模様は，野生にはない園芸化された植物での話であるが，そこから分かってきたエピジェネティクスのふるまいに関する知見が，エコロジカル・エピジェネティクスを考えるための一助となれば望外の喜びである．

謝辞

本稿を書くことを薦めていただいた責任編集の先生方，貴重なコメントをいただいた仁田坂英二先生（九州大学）と査読者の先生方に深く御礼申し上げる。

引用文献

Choi, J. D. *et al.* 2007. Spontaneous mutations caused by a *Helitron* transposon, *Hel-It1*, in morning glory, *Ipomoea tricolor*. *The Plant Journal* **49**: 924-934.
De Vries, H. 1910. The Mutation Theory 2, Open Court Publishing, Peru, Illinois.
Eich, E. 2008. Classification and systems in Solanales. *In*: Eich, E. (ed.), Solanaceae and Convolvulaceae: Secondary Metabolites, p. 11-31. Springer-Verlag.
Faraco, M. *et al.* 2014. Hyperacidification of vacuoles by the combined action of two different P-ATPases in the tonoplast determines flower color. *Cell Reports* **6**: 32-43.
Fedoroff, N. V. 2013. McClintock and epigenetics. *In*: Fedoroff, N. V. (ed.), Plant transpsons and genome dynamics in evolution, p. 61-70. Wiley-Blackwell.
Fukada-Tanaka, S. *et al.* 2000. Colour-enhancing protein in blue petals. *Nature* **407**: 581.
Hirano, H. *et al.* 1989. Cloning and structural analysis of the snap-back DNA of *Pharbitis nil*. *Plant Molecular Biology* **12**: 235-244.
Hoshino, A. *et al.* 2009. Identification of *r* mutations conferring white flowers in the Japanese morning glory (*Ipomoea nil*). *Journal of Plant Research* **122**: 215-222.
Hoshino, A. *et al.* 2016. Genome sequence and analysis of the Japanese morning glory *Ipomoea nil*. *Nature Communications* **7**:13295.
Iida, S. *et al.* 2004. Genetics and epigenetics in flower pigmentation associated with transposable element in morning glories. *Advances in Biophysics* **38**: 141-159.
Imai, Y. 1930. Segregation data on the flower colour of *Pharbitis Nil. Japanese Journal of Genetics* **6**: 61-92.
Imai, Y. 1931. Analysis of flower colour in *Pharbitis Nil. Journal of Genetics* **24**: 203-224.
Imai, Y. 1933. Linkage studies in *Pharbitis Nil.* III. *Zeitschrift für Induktive Abstammungs- und Vererbungslehre* **66**: 219-235.
Imai, Y. 1935. Recurrent reversible mutations in the duskish allelomorphs of *Pharbitis Nil. Zeitschrift für Induktive Abstammungs- und Vererbungslehre* **68**: 242-264.
Inagaki, Y. *et al.* 1994. Isolation of a *Suppressor-mutator/Enhancer*-like transposable element, *Tpn1*, from Japanese morning glory bearing variegated flowers. *Plant Cell* **6**: 375-383.
石川直子ら 2002. アサガオ：園芸植物からモデル植物へ. 遺伝別冊 **15**: 210-216.
Kass, L. B. &b P. Chomet. 2009. Barbara McClintock. *In*: Bennetzen, J. L. & S. Hake (eds.), Maize Handbook - Volume II: Genetics and Genomics, p. 17-52. Springer.
Martienssen, R. *et al.* 1990. Somatically heritable switches in the DNA modification of *Mu* transposable elements monitored with a suppressible mutant in maize. *Genes and*

Development **4**: 331-343.
三宅驥一・今井喜孝 1934. 現色朝顔図譜. 三省堂.
Morita, Y. *et al.* 2005. Japanese morning glory *dusky* mutants displaying reddish-brown or purplish-gray flowers are deficient in a novel glycosylation enzyme for anthocyanin biosynthesis, UDP-glucose:anthocyanidin 3-*O*-glucoside-2″-*O*-glucosyltransferase, due to 4-bp insertions in the gene. *The Plant Journal* **42**: 353-363.
Morita, Y. *et al.* 2015. Spontaneous mutations of the UDP-glucose:flavonoid 3-*O*-glucosyltransferase gene confers pale and dull colored flowers in the Japanese and common morning glories. *Planta* **242**: 575-587.
Slotkin, R. K. & R. Martienssen. 2007. Transposable elements and the epigenetic regulation of the genome. *Nature Reviews Genetics*, **8**: 272-285.
Tanaka, Y. *et al.* 2008. Biosynthesis of plant pigments: anthocyanins, betalains and carotenoids. *The Plant Journal* **54**: 733-749.
Yasui, K. 1928. Studies on *Pharbits Nil* Chois. II. Chromosome number. *The Botanical Magazine, Tokyo* **42**: 480-485.
米田芳秋 2006. 色分け花図鑑. 朝顔. 学習研究社.

第3章　エピ変異：その安定性と表現型への インパクト

西村　泰介 （長岡技術科学大学）

はじめに

　ホソバウンラン（*Linaria vulgaris*）はヨーロッパ原産のオオバコ科の植物で，日本には観賞用・薬用として明治時代に持ち込まれてきた。繁殖力が強いため，今では海岸近くを中心に広く野生化しており，その特徴的な形の花のせいか，路端などに自生していると少し目を引く。図1-aに示すとおり，ホソバウンランの花では，花冠は上下に非対称な構造をとり，上部（上唇）は2つに裂けているが，下部（下唇）は橙色の付け根部分が隆起し，3つに裂けている。また基部には距と呼ばれる細長い突起状の構造を形成する。英語名を Butter-and-Eggs とも言うが，正面から見ると，卵の白身の中から黄身が顔を出しているように見える。

　このホソバウンランには *peloric* と名付けられた変異型が存在する。この変異型では，ホソバウンランの特徴的な花冠の非対称性がなくなり，下唇に当たる部分が5つ，均等に放射状に配置されたような対称性を持つ花を形成する（図1-b）。同じオオバコ科のキンギョソウも非対称な花の構造を示すが，CYC（CYCLOIDEA）とDIC（DICHOTOMA）と呼ばれる転写因子の機能が欠失した突然変異体では，*peloric* 同様に非対称性を失って，放射対称性を持つ花が観察される（Duo *et al.*, 1995）。そこでCYCとDICを発見したイギリスのEnrico Coen博士らのグループが，

 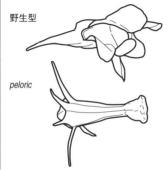

図1　ホソバウンランの野生型の花と *peloric* の花
a: 花序（撮影／浅井元朗），**b:** 野生型と *peloric* の花の形状

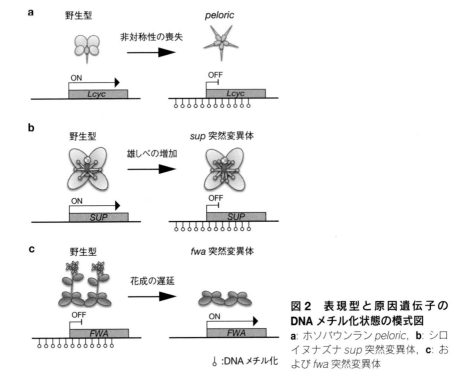

図2　表現型と原因遺伝子のDNAメチル化状態の模式図
a: ホソバウンラン peloric, **b**: シロイヌナズナ sup 突然変異体, **c**: および fwa 突然変異体

　ホソバウンランでもCYCをコードする遺伝子（*Lcyc*）を調べたところ，やはり*peloric*ではその発現が失われていた（Cubas *et al.*, 1999）。しかし不思議なことに，*Lcyc*遺伝子領域のDNA塩基配列には野生型と変異型との間で違いが認められなかった。では何がこのような花の形態の違いを引き起こしたのか？　その原因は*peloric*の*Lcyc*遺伝子が野生型のそれに比べて，高度にDNAメチル化されていることだったのである（図2-a, Cubas *et al.*, 1999）。

　このようなDNAメチル化の変化は，塩基配列の変化を伴わない遺伝しうる変異として，エピ変異（epi-mutationもしくはepi-allele）と呼ばれている。DNAメチル化は動物や植物で広く観察され，特にシトシン塩基におけるメチル化は，遺伝子の発現の状態と深く関連づけられる。例えば，プロモーター領域におけるDNAメチル化は遺伝子発現を抑制し，トランスポゾンと呼ばれる転移因子やリピート配列，また形質転換によって導入された外来遺伝子などのサイレンシング（遺伝子発現の安定した抑制状態）はDNAメチル化によって維持されている。ヌクレオソーム構造を構成するヒストンタンパク質の化学修飾も遺伝子の発現の状態に関与す

ることが知られているが，DNA メチル化はヒストン修飾の状態とも密接に相互作用し合う（**第1章参照**）。

　DNA 上におけるメチル化のパターンは，DNA メチル化酵素の働きにより DNA 複製後も維持されることから（**第1章参照**），遺伝子発現の変化を伴った，細胞記憶の担い手の一部として機能すると予想されている。つまり DNA メチル化のパターンが変化すると，その新しい DNA メチル化のパターンは細胞分裂後も維持される。動物では発生の初期の段階でゲノム上のほとんどの DNA メチル化パターンは初期化されると考えられているが，植物ではその多くが次世代に引き継がれる。このことは，植物における DNA メチル化パターンの変化は，あたかも塩基配列上の変異のように振る舞い，次世代に遺伝することを示している。ホソバウンランで観察されるエピ変異は，DNA メチル化のこのような性質によるものである。エピ変異は，塩基配列上の変異と比べると，不安定で可逆的なものであり，遺伝子発現の変化を伴うエピ変異は環境への適応にも機能しうると予想される。その一方で，安定化したエピ変異が新規の形質を伴って集団内に固定する可能性もあり，エコロジカル・エピジェネティクスを考えるうえで，エピ変異がどのように生じ，維持され，表現型に影響するかを理解することはとても大切なことであろう。

　筆者は 2011 年まで，スイス・ジュネーブ大学の Jerzy Paszkowski 博士（現ケンブリッジ大学）の研究室にポスドクとして留学していた。彼の研究室では，維持型 DNA メチル化酵素（**第1章参照**）の変異体を用いて，エピ変異の安定性や表現型への効果について，様々な興味深い事象を明らかにしていた。本章ではそれらの研究成果を中心に，まずエピ変異体の具体例を紹介し，エピ変異の安定性や自然界での発生頻度について解説する。また自身の DNA を転移させることで，ゲノムの遺伝情報を改変しうるトランスポゾンは DNA メチル化によって活性が抑制されることが知られており，エピ変異の表現型に与える影響を考える上で，その振る舞いは見逃せない。そこで後半はエピ変異によるトランスポゾン活性への影響についても解説していきたい。

1. エピ変異体

　ジュネーブ大学に留学する以前の筆者の大学院生時の研究テーマは，植物における形態形成機構の解明で，花や根の形態異常を示すシロイヌナズナ突然変異体の網羅的解析を行い，次々と原因遺伝子を同定していた。最初に解析を行ったのは *fl-82* と名付けられた花器官の形態異常を示す二重突然変異体（Komaki *et al*., 1988）で，解析の結果，原因遺伝子の1つは *SUP*（*SUPERMAN*）という，雄しべや雌し

べの発生にかかわる転写因子をコードする遺伝子であった。しかし面白いことに*SUP*遺伝子領域に塩基置換による変異は見つからず，その代わりDNAメチル化が上昇し，発現が低下していた。つまり*fl-82*突然変異体の表現型は*SUP*遺伝子におけるエピ変異によって引き起こされていたのである（西村・岡田，未発表）。ただ残念なことにこれは新規な発見ではなく，*SUP*遺伝子におけるエピ変異は既にアメリカのElliot Meyerowitz博士のグループによって報告されていた。彼らの単離した*clk*（*clark kent*）と名付けられた突然変異体は，*SUP*遺伝子領域のDNAメチル化の上昇によって雄しべの数が増加する表現型を生じる（図2-b, Jacobsen & Meyerowitz, 1997）。筆者は，*fl-82*突然変異体の花の形態が*clk*突然変異体によく似ていることと，連鎖解析により原因遺伝子が*SUP*遺伝子座付近に座乗していたことから，*SUP*遺伝子がDNAメチル化されているのが原因だと予想して，単に後追いで解析したのである。*SUP*遺伝子座はDNAメチル化されやすい遺伝子座で，後述する*met1*（*dna methyltransferase 1*）突然変異体やepiRILsにおいて高頻度でDNAメチル化が観察される。

　*clk*突然変異体ではDNAメチル化のレベルが増加することで遺伝子の発現が抑制されていたが，逆にDNAメチル化のレベルが減少することで，発現レベルが上昇する突然変異体も知られている。花成の遅延（遅咲き）の表現型を示すシロイヌナズナ優性突然変異体*fwa*では，野生型では高レベルのDNAメチル化により*FWA*遺伝子の発現が抑制されているのに対して，DNAメチル化のレベルの減少により*FWA*遺伝子の発現抑制が解除されていた（図2-c, Soppe *et al.*, 2000）。当時，シロイヌナズナでは他にもいくつかのエピ変異体が知られていたが，これらのエピ変異体は，塩基置換を引き起こす変異源処理を行った集団の中から偶発的に得られたものであり，DNAメチル化のパターンがどのような過程を経て変化したのかはわかっていない。しかしこれらのエピ変異体の研究は，少なくとも，一度変化したDNAメチル化のパターンが世代を経ても安定に維持されることを示している。冒頭で紹介したホソバウンランの変異型*peloric*は自然界の中で存在するエピ変異体の一例であるが，この*peloric*はLinnaeusによって250年前に記述されており，その当時から存在していたことがわかる（Linnaeus, 1744）。このようにDNAメチル化パターンの変化はエピ変異として，実験室内でも自然界でも安定に維持されるケースがあることが知られている。

　筆者は，このエピ変異の性質やDNAメチル化による発現制御機構にとても魅力を感じた。当時それらについては，まだほとんど何もわかっていなかったので，いろいろと研究する余地があると考えたのだと思う。そこで花と根の発生の研究で苦

労しながらも何とか博士号を取得し，DNAメチル化による発現制御の研究を行っていたジュネーブ大学のPaszkowski博士の下でポスドク研究者として研究を始めた。そこで筆者は予想していた以上に複雑で不思議なエピ変異にかかわる現象を目の当たりにするのである。

2. *met1* パラドックス

　Paszkowski研究室での筆者自身の研究テーマはDNAメチル化とは異なるもの（DNAメチル化に依存しない遺伝子サイレンシング機構の研究）であったが，他のメンバーたちが，CGメチル化維持酵素MET1（第1章参照）の機能が完全に欠失したと考えられる突然変異体を用いて様々な研究を行っていた。この突然変異体*met1-3*は，研究室の先輩で現在は沖縄科学技術大学院大学の佐瀬英俊博士によって単離された。余談であるが，Paszkowski研究室では，途切れることなく日本人学生・研究者が活躍してこられ，帰国後もこの縦のつながりに大変お世話になっている。この*met1-3*突然変異体では，ほぼ完全にCGメチル化が消失する（Saze et al., 2003）。つまりゲノム全体の至る所で，DNAメチル化のパターンが野生型と異なるエピ変異を引き起こす。興味深いことに，遺伝子座によっては，いったんCGメチル化が消失すると，野生型と掛け合わせることによってMET1メチル化維持酵素の活性を復活させたとしても，ただちにCGメチル化は復帰せずに，エピ変異としてその状態が維持される。MET1メチル化維持酵素が，鋳型DNAのCGメチル化の情報を基にして新生DNA鎖にメチル基を付加すると考えると，この現象は理解するのは難しくない。このようなエピ変異の挙動は，同様にDNAメチル化の減少を引き起こす*ddm1*（*decrease in dna methylation 1*）突然変異体でも既に知られていた（Vongs et al., 1993）。しかし一方で，遺伝子座によってはDNAメチル化レベルが野生型と見分けが付かないケースも存在する。CGメチル化が消失すると，その遺伝子座では何が起こるのか？ Paszkowski研究室ではこの問題に取り組んでいた。

　当時，Paszkowski研究室のポスドクだったOlivier Mathieu博士（現フランス・クレルモン大学）は，*met1-3*突然変異体におけるDNAメチル化やヒストン修飾の核内での局在を免疫染色法で顕微鏡観察していて，興味深いことに気づいた。Paszkowski研究室のそれまでの研究から，野生型においてDNAメチル化は，凝集したクラスターを形成するヘテロクロマチン領域に観察されるが，*met1-3*突然変異体では，DNAメチル化は著しく減少し，ヘテロクロマチン領域には観察されなくなることを既に報告していた（Tariq et al., 2003）。しかし，彼が観察すると，

図3　*met1-3* 突然変異体のホモ接合体確立後の第2世代の植物体（46日目）
同一の親由来であっても様々な大きさの植物が観察される。

野生型ほどではないが，DNAメチル化が，ある程度クラスター状にヘテロクロマチン領域に局在しており，先に報告した結果と異なっていた。Paszkowski博士は，後にこの結果を発表する際，ちょうどこの結果の違いが，バーゼルのフリードリッヒミーシャー研究所から，ジュネーブ大学への研究室の引っ越しの前後で起きたという理由から，「場所の違いがこれを産み出したと思った」などといつも冗談めいて話していたが，もちろんこの違いは，場所の違いによって生じたわけではなかった。Mathieu博士は*met1-3*突然変異体の観察を，*met1-3*変異がホモ接合体となってからの自殖系統で第1世代から第4世代に区別して，それぞれに対して行った。すると，第1世代では確かにDNAメチル化がクラスター状にヘテロクロマチン領域に観察される核は少なかったが，第4世代ではそのような核が比較的多く観察されたのである。さらに個々の遺伝子座のDNAメチル化のパターンを調べると，CGメチル化はもちろん消失・減少しているが，非CG配列に対するメチル化が世代を追う毎に増加していることが明らかになった。つまりCGメチル化が消失すると，それを補うように，何らかの方法で新規のDNAメチル化活性が上昇し，再びDNAメチル化が復帰する機構が存在したのである。実際に，新規DNAメチル化酵素の突然変異体 *drm2*（*domain rearranged methyltransferase 2*；第1章参照）との二重突然変異体を作出すると，その植物は著しく小さく，生育も途中で停止してしまう。またDNA脱メチル化酵素ROS1（REPPRESSOR OF SILENCING 1）の発現も減少しており，*met1-3*突然変異体ではDNA脱メチル化活性が低下し，DNAメチル化の減少を食い止めることも示唆された。しかしこれらの補償機構は完全でなく非常に不安定で，同じ世代であっても，個体間また遺伝子座によって，新規のDNAメチル化の程度にバラツキが生じるうえ，生育への影響も一様でない（図3）。この植物体の生育への影響は世代を追うごとに深刻になり，ホモ接合体確

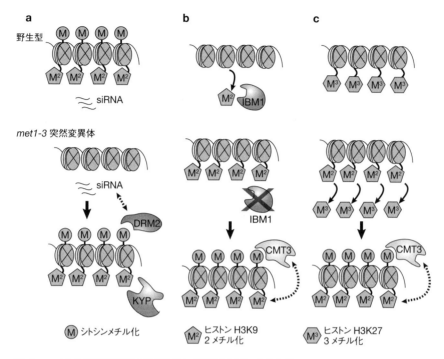

図4 *met1-3* 突然変異体で観察される新規 DNA メチル化
a: siRNA により DRM2 メチル化酵素が DNA メチル化される。b: IBM1 ヒストン脱メチル化酵素の発現が低下するため，H3K9 の 2 メチル化が取り除かれず，CMT3 メチル化酵素により DNA メチル化される。c: H3K27 の 3 メチル化が取り除かれる代わりに，H3K9 が 2 メチル化され，CMT3 メチル化酵素により DNA メチル化される。詳細は本文参照。

立後の自殖 4 世代目で次世代を残すことなく死んでしまう。このことは，CG メチル化の消失に対する補償機構は存在するが，CG メチル化の維持はやはり植物体の生育に必須であることを示唆している。

CG メチル化の消失後に活性化される新規 DNA メチル化がどのような機構で行われるかについては，後にフランスの Vincent Colot 博士のグループが，同様に DNA メチル化レベルの低下する *ddm1* 突然変異体を野生型に掛け合わせ，*DDM1* 遺伝子を野生型に復帰させた系統を用いて明らかにした（Teixeira *et al.*, 2009）。この研究で，彼らは再メチル化される遺伝子座からは siRNA（short interference RNA，低分子干渉 RNA）が産生されていることを示し，新規 DNA メチル化酵素が，siRNA の情報を基に，DNA メチル化が失われた遺伝子座を再メチル化すると考えた（図 4-a）。植物では siRNA の配列情報を基に，標的の遺伝子領域に新規 DNA メチル化酵素 DRM2 が集められる（第 1 章参照）。しかしながら，siRNA が産生され

ていない遺伝子座の多くでは，DNA メチル化は失われたままであった。

　一方で met1-3 突然変異体では siRNA に依存しない新規の DNA メチル化も引き起こされる。CHG メチル化は植物特有の DNA メチル化酵素 CMT3 (CHROMOMETHYLASE 3) がヒストン H3 の 9 番目のリジン (H3K9) の 2 メチル化 (2 つメチル基で修飾されていること) を直接認識して維持される (第 1 章参照) が，met1-3 突然変異体では，CHG メチル化の異所的な上昇が，siRNA とは独立に観察された (Cokus et al., 2008; Lister et al., 2008)。例えば上述の通り MET1 遺伝子の発現が異常になった変異体では，しばしば SUP 遺伝子座に CHG メチル化が生じ，形態異常の花を形成する (Jacobsen & Meyerowitz 1997; Jacobsen et al., 2000)。このような遺伝子座の中には，野生型では H3K9 の脱メチル化酵素 IBM1 (INCREASE IN BONSAI METHYLATION 1) の働きによって，H3K9 の 2 メチル化が取り除かれ，遺伝子の発現抑制を免れているものが知られている (Saze et al., 2008; Rigal et al., 2012; Deleris et al., 2012)。実はこの IBM1 遺伝子の発現は DNA メチル化によって制御されており，met1-3 突然変異体ではその発現が減少し，その結果として H3K9 の 2 メチル化のレベルが上昇することで，CMT3 メチル化酵素を介して CHG メチル化が引き起こされることが示された (図 4-b, Rigal et al., 2012)。このように一部の遺伝子座における CHG メチル化の上昇は，IBM1 ヒストン脱メチル化酵素の発現低下で説明できたが，他の多くの遺伝子座は，IBM1 ヒストン脱メチル化酵素の標的ではない (Deleris et al., 2012)。これらの遺伝子座の特徴として，ヒストン H3 の 27 番目のリジン (H3K27) が 3 メチル化されていることが見出されるが，met1-3 突然変異体では，これらの遺伝子座で H3K27 の 3 メチル化が減少する一方で H3K9 の 2 メチル化が上昇し，その結果 CHG メチル化も上昇していた (図 4-c, Deleris et al., 2012)。H3K9 の 2 メチル化はトランスポゾンやリピート配列の，H3K27 の 3 メチル化はタンパク質をコードする機能遺伝子の，それぞれの発現抑制と深く関連づけられるエピジェネティック修飾であるが，これらのヒストン修飾どうしが，どのような分子機構で相互作用するかはまだ明らかになっていない。

　Paszkowski 研究室での一連の研究成果は，論文にまとめられて「Cell」誌に発表された (Mathieu et al., 2007)。筆者自身はこの研究に大きく関与しなかったが，今までの観察結果のちょっとした違いを，丁寧な観察・実験と深い洞察力で大きな発見に導く過程を間近で経験させて頂いた。この研究は met1-3 突然変異体で，MET1 メチル化酵素の活性を有しない場合に，世代毎の各遺伝子座における DNA メチル化 (エピ変異) の挙動を調べたものであったが，met1-3 突然変異体は 4 世代目以降の植物体が生存できないためにそれ以上の解析には限界があった。しか

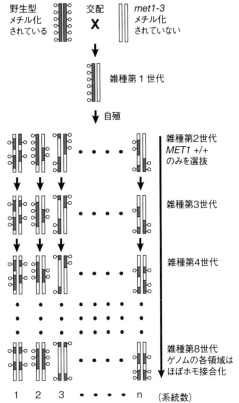

図5　epiRILsの作出方法

野生型植物をCGメチル化の消失したmet1-3突然変異体と交配し、雑種第2世代でMET1野生型ホモ接合体植物を選抜する。それぞれの植物を6世代以上自殖を繰り返すことで、野生型植物由来とmet1-3突然変異体由来の染色体がゲノム上の各領域でそれぞれホモ接合体化する。MET1メチル化維持酵素は鋳型のDNAメチル化の情報を読み取って新生鎖にメチル基を付与するため、新規DNAメチル化が起きない限りmet1-3突然変異体由来の染色体ではCGメチル化が消失したままであると期待された。Reinders et al., (2009) では67系統のepiRILsが確立された。

し、MET1メチル化酵素を復帰した場合でのエピ変異の挙動も、Paszkowski研究室では次項で紹介する方法で、解析を進めていたのである。

3. エピジェネティック組換え自殖系統

当時博士課程の学生であったJon Reinders博士（現アメリカ・デュポン社）は、epiRILs（epigenetic Recombinant Inbred Lines; エピジェネティック組換え自殖系統群）の確立とその解析をテーマとして研究を行っていた。epiRILsとはDNAメチル化が染色体上の部位によってランダムに消失、また新たに獲得している、つまりたくさんのエピ変異をランダムにゲノム上に有する系統の集団である。その作出方法は、以下の通りである（図5参照）。まず野生型植物をmet1-3突然変異体と掛け合わせ、雑種第2世代でMET1遺伝子が野生型アリルのホモ接合体を複数個体選抜する。これらの個体ではMET1のCGメチル化維持活性は復帰しているが、

met1-3 突然変異体由来の染色体領域では，新規の DNA メチル化が起きない限り，CG メチル化が失われたままであると期待される．その後それぞれの個体から 6 世代以上にわたって自殖を繰り返すことで（雑種第 8 世代目以降），当初は野生型由来と *met1-3* 突然変異体由来の染色体とのヘテロ接合性を有していたゲノム上の部位も，減数分裂を経るたびに 50％の確率で，どちらかのホモ接合性を有するようになる．このようにして，親株の野生型と *met1-3* 突然変異体とでは，genetic（塩基配列）な情報はほとんど変わらないが，epigenetic（DNA メチル化）な情報については，大きく異なる自殖系統群が完成する．彼は何年もかけて，70 系統近くの epiRILs を確立し，これらの系統の示す表現型やエピ変異の遺伝様式，安定性を解析した（Reinders *et al.*, 2009）．

epiRILs では，様々な形態上の表現型が観察されたが，その多くは非常に不安定で常に観察されず，表現型が観察された個体の兄弟株や子孫では，その表現型が現れないことがしばしば起こった．一方で，花成の遅延や植物体の生育速度，ストレス応答といった量的形質は，比較的安定的に観察され，特に花成の遅延では，上述の *FWA* 遺伝子座の DNA メチル化低下と高い相関が見られた．つまり *met1-3* 突然変異体で生じた *FWA* 遺伝子座の DNA メチル化低下の状態が，MET1 メチル化酵素が復帰した後も維持されて，*FWA* 遺伝子の異所的発現による花成遅延という表現型が安定に遺伝したと考えられる．しかし，野生型で非常に高頻度の DNA メチル化が生じるセントロメアのリピート配列などでは，野生型と同等レベルでの DNA メチル化が観察された．これは前項で紹介した siRNA を介した新規 DNA メチル化の作用によると考えられる．このように epiRILs におけるエピ変異は，数世代にわたって DNA メチル化低下が維持される場合と，再メチル化される場合とがあることが示された．

epiRILs におけるエピ変異の特性を明らかにするためには，やはりゲノム全体で，DNA メチル化の状態がどのようになっているかを知る必要がある．しかし彼が epiRILs の確立に取りかかった当初，ゲノム全体を通しての DNA メチル化の状態を明らかにしようという試み（メチローム解析）は，多くの研究室で行われていたもののまだ報告例もなく，この解析技術自体が実現可能かもわからない状況であった．そこで彼は，彼自身の手で，メチローム解析法を確立しようとしていた．まさにそのような時，アメリカの Joseph Ecker 博士のグループが，2006 年に真核生物として初めて，シロイヌナズナのメチローム解析を報告した（Zhang *et al.*, 2006）．彼らは，メチル化シトシンに対する抗体を使って，免疫沈降法によりメチル化されている DNA 断片を回収し，その断片を標識して，ゲノムの塩基配列全体

を10 bp間隔で25 bpずつプローブとして貼り付けたタイリングアレイ上で検出することで，ゲノム上のメチル化されているDNA領域を特定した。それに続いて先ほどのJon Reinders博士もバイサルファイト処理したDNA（第11章参照）の断片を標識して，タイリングアレイで検出することで，メチル化されているDNA領域を特定する方法を確立した（Reinders et al., 2008）。DNAメチル化されているほど，バイサルファイト処理によるシトシンからウラシルへの変換が起こらないため，プローブにマッチする配列が増えて検出シグナルが高くなることを利用したのである。実験手法の発展が追いつくことで，研究が一気に発展する好例で，研究目的を達成するために新しい手法を自らの手で作り出していく重要性を筆者は肌に感じることができた。

　彼は早速，epiRILsの中からランダムに3系統を選び出し，メチローム解析を行った。まず，野生型とmet1-3突然変異体で，異なるシグナルを検出するプローブを抽出し，それらが野生型とmet1-3突然変異体のどちらのタイプのシグナルが検出されるか検証した。野生型と同程度のシグナルを検出したプローブは平均で52.2%だったのに対し，met1-3突然変異体と同程度のシグナルを検出したプローブは平均でわずか13.5%であった。これはDNAメチル化を失った遺伝子座の一部が低い適応度を示すことも原因として考えられるが，多くの遺伝子座で再メチル化が生じていることによると予想される。さらに興味深いことに，野生型とmet1-3突然変異体のどちらにも当てはまらないプローブが平均で34.3%も観察された。これらは，野生型とmet1-3突然変異体の中間のシグナルを検出するもの，もしくはこれらより大きいまたは小さいシグナルを検出するものである。つまりepiRILsでは，親株に用いた野生型やmet1-3突然変異体とは異なる新しいDNAメチル化パターンを持つ遺伝子座が少なからず存在することを示している。また，このような遺伝子座の中には，DNAメチル化の状態が不安定で，必ずしもメンデル遺伝に従わない遺伝子座も見出される。このような不安定な遺伝子座は，エピ変異を遺伝学的手法で扱うことに限界があるかも知れない。これらのepiRILsの研究から，一度CGメチル化維持酵素MET1の活性が失われると，その後復帰したとしても，DNAメチル化の状態は完全に元に戻らず，多様なエピ変異が誘導されることが明らかになった（Reinders et al., 2009）。

　それではこのようなepiRILsで見出されるエピ変異が，塩基配列上の変異のように，進化に貢献する可能性があるのであろうか？ Vincent Colot博士のグループは，ddm1突然変異体を用いてepiRILsを確立し，met1-3突然変異体の場合と同様に，いくつかの量的な形質が安定的に遺伝することを示した（Johannes et al., 2009）。ス

イスのYuan-Ye Zhang博士らのグループはこの*ddm1*突然変異体由来のepiRILsを135系統，各系統につき6個体ずつを，乾燥や富栄養といった異なる条件下で大規模に栽培し，生態学的に重要と考えられる量的形質である①花成時期，②植物の高さ，③種子の数，④バイオマス，⑤地下部/地上部の比率，を計測して統計解析を行った（Zhang *et al*., 2013）。すると，すべての生育条件下で，これらほとんどの形質におけるepiRIL系統間の表現型の差異が遺伝的変異に基づくものであり，環境変化に対する可塑性においてもいくつかの形質で遺伝的変異が作用した。また③種子の数を適応度の指標として回帰分析を行った結果，一部の形質では適応度においても遺伝的変異の影響が認められた。epiRILs間では，塩基配列上にほとんど差異がないことから，エピ変異がこれらの形質の主たる遺伝的要因として機能すると考えられる。つまり，エピ変異によって急速な進化が起こる可能性を示唆している。

　*met1-3*突然変異体や*ddm1*突然変異体は，シロイヌナズナのゲノム上のわずか1つの遺伝子の異常により引き起こされた変異体であり，自然界においても偶発的にこれらの遺伝子の発現が何らかの作用で，一時的に低下することもあるであろう。また5-アザシチジン等の化学物質はDNAメチル化の低下を引き起こすことが知られており，ある環境下で同様の作用を持つ化学物質に晒される可能性も否定できない。果たして自然界ではどれくらいの頻度でエピ変異が生じるのであろうか？Joseph Ecker博士のグループとドイツのDetlef Weigel博士のグループは，同一のシロイヌナズナ個体を祖先とする，3世代目の系統と31世代目の系統のそれぞれのDNAメチル化のパターンを，バイサルファイト処理したゲノムDNAを次世代シーケンサーで読み取ることにより，ゲノムレベルで比較した（Schmitz *et al*., 2011; Becker *et al*., 2011）。その結果，これらの系統間で，DNAメチル化パターンの違い，つまりエピ変異が数多く検出できた。これらのエピ変異率は，同じ材料のゲノムDNAの塩基配列の解析から計算した塩基配列上の変異率（Ossowski *et al*., 2010）よりはるかに高く，実際にこれらのエピ変異により発現パターンが変化する遺伝子座も見出すことができた。これらのエピ変異がどのように生じるのかは明らかではないが，エピ変異が生じる遺伝子座の中には，*met1*突然変異体等のDNAメチル化制御に関連する変異体においてもDNAメチル化が変化する遺伝子座が，少なからず存在した（Schmitz *et al*., 2011）。また因果関係は明らかではないものの，31世代目において他の系統と比べてDNAメチル化がより変化している系統ではDNAメチル化酵素に似た構造を持つタンパク質をコードする遺伝子内に塩基配列上の突然変異が生じていた（Becker *et al*., 2011）。このタンパク質がDNAメチル化

酵素として作用することは示されていないが，DNA メチル化を制御する因子の発現や機能の変化が，このような自然界におけるエピ変異を生じる一因かも知れない。

4. エピ変異とトランスポゾン

　エピ変異は塩基配列に変化を起こさずに，遺伝子発現の変化を引き起こすが，トランスポゾンの作用を介して塩基配列上の変化を生じ，遺伝子発現及び機能の変化を引き起こす場合もある。植物において DNA メチル化はトランスポゾンの多くで観察され，その活動を抑制していると考えられる。*met1-3* 突然変異体ではトランスポゾン領域の CG メチル化が消失するため，転写抑制が解除されて高い発現が誘導されるが，転移は観察されない（Cokus *et al.*, 2008; Lister *et al.*, 2008）。このことはトランスポゾンの mRNA が発現したとしても，それが必ずしも転移につながるとは限らないことを示している。しかし DNA トランスポゾン（第 4 章コラム参照）である *CACTA* は，*ddm1* 突然変異体（CG メチル化以外にも大きな影響が観察される）や *met1 cmt3* 二重突然変異体では，高頻度の転移が観察されることから，CG メチル化と CHG メチル化の両方が転移抑制に何らかの方法で関与していると考えられた（Miura *et al.*, 2001; Kato *et al.*, 2003）。また興味深いことに，親株である *met1-3* 突然変異体では転移しないにもかかわらず，*met1-3* 突然変異体から作出された epiRILs では，*CACTA* トランスポゾンの転移が観察された（Reinders *et al.*, 2009）。これらの転移が観察された epiRIL 系統では，CMT3 メチル化酵素などの他のエピジェネティック制御因子の発現が抑制されていると予測されたが，これらの因子をコードする遺伝子の発現は変化なく，epiRILs で何が転移抑制を解除しているかは明らかになっていない（Reinders *et al.*, 2009）。このように DNA トランスポゾンでは DNA メチル化が転写と転移の抑制に作用することは知られていたが，レトロトランスポゾン（第 4 章コラム参照）については，DNA メチル化がどのように転移抑制に作用するのかまだ明らかにされていなかった。

　Paszkowski 研究室のポスドクであった Marie Mirouze 博士（現フランス・ペルピニャン大学）と Olivier Mathieu 博士は，それぞれの研究プロジェクトの研究材料として epiRILs を使用していた際，いくつかの epiRIL 系統で同一種のレトロトランスポゾンが転移していることを偶然に発見した。そこで Paszkowski 研究室では，彼女らと Jon Reinders 博士を中心に，epiRILs でのレトロトランスポゾンの挙動を解析することになった。*EVD*（Évadé，フランス語で脱走者の意味）と名付けられたこのトランスポゾンの挙動を，転移が認められる epiRIL 系統において世

代を追って観察していくと，興味深いことが明らかになった．若い世代においては，mRNA からの逆転写による cDNA 合成や転移は観察されず，それぞれ雑種第 4 世代目，雑種第 7 世代目からようやく確認することができたのである．親株である met1-3 突然変異体では，DNA メチル化が消失するため，EVD の転写抑制は解除されるが，やはり転移は観察されない．しかし epiRIL で観察された場合と同じく，自殖を重ねた後の第 4 世代目では転移が認められた．つまり逆転写や転移の抑制は自殖を重ねることで解除される．実際にどのような機構で，これらの抑制が行われているのかは明らかではないが，二重突然変異体の解析から，siRNA や H3K9 の 2 メチル化が逆転写や転移の抑制に関与することを示唆する観察結果が得られている．同時期に国立遺伝学研究所の角谷徹仁博士のグループの研究からも，ddm1 突然変異体で，いくつかの種類のレトロトランスポゾンが転移することが明らかになり (Tsukahara et al., 2009)，Paszkowski 研究室の EVD の解析結果は彼らの論文と連報で「Nature」誌に掲載された (Mirouze et al., 2009)．当初，彼女らは全く異なる研究を行っていたが，興味深い事象を見つけると，そこに皆が精力をつぎ込み，大発見へと導いていった．それまでは Paszkowski 研究室は，どちらかというと個々がそれぞれ独立に研究を行う体制であったが，この研究はチームプレイで成果を上げた好例であった．筆者はこういう柔軟な姿勢が研究を進めるのに重要であることを再確認することができた．

　レトロトランスポゾンは，コピー＆ペースト型の転移様式を持つため (第 4 章コラム参照)，転移のたびに遺伝子のコピー数が増加する．それではこれらの epiRIL 系統で，活性化された EVD レトロトランスポゾンは際限なくゲノム上で増殖し続けていくのであろうか？　スイスの Olivier Voinnet 博士のグループは，これらの epiRIL 系統のさらに先の世代における EVD の挙動を解析することで，宿主である植物が siRNA の作用により，このレトロトランスポゾンを段階的に再抑制する機構を明らかにした (Mari-Ordóñez et al., 2013)．siRNA には 21 塩基対と 24 塩基対の長さのものが知られ，それぞれ標的 mRNA の分解を引き起こす転写後抑制と，標的遺伝子にメチル化を誘導する転写抑制に作用することが知られている．宿主である植物は，まず雑種 9 世代目あたりからコード領域の 21 塩基対の siRNA を産生し，転写後抑制機構により EVD RNA を分解しようとする．しかしレトロウィルス様の外被タンパク質に囲まれた EVD RNA はこの分解から逃れるため，コピー数の増加を止めることはできない．しかしコピー数の増加が続き，発現量がさらに上昇すると，雑種第 11 世代あたりからコード領域に対応する 24 塩基対の siRNA の蓄積が始まり，コード領域の DNA メチル化が観察されるようになる．そして DNA

メチル化は，24塩基対のsiRNAとともにプロモーター領域にまで拡がり，*EVD*の発現は完全に抑制されるようになる。このプロモーター領域のDNAメチル化は新しく挿入された遺伝子領域にも生じ，近傍の遺伝子の発現に影響を与えることも示された。*EVD*のコピー数は転写量の下降にともない雑種第12世代で頭打ちになり，40コピーほどで維持される。このように，*EVD*の転移・挿入はある程度のコピー数の増加で抑制され，大きな遺伝情報の改変は阻止されるが，その一方で新しい挿入領域においては，挿入前の遺伝子構造を破壊するだけでなく，新たなエピ変異を引き起こし，挿入箇所によっては遺伝子の発現パターンを変化させる可能性を産み出すのである。

おわりに

植物におけるDNAメチル化の役割は，主にトランスポゾン，リピート配列，外来遺伝子の発現抑制で，動物のように発生過程や環境応答における遺伝子発現制御に関与する事例は，植物では遺伝子インプリンティングなど，限られた例しか知られていない。しかしepiRILsを用いた解析から，エピ変異は量的形質における表現型を引き起こすことが示され，DNAメチル化の変化が発生・環境応答プログラムに何らかの影響を与えることが明らかになった。またJoseph Ecker博士のグループはシロイヌナズナの高解像度のメチローム解析から，細菌の感染により，ゲノムレベルでDNAメチル化の変化が起こり，遺伝子の発現に影響を与えることを示した (Dowen *et al.*, 2012)。これらの報告から植物においても，発生過程や環境応答においてDNAメチル化によって発現が制御される遺伝子群がまだ存在する可能性は否定できない。そこで筆者が注目しているのは，脱分化・再分化に関与する遺伝子群である。シロイヌナズナでは植物ホルモンであるオーキシンとサイトカイニンを与えることで，分化した細胞から，脱分化した状態と考えられるカルスを誘導し，さらにそのカルスを再分化させて根や茎を再生することが容易に行える。興味深いことに，*met1*突然変異体では野生型植物に比べてカルス化効率が減少する一方で (Berdasuco *et al.*, 2008)，カルスからの植物体再生効率が上昇することが報告されている (Li *et al.*, 2011)。これらの結果からDNAメチル化は，細胞の脱分化に正に作用する因子として働き，再分化に負に作用する因子として働く可能性が期待できる。筆者がepiRILsのそれぞれの系統で，脱分化・再分化を誘導して調べてみたところ，やはりいくつかの系統でこの過程に異常が観察され，それらの表現型は次世代に比較的よく遺伝した。そこで筆者はこれらのepiRIL系統では，脱分化・再分

化にかかわる遺伝子群にエピ変異が生じ，発現プログラムに異常が引き起こされていると考えて，これらの遺伝子群を明らかにすることを試みている。ゲノムシーケンシング技術やその解析手法の発達で，DNA メチローム解析が，より簡便かつ高精度に行えるようになってきた。これらの epiRIL 系統で，それぞれの遺伝子がどのようなメチル化の状態になっているかを知るのもそれほど難しくないであろう。

　各地の研究室を訪問すると，「実はエピジェネティックな現象を示すと思われる材料があるのですが」とよく相談を持ちかけられる。そういった現象はエピ変異によって引き起こされているのかも知れない。DNA メチローム解析がより手軽になれば，エピ変異が引き起こす様々な現象がもっと明らかになると期待される。

謝辞

　本項で紹介した研究の一部は，ジュネーブ大学の Paszkowski 研究室での成果である。筆者は当研究室のメンバーと一緒に研究活動を行い日々議論する中で，研究経験・知識に加え，言葉では言い尽くせない貴重な体験を得ることが出来た。この場を借りて感謝申し上げたい。またクレルモン大学の池田陽子博士（現 岡山大学）とオーストラリア連邦科学産業研究機構の小川大輔博士（現 農業・食品産業技術総合研究機構）には，本原稿に対して貴重なご意見を頂いた。お二方にも感謝の意を表したい。

引用文献

Becker, C. *et al.* 2011. Spontaneous epigenetic variation in the *Arabidopsis thaliana* methylome. *Nature* **480**: 245-249.

Berdasco, M. *et al.* 2008. Promoter DNA hypermethylation and gene repression in undifferentiated *Arabidopsis* cells. *Plos One* **3**: e3306.

Cokus, S. J. *et al.* 2008. Shotgun bisulphite sequencing of the *Arabidopsis* genome reveals DNA methylation patterning. *Nature* **452**: 215-219.

Cubas, P. *et al.* 1999. An epigenetic mutation responsible for natural variation in floral symmetry. *Nature* **401**: 157-161.

Deleris, A. *et al.* 2012. Loss of the DNA methyltransferase MET1 induces H3K9 hypermethylation at PcG target genes and redistribution of H3K27 trimethylation to transposons in *Arabidopsis thaliana*. *PLoS Genetics* **8**: e1003062.

Dowen, R. H. *et al.* 2012. Widespread dynamic DNA methylation in response to biotic stress. *Proceedings of the National Academy of Sciences of the USA* **109**: E2183-2191.

Duo, D. *et al.* 1995. Origin of floral asymmetry in *Antirrhinum*. *Nature* **383**: 794-799.
Jacobsen, S. E. & E. M. Meyerowitz 1997. Hypermethylated *SUPERMAN* epigenetic alleles in *Arabidopsis*. *Science* **277**: 1100-1103.
Jacobsen, S. E. *et al.* 2000. Ectopic hypermethylation of flower-specific genes in *Arabidopsis*. *Current Biology* **10**: 179-186.
Johannes, F. *et al.* 2009. Assessing the impact of transgenerational epigenetic variation on complex traits. *PLoS Genetics* **5**: e1000530.
Kato, M. *et al.* 2003. Role of CG and non-CG methylation in immobilization of transposons in *Arabidopsis*. *Current Biology* **13**: 421-426.
Komaki, M. K. *et al.* 1988. Isolation and characterization of novel mutants of *Arabidopsis thaliana* defective in flower development. *Development* **104**: 195-203.
Li, W. *et al.* 2011. DNA methylation and histone modifications regulate *de novo* shoot regeneration in *Arabidopsis* by modulating *WUSCHEL* expression and auxin signaling. *PLoS Genetics* **7**: e1002243.
Linnaeus, C. 1744. De Peloria. Diss. Ac. Uppsala.
Lister, R. *et al.* 2008. Highly integrated single-base resolution maps of the epigenome in *Arabidopsis*. *Cell* **133**: 523-536.
Mari-Ordonez, A. *et al.* 2013. Reconstructing *de novo* silencing of an active plant retrotransposon. *Nature Genetics* **45**: 1029-1039.
Mathieu, O. *et al.* 2007. Transgenerational stability of the *Arabidopsis* epigenome is coordinated by CG methylation. *Cell* **130**: 851-862.
Mirouze, M. *et al.* 2009. Selective epigenetic control of retrotransposition in *Arabidopsis*. *Nature* **461**: 427-430.
Miura, A. *et al.* 2001. Mobilization of transposons by a mutation abolishing full DNA methylation in *Arabidopsis*. *Nature* **411**: 212-214.
Ossowski, S. *et al.* 2010. The rate and molecular spectrum of spontaneous mutations in *Arabidopsis thaliana*. *Science* **327**: 92-94.
Reinders, J. *et al.* 2008. Genome-wide, high-resolution DNA methylation profiling using bisulfate-mediated cytosine conversion. *Genome Research* **18**: 469-476.
Reinders, J. *et al.* 2009. Compromised stability of DNA methylation and transposon immobilization in mosaic *Arabidopsis* epigenomes. *Genes & Development* **23**: 939-950.
Rigal, M. *et al.* 2012. DNA methylation in an intron of the *IBM1* histone demethylase gene stabilizes chromatin modification patterns. *The EMBO Journal* **31**: 2981-2993.
Saze, H. *et al.* 2003. Maintenance of CpG methylation is essential for epigenetic inheritance during plant gametogenesis. *Nature Genetics* **34**: 65-69.
Saze, H. *et al.* 2008. Control of genic DNA methylation by a jmjC domain - Containing protein in *Arabidopsis thaliana*. *Science* **319**: 462-465.
Schmitz, R. J. *et al.* 2011. Transgenerational epigenetic instability is a source of novel methylation variants. *Science* **334**: 369-373.
Soppe, W. J. J. *et al.* 2000. The late flowering phenotype of *fwa* mutants is caused by gain-of-function epigenetic alleles of a homeodomain gene. *Molecular Cell* **6**: 791-802.
Tariq, M. *et al.* 2003. Erasure of CpG methylation in *Arabidopsis* alters patterns of histone H3

methylation in heterochromatin. *Proceedings of the National Academy of Sciences of the United States of America* **100**: 8823-8827.

Teixeira, F. K. *et al.* 2009. A role for RNAi in the selective correction of DNA methylation defects. *Science* **323**: 1600-1604.

Tsukahara, S. *et al.* 2009. Bursts of retrotransposition reproduced in *Arabidopsis*. *Nature* **461**: 423-425.

Vongs, A. *et al.* 1993. *Arabidopsis thaliana* DNA methylation mutants. *Science* **260**: 1926-1928.

Zhang, X. Y. *et al.* 2006. Genome-wide high-resolution mapping and functional analysis of DNA methylation in *Arabidopsis*. *Cell* **126**: 1189-1201.

Zhang, Y. Y. *et al.* 2013. Epigenetic variation creates potential for evolution of plant phenotypic plasticity. *New Phytologist* **197**: 314-322.

第2部

環境応答と
エピジェネティクス

第4章　環境ストレスと進化：ストレス活性型トランスポゾンと宿主の関係

伊藤 秀臣 (北海道大学大学院理学研究院)

はじめに

　トランスポゾン（transposon）は，地球上のあらゆる生物に存在する内在性の転移因子，いわゆる動く遺伝子である。一口にトランスポゾンと言っても，そのDNA配列や転移の仕組みは多種多様であり，保存されているトランスポゾンの種類も生物種によって様々である。一般的に，哺乳類にはDNA型のトランスポゾンが多く保存されており，高等植物にはレトロトランスポゾン（retrotransposon）が多く存在している。動く遺伝子であるトランスポゾンの発見はそれまで考えられてきた遺伝子の概念を大きく変えるものであり，近年の分子生物学の進歩によって様々なトランスポゾンの存在様式が明らかになるにつれ，宿主ゲノムが持つトランスポゾンの制御機構も多様であることがわかってきた。宿主ゲノムにとって，トランスポゾンの転移を制御することは無秩序なゲノム改変を防ぐために必要不可欠の機構であり，DNAのメチル化やヒストン修飾などによるトランスポゾンの活性抑制はその代表的なものである。このエピジェネティックな抑制機構は，DNAの一次構造を変えることなく遺伝子の発現を制御する仕組みであり，元来はウィルスなど外来因子の制御機構として進化してきたものと考えられている。この機構を宿主は内在性の因子の抑制機構として応用するようになったのであろう。

　それでは，宿主ゲノム内で活性が抑制されているトランスポゾンはいつまでも動けないままなのだろうか？　現存するトランスポゾンは多くの種で数百，数千コピーという数で存在している。これは，生物進化の長い過程のある時期に，トランスポゾンの爆発的な増加が起きたことを示唆している。それは，いつ，どのような場面で起きた現象なのだろうか？　筆者らは，環境ストレスで活性化するトランスポゾンの研究から，環境の劇的な変化が起こった際にトランスポゾンが活性化し，爆発的なコピー数の増加が引き起こされたのではないかと考えている。本章では，環境ストレスとトランスポゾンの関係について，特にエピジェネティックな修飾の変化とトランスポゾンの活性制御について，いくつか事例を紹介したい。

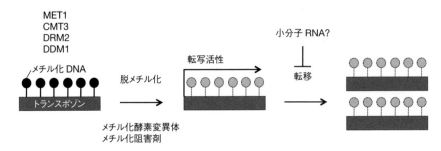

図 1　DNA メチル化によるトランスポゾン制御
ゲノム上のトランスポゾン配列は DNA のメチル化により転写が制御されている。メチル化酵素の変異体や DNA メチル化阻害剤を用いると脱メチル化が起こりトランスポゾンの転写が活性化する。配列上転移能力を持つトランスポゾンは転移が観察される。世代を越えた転移制御には小分子 RNA の関与が示唆される。

1. トランスポゾンのエピジェネティックな制御機構

1.1. DNA のメチル化

　DNA のメチル化はエピジェネティックな修飾の代表例であり，トランスポゾンが転移するために必要な酵素遺伝子の発現を抑えている（図1）。DNA のメチル化は主にシトシンのピリミジン環の 5 位炭素原子へのメチル基の付加反応である。CpG 配列のメチル化は複製時にメチル化酵素による修飾を受け，半保存的に細胞分裂を経て受け継がれる。モデル植物であるシロイヌナズナ（*Arabidopsis thaliana*）では，この維持型のメチル化は MET1 と呼ばれるメチル化酵素が担っている。動物の DNA メチル化は主に CpG 配列のメチル化である一方，植物の DNA メチル化は CpG 配列のメチル化に加えて非 CpG 配列のメチル化も見られる。非 CpG 配列のメチル化は複製時に保存されないため，新たにメチル化する必要がある。この新規のメチル化は，DRM2 と CMT3 という植物特異的なメチル化酵素が担っている。*MET1* 変異体では，トランスポゾンの DNA メチル化が低下し，転写抑制の解除が見られ，転移の見られるレトロトランスポゾンも報告されている（Mirouze et al., 2009）。また，*CMT3* 単一の変異体では，DNA 型トランスポゾンである *CACTA* トランスポゾンの転移は低頻度であるが，*MET1* との 2 重変異体にするとトランスポゾンの転移が高頻度で観察される（Kato et al., 2003）。シロイヌナズナでは SWI2/SNF2 様のクロマチンリモデリングファクターである *DECREASE IN DNA METHYLATION 1*（*DDM1*）が CpG，非 CpG のメチル化とヒストン H3 の 9 番目のリジン残基（H3K9）のメチル化の維持に関与している。*DDM1* の変異体では動原

体ヘテロクロマチンに存在する反復配列やトランスポゾン配列の脱メチル化が起こり，トランスポゾンの転写活性と転移が観察される (Kakutani et al., 2004)。さらに，DNA メチル化阻害剤を用いた解析からもトランスポゾンの転写抑制の解除が観察される。これらのことから示唆されるように，多くのトランスポゾンが DNA のメチル化により制御されていることがわかっている。

　トランスポゾンの制御のもう 1 つに転移制御がある。これは，トランスポゾンが新たな領域に挿入されることを防ぐ機構である。転移抑制には，転移に必要な酵素を阻害することや，転移中間産物の積極的な分解などが考えられるが，その詳細は明らかにされていない。シロイヌナズナでは，小分子 RNA (small RNA, sRNA) の合成経路の変異体において，あるグループに属するレトロトランスポゾンの転移が観察される (Ito et al., 2011)。このことから，小分子 RNA が直接もしくは間接的にトランスポゾンの転移に関与していることが示唆されている。

1.2. RNA 指令型の DNA のメチル化

　小分子 RNA を介した RNA 干渉 (RNA interference) は，DNA のメチル化及びヒストン修飾を誘導し，遺伝子発現やクロマチン状態を制御している。分裂酵母 (Schizosaccharomyces pombe) では，小分子 RNA が H3K9 のメチル化を誘導することが知られているが，植物では，小分子 RNA がヒストン修飾を直接誘導するという報告はない。その代わりに，植物では植物特異的なエピジェネティック制御として RNA 指令型の DNA のメチル化 (RNA directed DNA methylation, RdDM) が知られている (図2)。この過程では，トランスポゾンや反復配列からの転写産物が鋳型となり，RNA 依存型 RNA ポリメラーゼ (RNA dependent RNA polymerase, RDR) の作用によって 2 本鎖 RNA が合成される。合成された 2 本鎖 RNA は Dicer による切断等，RNA 干渉の経路を経て小分子 RNA となり，さらに AGO 複合体と結合して，相同配列を持つターゲット領域に誘導される。ターゲット領域では，新規のメチル化を担うメチル化酵素である DRM2 の働きによってメチル化が起こる。一連の反応により，トランスポゾンなど標的配列の再メチル化が起こり，より確かな転写抑制が確立すると考えられている。

　このような RNA 指令型の DNA メチル化 (RdDM) は転写型遺伝子サイレンシング (Transcriptional gene silencing, TGS) と呼ばれる制御機構で，トランスポゾンなど発現すると宿主にとって有害となりうる転写を制御している。TGS は内在性のトランスポゾンだけでなく，元来は外来の遺伝子の DNA をメチル化する機構として進化してきたと考えられている。そのため，人工的に外来性の遺伝子を導入する

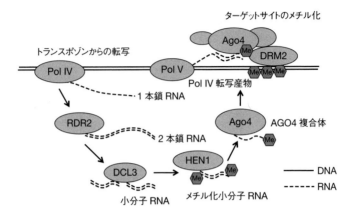

図2 RNA 指令型 DNA メチル化(Fedoroff, 2012 の図を改変)
トランスポゾンや反復配列から植物特異的なポリメラーゼ(Pol IV)により転写が起こる。転写産物は RNA 依存型 RNA ポリメラーゼ(RDR2)により 2 本鎖となり、DCL3 の働きで小分子に切断された後、HEN1 メチル化酵素により末端がメチル化され AGO4 複合体としてターゲットサイトに誘導される。ターゲットサイトでは RNA ポリメラーゼ(Pol V)による転写産物とメチル化酵素である DRM2 を含む複合体により新規のメチル化が誘導される。

としばしば、RdDM による DNA のメチル化が起こる。RdDM によって転写が抑制されている反復配列やトランスポゾンの数は、種ごとに異なると思われるが、この制御を受ける因子は転写活性能力を有するもの、もしくは、転写能力を持つ因子と相同の配列を持つ領域である。植物が特異的に RdDM を用いた制御機構を獲得した理由は定かではないが、免疫系の発達していない植物が外来因子に対する防御機構として獲得したものの1つなのであろう。

1.3. ヒストンのメチル化

トランスポゾンのもう1つの代表的な制御機構としてヒストン修飾が知られている。これらの修飾には、アセチル化、メチル化、ユビキチン化、リン酸化および SUMO 化が含まれ、ヒストンの N 末端が高頻度で修飾される。ヒストン修飾は遺伝子の発現を ON にする修飾と OFF にする修飾が拮抗して存在している。遺伝子発現が抑制されているヘテロクロマチン領域には H3K9 やヒストン H3 の 27 番目のリジン残基(H3K27)のジメチル、トリメチル化などの修飾がなされており、逆に遺伝子発現が活性化している領域ではヒストン H3 の 4 番目のリジン残基(H3K4)のジメチル、トリメチル化修飾がなされている。ヒストン修飾は可逆的な修飾で、必要に応じて修飾、脱修飾が行われる。一般的に DNA のメチル化とヒストン修飾は独立の関係で存在するわけではなく、相互に働きあうことで遺伝子発

現を制御している。例えば，シロイヌナズナのヒストンメチル化酵素である SUVH4/KYP は CMT3 によるトランスポゾンや反復配列の非 CpG の DNA メチル化に必要であることが知られている。CMT3 は H3K9 のメチル化を認識し，クロマチン修飾と連携した遺伝子発現抑制を行っている。動原体などのヘテロクロマチン領域に存在するトランスポゾンは，強固なヘテロクロマチン化，いわゆる構造的ヘテロクロマチンにより発現が抑制されているが，ユークロマチン領域に存在するトランスポゾンも多くが発現抑制状態にあり，可変的なエピジェネティック制御いわゆる条件的ヘテロクロマチンによる制御を受けている。トランスポゾンはあらゆる生物種に確認されているが，その抑制機構は生物種によって異なる。例えば，ショウジョウバエ（*Drosophila melanogaster*），線虫（*Caenorhabditis elegans*），酵母などでは DNA のメチル化はほとんど見られない。これらの生物のトランスポゾンはヒストン修飾により制御されているのであろう。

2. ストレスで活性化するトランスポゾン

2.1. 生殖細胞

　体細胞で強固に制御されているトランスポゾンも，発生のある時期にその制御が解除されることが知られている。生殖細胞では，雌側，雄側各々において大変興味深いトランスポゾンの転写活性が見られる。ここでは，植物で見られる現象について説明する。

　植物の配偶子は，成長段階の比較的後期に減数分裂を経て胞子体としてつくられる。雄性配偶体は葯の中でつくられ，雌性配偶体は胚珠の中で形成される。動物の配偶子は減数分裂を経て直接つくられるが，植物の場合，減数分裂の後，複数回の体細胞分裂を行うことで核相が単相であるいくつかの配偶体を形成する。被子植物の雄性配偶体では2つの精細胞と1つの花粉管細胞が分化し，雌性配偶体では卵細胞と中央細胞の他に受精の際補助的な機能を担う2つの助細胞と3つの反足細胞が分化する。被子植物の受精では，1つの精細胞と卵細胞が受精し二倍体の胚が形成されるほか，もう1つの精細胞が極核を2つ持つ中央細胞と受精することで三倍体の中央細胞を形成する重複受精を行う。この重複受精を行う配偶子形成過程においてトランスポゾンの一時的な抑制解除が起こる。

　雌側の配偶子形成過程では，胚乳で DNA 脱メチル化酵素である DEMETER（DME）が働き，トランスポゾンの DNA 脱メチル化が起こる（図3）。その結果，中央細胞でトランスポゾンの転写活性が起こり，特異的な小分子 RNA が蓄積する。

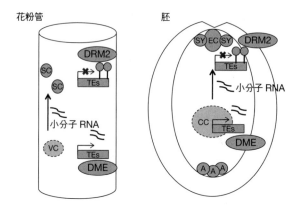

図3 雌雄配偶子形成過程でのメチル化誘導
花粉管内では脱メチル化酵素であるDMEにより花粉管細胞（VC）の脱メチル化が起き，トランスポゾン（TEs）が活性化する．トランスポゾン由来の小分子RNAは精細胞（SC）に運ばれ，RdDMを介したメチル化酵素であるDRM2による新規のメチル化が起き，精細胞でのトランスポゾンのメチル化を保障する．胚の中では，中央細胞（CC）でDMEによるトランスポゾンの脱メチル化が起き，小分子RNAがつくられる．小分子RNAは卵細胞（EC）に運ばれ，RdDMを介したDRM2による新規のメチル化が起こり卵細胞内のトランスポゾンのメチル化を保障する．**A**: 反足細胞，**SY**: 助細胞．

中央細胞でつくられた小分子RNAは卵細胞に運ばれ，卵細胞内でRdDMを介してトランスポゾンの転写活性を制御していると考えられている．一方，雄側の配偶子形成においては，花粉管細胞内の花粉管核でH3K9の低メチル化とそれに伴うクロマチンの脱凝縮が起こる（図3）．この現象は*DDM1*の低発現と*DME*の発現によるDNAの低メチル化によるもので，それまで抑制されていた内在性のトランスポゾンが活性化する．このトランスポゾンの転写活性が引き金となって小分子RNAが合成され，小分子RNAはさらに精細胞へと輸送されて，RdDMを介したDNAのメチル化が補強されると考えられている．この小分子RNAの輸送機構はまだ詳しくわかっていないが，胚乳も花粉管細胞も次の世代に伝承することはないという事実は，重要な示唆を与える．つまり，胚乳や花粉管細胞で合成された小分子RNAを介したRdDMは，世代を越えたトランスポゾンの伝搬を防ぎながら，卵細胞や精細胞におけるトランスポゾンのDNAメチル化を保証する巧妙な機構として進化してきたのであろう．

2.2. 雑種形成

植物では，近縁種間交配により比較的簡単に雑種が形成される．雑種形成は植物にゲノムショックストレスを与え，様々なゲノム変化やエピジェネティックな変

化をもたらし，遺伝子発現を変化させる．シロイヌナズナの近縁種には異質倍数体が存在し，人工的な交配によってもこの異質倍数体を作成することができる．*Arabidopsis suecica*（2n=4×=26）は，シロイヌナズナの倍数体（2n=4×=20）を母親側に，*Arabidopsis arenosa*（2n=4×=32）を父親側に用いた交配により作成することができる（Comai et al., 2000）．その際，様々な遺伝子発現の変化がもたらされるが，エピジェネティックな修飾の変化によるトランスポゾンの再活性化も観察される．その中の1つであるDNA型の*En-Spm*様トランスポゾンでは，CpGのメチル化の変化により再活性化が起こることが知られている．

また，シロイヌナズナ種内においても生態の異なる2つの系統種間の交配によってできた植物では，トランスポゾン由来の小分子RNAの蓄積が見られる．例えば，シロイヌナズナの*Columbia*（*Col*）と*Landsberg*（*Ler*）系統間の交配では雑種強勢が見られる．この交配によってできた雑種では，タンパク質をコードしている遺伝子由来の小分子RNAはほとんどが抑制されるのに対し，トランスポゾン由来の小分子RNAは相加的な増加が見られる（Li et al., 2012）．これらのことから，植物にとって雑種形成はゲノムショックストレスとなり，ゲノム再編による遺伝子の発現変化のみならず，エピジェネティックな修飾の変化によりトランスポゾンの制御バランスも変化させることが示唆されている．

2.3. 環境ストレス

植物は様々な環境ストレス下で生育している．植物は動物と異なり移動することができないため，環境の変化に柔軟に対応する能力を獲得したのであろう．環境ストレス応答としては，生理学的な変化はもちろん，エピジェネティックな遺伝子発現の変化も考えられる．トウモロコシ（*Zea mays*）では，低温ストレスで根組織でのDNAの脱メチル化がゲノムワイドに引き起こされることが知られている（Steward et al., 2000）．タバコ（*Nicotiana tabacum*）では，組織培養した細胞でトランスポゾンの活性化が起こり，転移が観察される（Hirochika, 1993）．シロイヌナズナでも，環境ストレスにより活性化するトランスポゾンの例が報告されている．近年筆者らは，高温で活性化するレトロトランスポゾン*ONSEN*を同定した（Ito et al., 2011）．環境ストレスがトランスポゾンの活性化と植物の進化に及ぼす影響については，第4節で詳しく述べる．

3. トランスポゾンと宿主の関係

近年，エピジェネティック研究が進むにつれ，トランスポゾンの転写制御は，

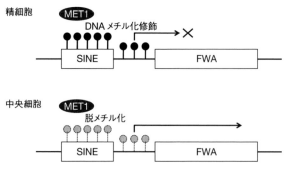

図4 インプリント遺伝子とトランスポゾン配列
シロイヌナズナの *FWA* 遺伝子のプロモーター配列にある SINE 様配列は精細胞ではメチル化酵素 MET1 等の作用でメチル化されている。そのため *FWA* 遺伝子の発現も OFF になっている。一方，中央細胞では DME による脱メチル化が起き，*FWA* の発現が ON になる。

宿主にとって単なる標的トランスポゾンの遺伝子発現制御のみならず，自らの遺伝子制御にも関与していることが明らかになってきた。というのも，トランスポゾンは，宿主ゲノムの遺伝子近傍に挿入すると近隣の遺伝子発現に影響を与えるため，トランスポゾンの挿入はゲノム構造を変化させ，遺伝学的な影響をもたらすだけでなく，トランスポゾンのエピジェネティックな制御が近隣の遺伝子発現にも影響を与えることになる。トランスポゾンは様々な生物のゲノム中に散在している。その多くは，進化の過程で塩基置換や欠失が起こり，遺伝子として機能しなくなっている。一方で，宿主ゲノムの一部として新たな機能を獲得したトランスポゾン配列も多く報告されており，宿主が生きていくうえで欠くことのできない重要な役割を獲得したものも少なくない。例えば，有袋類のインプリンティング遺伝子の進化の過程で，トランスポゾンの挿入が重要な働きをしていることがわかってきた（第9章参照）。詳しくは，第1章で詳しく述べている。ここでは，シロイヌナズナにおけるトランスポゾンと宿主の関係について詳しく解説したい。

　植物の発生過程で最も重要なステージの1つは，子孫を残すために必要な花の形成である。シロイヌナズナの花芽形成には，ある一定期間低温に曝される，いわゆる「春化」が必要である。春化により花芽形成を抑制していた *Flowering Locus C*（*FLC*）遺伝子の発現が低下し，花芽の形成が促進される。シロイヌナズナは系統種間で開花の時期にばらつきがある。この多様性は *FLC* の発現の違いに起因するのであるが，*FLC* の低発現系統である *Ler* では，*FLC* 遺伝子のイントロンに DNA 型のトランスポゾンの挿入が見られる（Gazzani *et al.*, 2003）。このトランスポゾン由来の小分子 RNA を介したエピジェネティックな制御により *FLC* の発現が調節されている。

　もう1つ，シロイヌナズナの花芽形成に関与する遺伝子である *FLOWERING WAGENINGEN*（*FWA*）は，そのプロモーター領域に存在する SINE 様トランスポ

ゾン配列のDNAメチル化により発現が抑制されている。*FWA*は，ゲノムインプリンティング遺伝子であり，母性発現する胚乳で再活性が起こるのだが，その再活性化はSINE様配列の脱メチル化により引き起こされる（図4）。

　本来，トランスポゾンは宿主にとって有害で眠らせる必要がある因子なのであるが，DNAのメチル化などトランスポゾンの抑制機構が宿主の遺伝子発現を制御し，宿主にとって欠くことのできないものとして保存されている例も見られる。

4. ストレス活性型トランスポゾンと進化

　自然環境で生育している植物は時折様々な生物学的，非生物学的なストレスにさらされることがある。生物学的ストレスとは，細菌や菌類の感染や，昆虫や動物による食害や寄生などである。非生物学的なストレスとしては，高温や低温，干害，水害や塩害，その他様々な環境ストレスがあげられる。筆者は，これら環境の劇的な変化がトランスポゾンの活性化を引き起こすと考えている。植物は，劇的な環境の変化にも耐えられる短期的な環境応答機能が備わっていると考えられるが，トランスポゾンの転移による世代を越えた遺伝的なゲノム構造の変化は，長期的なストレス適応と考えることができる。ここでは，環境ストレスで活性化するトランスポゾンについて解説したい。

　環境の変化は，植物の遺伝子発現を変化させる。その遺伝子発現の変化はトランスポゾンの制御にも影響を与えることが報告されている。キンギョソウ（*Antirrhinum majus*）のトランスポゾンである*Tam3*は，転移酵素が低温で核移行することによって活性化され，脱メチル化が起こる（Hashida *et al.*, 2006）。これは，環境ストレスによって活性化するトランスポゾンの一例といってよいであろう。また，タバコのトランスポゾン*Tnt1*は細菌の感染や傷といった生物学的なストレスによって活性化することが知られている（Grandbastien *et al.*, 1997; Melayah *et al.*, 2001）。その他にも，イネ（*Oryza sativa*）やタバコなどで培養細胞にすると活性化するものや，ガンマ線照射により活性化するトランスポゾンなどが知られている。

　環境ストレスと宿主の進化を直接示唆する事例が，近年筆者らの研究から明らかになった。シロイヌナズナのレトロトランスポゾンである*ONSEN*は，37℃という高温ストレス条件下で活性化する（Ito *et al.*, 2011; Matsunaga *et al.*, 2012）。*ONSEN*の活性化は野生型でも観察されるが，RdDM経路の変異体を用いた実験では，小分子RNAの合成にかかわる遺伝子の変異体で特に高い活性を示した。このことから，小分子RNAが*ONSEN*の転写制御に関与していることがわかる。RdDM経路の変異体では，さらに，次世代で*ONSEN*の新規の転移が確認された。これは，高

温ストレスで活性化した*ONSEN*は，転移が生殖細胞に受け継がれ，子孫のゲノム構造を変化させたことを意味しており，まさに環境ストレスで活性化したトランスポゾンが宿主のゲノム進化に寄与することを実証する実験結果となった．自然界で*ONSEN*が実際に転移するのかは不明だが，ある一定の環境条件が揃った際に*ONSEN*など環境ストレスで活性化したトランスポゾンの世代を越えた転移が引き起こされるのであろう．実際にストレスで活性化するトランスポゾンは多くの生物種で見つかっており，普段は眠っているトランスポゾンを活性化する1つの要因として環境ストレスをイメージするのは難くないであろう．

おわりに

トランスポゾンは従来ジャンクDNA（Junk DNA）として扱われ，重要視されてこなかったが，近年の分子遺伝学や分子生物学の発展により，多くの種で様々な生命現象に関与していることが明らかになってきた．現存するトランスポゾンと宿主の関係は，転移因子と宿主ゲノムの巧みな生存戦略を反映した共進化のようにも思える．

ここで，1つ問題を提起しよう．トランスポゾンは本当に自らのコピー数を増加させたいのであろうか？　もし，仮に無限にコピー数を増加できたとして，それは本当にトランスポゾンに有利に働くのであろうか？　答えはNOのような気がする．なぜなら，トランスポゾンのコピー数の増加は宿主ゲノムにとって有害になる可能性を増加させてしまうからである．宿主が生き残れなければ当然トランスポゾンも滅びてしまうため，無計画なコピー数の増加は望まないであろう．トランスポゾンの戦略としては，普段は宿主の邪魔にならない程度のコピー数でひっそりと潜んでおり，機会をみて増幅するといったところだろうか？

今度は宿主の立場になって考えてみたい．もし，トランスポゾンを完全に制御し，転移が起こらないようになったと仮定しよう．この場合，環境の変化が起きてもトランスポゾンの転移による新たなゲノム構造の改変は期待できない．そのため，宿主は普段はトランスポゾンを眠らせておき，必要に応じて転移を再誘導し，ゲノムの変異源として利用できるように制御しているようにも思える．

いま，なお転移能力を持ち，虎視眈々と転移の機会をうかがっているトランスポゾンと，その転移をなんとか防ごうとしている宿主ゲノムの拮抗バランスが急激な環境の変化などで崩れたときに，新しいゲノム構造の変化が起こり，時にそれが優位に働くと，環境に適応した種が生じるのではないだろうか．トランスポゾンが

どのように誕生し，どのように消えていくのか明確な答えは出ていないが，宿主が進化するのと同じようにそこに宿るトランスポゾンも進化してきたのであろう。

参考文献

Comai, L. *et al.* 2000. Phenotypic instability and rapid gene silencing in newly formed Arabidopsis allotetraploids. *Plant Cell* **12**: 1551-1568.

Fedoroff, N. V. 2012. Presidential address. Transposable elements, epigenetics, and genome evolution. *Science* **338**: 758-767.

Gazzani, S. *et al.* 2003. Analysis of the molecular basis of flowering time variation in *Arabidopsis* accessions. *Plant Physiology* **132**: 1107-1114.

Grandbastien, M. A. *et al.* 1997. The expression of the tobacco *Tnt1* retrotransposon is linked to plant defense responses. *Genetica* **100**: 241-252.

Hashida, S. N. *et al.* 2006. The temperature-dependent change in methylation of the *Antirrhinum* transposon *Tam3* is controlled by the activity of its transposase. *Plant Cell* **18**: 104-118.

Hirochika, H. 1993. Activation of tobacco retrotransposons during tissue culture. *EMBO Journal* **12**: 2521-2528.

Ito, H. *et al.* 2011. An siRNA pathway prevents transgenerational retrotransposition in plants subjected to stress. *Nature* **472**: 115-119.

Kakutani, T. *et al.* 2004. Control of development and transposon movement by DNA methylation in *Arabidopsis thaliana*. *Cold Spring Harbor Symposia on Quantitative Biology* **69**: 139-143.

Kato, M. *et al.* 2003. Role of CG and non-CG methylation in immobilization of transposons in *Arabidopsis*. *Current Biology* **13**: 421-426.

Li, Y. *et al.* 2012. The inheritance pattern of 24 nt siRNA clusters in arabidopsis hybrids is influenced by proximity to transposable elements. *PLoS One* **7**: e47043.

Matsunaga, W. *et al.* 2012. The effects of heat induction and the siRNA biogenesis pathway on the transgenerational transposition of *ONSEN*, a copia-like retrotransposon in *Arabidopsis thaliana*. *Plant Cell Physiology* **53**: 824-833.

Melayah, D. *et al.* 2001. The mobility of the tobacco *Tnt1* retrotransposon correlates with its transcriptional activation by fungal factors. *Plant Journal* **28**: 159-168.

Mirouze, M. *et al.* 2009. Selective epigenetic control of retrotransposition in *Arabidopsis*. *Nature* **461**: 427-430.

Steward, N. *et al.* 2000. Expression of *ZmMET1*: a gene encoding a DNA methyltransferase from maize, is associated not only with DNA replication in actively proliferating cells, but also with altered DNA methylation status in cold-stressed quiescent cells. *Nucleic Acids Research* **28**: 3250-3259.

コラム　トランスポゾン

伊藤　秀臣（北海道大学大学院理学研究院）

　動く遺伝子トランスポゾンはアメリカの植物学者である Barbara McClintock によって，トウモロコシで最初に発見された転移因子である．彼女はトウモロコシの種皮の色素の違いによって生じる斑入り模様が遺伝の法則に従わないことを見つけた．そして，その原因が動く遺伝子，トランスポゾンであることを報告したのである．当時，遺伝はメンデルの法則に従うものであり，遺伝子が転移するなど想像もできなかったようだ．後に，トランスポゾンは多くの生物種から見つかり，遺伝子の転移という現象が，普遍的なものであることがわかってきた．トランスポゾンはその転移様式から大きく分けて2つのグループに分けられる（図1）．

　1つはレトロトランスポゾンと呼ばれるもので，その転移様式はレトロウィルスに似ている．まず，レトロトランスポゾンが自らコードしている転移に必要な遺伝子を転写し，その転写産物を鋳型として逆転写酵素によりトランスポゾンの DNA を合成する．この DNA がゲノム中の別の位置に運ばれ，新規の挿入が行われる．元の位置にあったトランスポゾン配列は移動しないまま，新たなコピーの転移が見られるためレトロトランスポゾンの転移ではそのコピー数が増加する．レトロトランスポゾンには両末端に反復配列（Long terminal repeat, LTR）を有する LTR 型のものと，LTR 配列を持たないもの（non-LTR 型）が存在する．LTR 型のレトロトランスポゾンはその内部構造の違いからさらに *Ty1/copia* 型と *Ty3/gypsy* 型に分けられる．この2つのトランスポゾンは同種ゲノム内にも共存するが，ゲノム上の散在領域に違いがある場合が多い．Non-LTR 型レトロトランスポゾンは，長鎖散在反復配列（long interspersed nuclear element, LINE）を有するものと短鎖散在反復配列（short interspersed nuclear element, SINE）を有するものとの2種類に分けられる．LINE 配列は自ら転移に必要な遺伝子をコードしているが，SINE 配列はそれ自身では転移能力を持たず，ほかの転移因子から供給される転移酵素等により転移が可能である．LINE や SINE は生物進化の過程で比較的最近になって増加したものも多く，種特異的なコピー数の増加が見られる．

レトロトランスポゾン

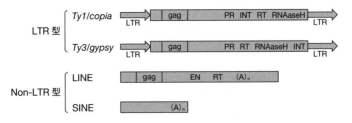

DNA型トランスポゾン

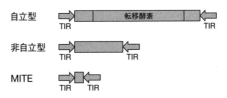

図1　トランスポゾンの種類と構造
LTR: Long Terminal Repeat，gag: gag タンパク質，R: プロテアーゼ，INT: インテグレース，RT: 逆転写酵素，EN: 膜タンパク質，(A)$_n$: ポリA，TIR: Terminal Inverted Repeat

　一方，もう1つのグループに属するトランスポゾンはDNA型のトランスポゾンと呼ばれ，この場合は，元の位置にあるトランスポゾンが切り出されて，新しい領域に挿入される。そのため，転移直後の同一細胞内ではコピー数の増加は見られない。DNA型のトランスポゾンにも自ら転移に必要な遺伝子をコードしている自律型のものと、他のトランスポゾンのタンパク質を転移に必要とする非自律型のものが存在する。また、ほとんどの内部構造を欠いたminiature inverted-repeat transposable element（MITE）が多数存在する。

　レトロトランスポゾン，DNA型のトランスポゾンともに，細胞間，組織間で様々な転移が見られた場合，そしてその転移が生殖細胞に伝承された場合は，世代を越えた転移が起こり，子孫ではコピー数の増加した個体が固定される。さらに，その子孫でも新たな転移が起きた場合，生殖細胞に新たな転移が伝われば，再度コピー数の増加が見られることとなる。トランスポゾンの転移が宿主ゲノム上にランダムに起こるとすると，それは高い確率で有害なゲノム構造の変化となりうる。そこで，多くの生物はトランスポゾンの活性制御により転写，および転移を抑制している。

　トランスポゾンは多くの生物で見つかっているが，植物を例に挙げると，ゲ

ノムサイズの大きなトウモロコシやムギ類などではゲノムの8割から9割をトランスポゾン配列が占めている。言い方を変えると，トランスポゾン配列がゲノムサイズを大きくしているといっても過言ではない。トランスポゾンがなぜこれらの植物に多く保存されているのかは分からないが，進化の過程でトランスポゾンを多く含むことがこれらの植物の生態にとって有利だったのであろう。実際にトウモロコシやムギ類の動原体領域にはトランスポゾン様の配列が密に存在している。トランスポゾンの集合化がヘテロクロマチン化を引き起こし，動原体の安定なクロマチン構造をつくり上げたのかもしれない。

　トランスポゾンはランダムに転移するのであろうか，それともターゲットサイトに偏りがあるのであろうか？　ゲノム情報が公開されるにつれてトランスポゾンのゲノム上の分布が明らかになってきた。しかしながら，現存するトランスポゾンが実際にターゲットをめがけて転移したのか，それとも自然選択の結果として残ったものを見ているのかは明らかにされていない。宿主ゲノムの遺伝子領域に挿入したトランスポゾンはなにかしら宿主の遺伝子発現に影響を与える。その結果，有害なものであれば取り除かれるであろうし，有用なものであれば保存されるであろう。動原体領域にトランスポゾンが多く存在するのは，動原体ヘテロクロマチン領域には遺伝子が低頻度であるため，挿入が宿主にとって無害であるためと考えることができる。また，組換えが起こりにくいこともトランスポゾンの選択的排他が起こらない理由として考えられる。ところが，近年，新たな可能性について考える必要性が出てきた。それは，シロイヌナズナの近縁種に存在するレトロトランスポゾンを用いた実験からであった。オウシュウミヤマハタザオ（*Arabidopsis lyrata* subsp. *petoraea*）に存在する*Ta1l*というトランスポゾンは，動原体領域に保存されている。このトランスポゾンを人工的にシロイヌナズナに形質転換してみると，高頻度でシロイヌナズナの動原体領域に転移したのである。このことから，*Ta1l*は動原体に積極的に転移するトランスポゾンであることが推測された。2種間で転移先動原体配列に共通の配列は存在せず，*Ta1l*が何を目印に転移先を決めているのかはまだ明らかにされていないが，トランスポゾンが動原体に多く保存されている原因の1つを示唆する報告であろう。

　トランスポゾンの転移先については，遺伝子に積極的に挿入される例がいくつか報告されている。イネで初めて転移が確認されたレトロトランスポゾン*Tos17*は遺伝子領域に選択的に挿入されることが知られている。また，筆者ら

の研究でも，シロイヌナズナのレトロトランスポゾンである *ONSEN* は遺伝子領域に選択的に転移することが確認されている。これらのトランスポゾンが示唆するように，トランスポゾンの転移先には選択性が存在するようであるが，遺伝子領域に転移するものや，ヘテロクロマチン領域に転移するものなどさまざまな選択性が存在する。この選択圧の存在が多種多様なトランスポゾンを生み出すことにつながっているのであろう。

第5章　冬の記憶：*FLC* のエピジェネティック制御から明らかとなる植物の繁殖戦略

佐竹　暁子（九州大学大学院理学研究院）

はじめに

　植物にとって開花は，種子を実らせて次世代を残すために重要なイベントである。植物が生き延びるために獲得したさまざまな形質は，適切な時期に開花し，健全な種子をつくることによって次世代へと伝えられる。また，固着性の植物にとって，高い移動性を備えた種子をつくることは，不適な環境から逃れより適した生息地に分布を拡大するためにも，重要な意義を持っている。植物の生活環において，いつ栄養成長から生殖成長へ転換するかは，植物にとって重大で慎重に検討すべき意志決定問題なのである。

　生態学では，開花時期制御の問題が古くから研究されてきた。1970 年代には，植物による開花の意志決定を生涯にわたる繁殖成功を最大にする適応戦略だとみなし，工学や経済学で用いられてきた最適制御理論・ゲーム理論を用いて，最適な繁殖戦略を数理的に分析する研究が展開された。例えば，養分の諸器官への分配を考慮した最適化モデルを解析することで，最も効率よく成長し種子を生産するにはいつ養分分配を栄養成長から生殖成長へスイッチするべきか？という問いに見通しの良い答えが与えられてきた（Cohen, 1971, 1976; King & Roughgarden, 1982; Iwasa & Cohen, 1989; Iwasa, 2000）。

　こうした進化生態学的な研究が精力的に進められていた当時，開花のタイミングがどのような分子メカニズムで決定されているのかはほとんどわかっていなかった。そのため，最適繁殖戦略モデルにおいてもその分子メカニズムにかかわる部分には深入りせず，開花時期という形質は自由に変化することができると見なして分析された。一方で，1980 年代にはシロイヌナズナを用いた突然変異体の遺伝学的研究をベースに，花の形態形成や開花時期制御にかかわる分子遺伝学的研究が着々と進行していた。花の形態形成については，1991 年に ABC モデルが提唱され，3 種類の転写因子が異なる空間で発現することによって，花の外側から順にがく，花弁，雄しべ，心皮という秩序だった構造が発生する仕組みが説明された（Bowman *et al.*, 1991)。また，花茎の先端が針先のように尖り花ができない変異体の分析からオーキシンの極性輸送にかかわる重要な遺伝子がクローニングされた（Okada *et al.*, 1991)。開花時期の制御にかかわる遺伝子の同定も，開花時期に変異のある植物体を用いた研究をもとに飛躍的に進み（Koornneef *et al.*, 1991)，古くからその存在が予言されていた花成ホルモン（フロリゲン）の正体が FLOWERING LOCUS T（FT）とよばれるタンパク質であることが証明された（Kardailsky *et al.*, 1999; Kobayashi *et al.*, 1999; Abe *et al.*, 2005; Wigge *et al.*, 2005; Corbesier *et al.*, 2007; Tamaki *et al.*, 2007)。本稿で主役となる冬の低温記憶にかかわる *FLC* 遺伝子も，20 世紀後半に単離された（Michaels & Amasino, 1999; Sheldon *et al.*, 1999)。このような重厚な分子遺伝学的研究の積み重ねから，今では数多くの開花遺伝子が同定され，日長や温度といったシグナルと植物体のサイズや齢，栄養状態といったシグナルが統合され，最終的には ABC モデルの役者である花の形態形成にかかわる転写因子の発現を適切な季節に ON にするという合理的な開花遺伝子ネットワークが描かれるようになった（Simpton & Dean, 2002; Andrés & Coupland, 2012)。

　このように花成（栄養成長から繁殖成長への転換 floral transition）において遺伝子やタンパク質の働きに関する知識が蓄積されてきた現在，これら分子レベルでの知見と，植物が個体として生産性を高め多様な環境に適応している様子を研究する生態学を融合した新しい研究手法が現在脚光を浴びている（杉阪ら，2007)。一回繁殖や多回繁殖，長日植物や短日植物など，植物の繁殖戦略の多様性がどのような進化を経て生まれてきたのかという問題は昔から多くの生態学者を魅了してきたが，どの遺伝子がかかわっているのかは未解明のままだった。現在シロイヌナズナ（*Arabidopsis thaliana*）以外でもイネ（*Oryza sativa*），コムギ（*Triticum* sp.），オオムギ（*Hordeum vulgare*）などの作物やポプラ（*Populus tremula*）などの木本では花成研究が進んできている（Andrés & Coupland, 2012)。異なる種間で花成の仕組みを遺伝子レベルで比較することによって，種間で保存された基本的遺伝子群が特定できれば，そこからの変化として繁殖戦略の違いを解明できるのではないか。共通の遺伝子の言葉で，多様な種の花成の仕組みを説明できるようになれば，それらを比較することで進化の道筋を描けることになる。

　地球環境変化に対して開花フェノロジー（flowering phenology）がどのように変化するかは環境科学において重要な課題であるが，農学においても花や実を食用とする作物の収量にかかわる喫緊の問題である（Satake *et al.*, 2013)。環境変化に対する自然植物集団の応答予測や，環境変動に対して頑健な作物品種の作出を行う際にも，開花遺伝子にかかわる分子的知見と生態レベルでの知見の融合は今後ますます

有効になると考えられる。

　筆者は，こうした視点をもとに，植物の季節応答や生活史の進化にかかわる研究を進めてきた。本稿では，これらの研究の一部である花成にかかわるエピジェネティックな制御について，特に数理的アプローチに着目した研究を紹介したい。ゲノム科学の進展や実験技術の進歩によって，花成にかかわる遺伝子がエピジェネティックな制御を受けていること，エピジェネティックな制御を担う分子は多数ありそれらは複雑な相互作用を見せることがわかってきた（玉田・後藤，2008; 第1章）。これらの分子間相互作用によって，生物機能の1つであり，後に説明があるように花成に重要な役割を果たす「冬の記憶」が生まれる。この冬の記憶が生まれる基本的な原理を明らかにするためには，現象を単純化，理想化，抽象化し，必要不可欠な要素間の相互作用を簡潔に記述した数理モデルが役に立つ。単純化された数理モデルを用いて複雑な生物現象を生み出す原理を理解するアプローチは，現代の生物学において積極的に導入されており（近藤ら，2010），特に集団遺伝学や生態学では古い伝統がある（巌佐，1998）。本稿では，そうした流れの1つとして花成におけるエピジェネティック制御の数理モデルを紹介する。なお本研究は巌佐庸教授（九州大学）との共同研究である。

1. 冬を記憶する植物

　植物はいくつかの外的・内的環境要因を手がかりとして，花成の意志決定をしている。外的環境要因のうち特に重要なのは日長と温度であり，アブラナ科の植物ではこれらのシグナルを光周期経路と春化経路において独立に伝達し，統合することで最適な花成のタイミングを探り当てている。日長の季節変化は高精度に予測可能なシグナルである。これに対して，温度は大きなノイズを伴い短期間では予測不可能な変動を見せる。1年のうちの適切な季節に花を咲かせるためには，こうしたノイズを伴った温度シグナルからノイズに隠された長期的な傾向，つまり温度の季節変化，を抽出することが必要になる。

　季節性のある環境では生育に不適な冬に開花することを避けるため，季節を感知することが重要である。シロイヌナズナを含むアブラナ科やコムギ・ライムギなどイネ科の穀物では，冬の感知は"春化（vernalization）"によってなされている。春化とは，冬のような低温状態に長期間さらされて初めて花芽形成が促進される性質である。それは，春に播くと出穂しない秋まきコムギが，長期間（数週間）の低温処理（春化処理）を施すことで早咲きの春まき小麦と同様に出穂するようになることを，Trofim D. Lysenko が1928年に示して以来，広く知られるようになった。

もし野外環境下で秋に暖かい日がたまたま数日間続いたときに，それを春の到来と勘違いして花を咲かせると，そのあとに冬が来て失敗してしまう。春化を示す植物では，花芽形成を促すためには，短期間の低温を与えるだけでは不十分で，継続して長期にわたり低温にさらすことが必要だ。これは，花成の意志決定において植物が現在経験している温度だけでなく過去に経験した温度をも考慮していることを意味する。過去数週間の温度を参照して開花時期を決めるというのは，野外環境下のノイズを伴った温度変化から長期的な傾向を抽出するために進化してきた形質といえよう。低温を要求する期間と低温として感知する温度に関して多様な自然変異が存在していることからも，春化は幅広い環境への適応に重要な役割を担っていることがわかる（Shindo et al., 2006; Cockram et al., 2007）。

2. 春化経路の鍵となる FLC

では，春化の分子メカニズムはどういったものであろうか。シロイヌナズナを用いた研究から，春化経路において鍵となる遺伝子は FLOWERING LOCUS C（FLC）であることが明らかになった（Song et al., 2013）。FLC は花成を抑制する転写因子であり，下流の花成ホルモン FT を含む花成経路統合遺伝子に直接結合して転写を抑えることで，花成のブレーキとしての役割を果たしている。春化要求性を持つシロイヌナズナにおいて，FLC は夏から秋にかけて発芽した直後から高く発現しているため，花成は抑制され植物は栄養成長相にいる（図1）。しかし，冬の低温とともに FLC の発現量は緩やかに低下し，FLC によるブレーキが除かれることで春の到来とともに栄養成長から繁殖成長への転換が生じることになる。春になると温度は上昇し，FLC の発現抑制に関与した低温シグナルは存在しない。にもかかわらず，FLC の発現抑制は春以降も継続して維持される。このことは，冬を一度経験するとそれを長期間記憶できることから，FLC が「冬の記憶」を担う実体であると考えられている（Sung & Amasino, 2004a）。この冬の記憶によって，シロイヌナズナは春に花成ホルモンをつくり続け，全資源を投資して次世代を担う種子を実らせ枯死する，という一回繁殖型の生活史が実現すると考えられる。細胞ごとに特定の遺伝子発現パターンが細胞分裂後も引き継がれることは細胞記憶と呼ばれ，多様な細胞への分化や脳の長期記憶においても重要な役割を果たすとしてその分子機構が盛んに研究されている。本章で紹介する冬の記憶は，植物が持つ細胞記憶として最も良く研究が進んだ例である。

春化処理による FLC の発現抑制には，エピジェネティックな制御（ヒストンの化学修飾によるクロマチン構造の変化）が密接にかかわっている（玉田・後藤，

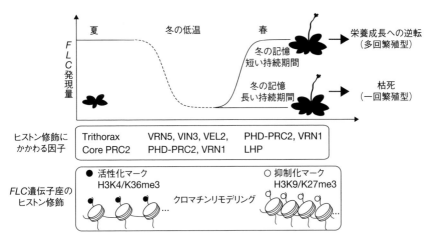

図1 一回繁殖型と多回繁殖型のアブラナ科草本における FLC 発現量の季節変化
発芽後の夏には高く，冬とともに緩やかに減少する。春に温度が上昇しても一回繁殖型のシロイヌナズナでは発現抑制が持続するのに対して，多回繁殖型では FLC 発現量は再上昇を見せる。このことは，一回繁殖型では冬の記憶の持続期間が長く，多回繁殖型では短いことを意味している。FLC の発現制御には，ヒストンの化学修飾によるエピジェネティックな制御がかかわっており，冬の低温を経験することによって活性化マークが抑制化マークに置き換わりクロマチンリモデリングがなされる。季節毎にヒストン化学修飾にかかわる因子をまとめた。

2008)。これは多くの因子が関与した複雑なプロセスであるが，ここではそれを簡単に説明しよう（図1）。クロマチンの最小単位であるヌクレオソームは，4種類のタンパク質ヒストンがそれぞれ2分子集まって8量体のコアヒストン複合体を形成している。各ヒストンからはリジン残基に富んだヒストンテールがヌクレオソームの外側に突き出ているが，このヒストンテールの特定の領域がアセチル化，メチル化，リン酸化などの化学修飾を受けることで，化学修飾に対応したクロマチン構造がつくられ，遺伝子発現の制御がなされる。春化前には FLC 遺伝子座のヒストンテールには転写活性化マーク（アセチル化ヒストン H3 やトリメチル化されたヒストン H3 のリジン残基 H3K4me3）が豊富に存在しており，ヌクレオソームどうしが離れて DNA が剥き出しとなったユークロマチンと呼ばれる構造がつくられるため，FLC は活発に転写されている。春化とともにこれらの修飾が取り除かれ転写抑制化マーク（H3K27me3 や H3K9me3）に置き換えられていく。この温度依存的に起こるヒストン修飾の変化によって，低温シグナルを引き金にヌクレオソームどうしが凝集したヘテロクロマチン構造への変化が生じ，転写が抑制される。このヘテロクロマチン構造は常温に戻された後にも体細胞分裂を通して娘細胞に伝えられるため，シロイヌナズナでは春にも FLC の発現抑制が持続することになる。

また，春化期間においては，抑制修飾は*FLC*遺伝子座の特異的領域に局在し，常温に戻されるとそれがより広い領域に拡大することも報告されている（De Lucia *et al*., 2008）。

3. 冬の記憶の持続期間：一回繁殖と多回繁殖の違い

先に述べたように，一回繁殖型のシロイヌナズナにおいては，一度冬を経験すると*FLC*の発現抑制が継続的に維持される（Shindo *et al*., 2006）。つまり，冬の記憶の持続期間が長い。これとは対照的に，シロイヌナズナ近縁種の多年生草本 *Arabis alpina* では，*FLC*の相同遺伝子は春化によって発現が抑制されるものの，春化後に常温に戻されると数週間かけて徐々に回復していく（Wang *et al*., 2009）。この発現量の再上昇は，春化によって付加された転写抑制マークが春化後には安定に維持されず外れていくことによる。同様に，多年生草本であるハクサンハタザオ（*Arabidopsis halleri* subsp. *gemmifera*）でも，*FLC*相同遺伝子の発現量は冬には減少するが春の温度上昇に伴って再び元のレベルまで回復する（Aikawa *et al*., 2010）。つまり，多回繁殖型のアブラナ科草本では，冬の記憶の持続期間が一回繁殖型のシロイヌナズナに比べて短い。この冬の経験を忘却することによって，*FLC*による*FT*の再抑制が働き，一度繁殖成長へ転換したハクサンハタザオは栄養成長へと逆戻り（floral reversion）し，花茎の先端に葉（空中ロゼット）を形成し始める（図1；Aikawa *et al*., 2010；Satake *et al*., 2013）。そして，しばらく栄養成長を続けた後，翌年の春に再び開花するという多回繁殖型の生活史を示す。

このように，冬の記憶の持続期間の違いが，植物の生活史を制御する重要な因子として機能していることがわかる。

4. 細胞の双安定性

では，冬の記憶はどういった仕組みで生じ，その持続期間は何によって決まるのだろうか。冬の記憶が生まれる原理を理解し，その持続期間を定量的に見積もるためには，シンプルな数理モデルが役に立つ。ヒストンの化学修飾によるエピジェネティックな制御と記憶の関係について，これまでいくつかの数理モデルが提案されているが，これらの数理モデルに共通する重要な概念は細胞の双安定性である（Rohlf *et al*., 2012; Steffen *et al*., 2012）。双安定とは系が複数の安定状態を持つことを指す。一般に系の双安定性は，相互作用し合う要素間に正のフィードバックがあることによって生じ，ヒステリシス（Hysteresis）と呼ばれる過去の経歴に依存した履歴効果（一種の記憶）を見せる。例えば，低温などの刺激によって細胞内のあ

る化学反応が引き起こされたとしよう。この化学反応に正のフィードバックが働き，反応物が次々と生産されるようになると，もはや刺激がなくなったとしても化学反応は抑制されることなく反応物は生産され続けることになる。つまり，刺激を与える前と与えた後では，刺激がない同じ状態であるにもかかわらず，反応物の量は大きく異なる。これがヒステリシスであり，過去に経験した刺激を記憶する機能に相当する。化学反応を遺伝子の発現制御に置き換えて考えると，双安定の性質は遺伝子発現のオン・オフスイッチとして機能するため，双安定スイッチとして人工遺伝子回路の構築に役立てられてきた（Gardner et al., 2000）。

ヒストンの化学修飾プロセスにおいても，化学修飾を担う酵素の協調作用の結果，正のフィードバックが働く。例えば，抑制化マークの付加にかかわる酵素は，抑制化マークが豊富な領域に引き寄せられ未修飾のヌクレオソームに新規の抑制化マークを付加する（Margueron et al., 2009）。そのためすでにある抑制化マークが多いほど新たな抑制化マークが付加されやすい。こうした正のフィードバックを考慮したシミュレーションモデルが開発され，分裂酵母において細胞分裂後にも引き継がれるエピジェネティック記憶が生じる理論的仕組みが説明されてきた（Dodd et al., 2007）。その後，彼らのモデルをもとにより一般化されたモデルの開発や（Micheelsen et al., 2010），植物の冬の記憶への応用がなされてきた（Angel et al., 2011; Satake & Iwasa, 2012）。

5. *FLC* エピジェネティック制御の確率モデル

本稿では，こうした一連の研究のうち，私達が開発した*FLC*遺伝子座におけるヒストン修飾の確率モデルを紹介したい（Satake & Iwasa, 2012）。当モデルは，ヒストン修飾にかかわる酵素の活性と冬の記憶の持続期間を定量的に結びつけた初めての研究である。我々のモデルでは，Doddらのシミュレーションモデルをもとにして，*FLC*遺伝子座に位置する各ヌクレオソームは，活性化（活性化マークによって修飾された状態），未修飾，抑制化（抑制化マークによって修飾された状態）の3状態を持つと考え，それらの間を与えられた確率で遷移すると仮定した（図2）。各状態間の遷移確率には，正のフィードバックを考慮し，活性化状態から抑制化状態への遷移は抑制化マークを伴ったヌクレオソームが多いほど速く，そして逆の遷移は活性化マークを伴ったヌクレオソームが多いほど速く生じると考えた。これらの遷移確率は図1にまとめられたヒストン修飾にかかわる因子の働きによって決まる。また，活性状態から抑制状態への遷移は，低温誘導される因子の影響を考慮し，低温では常温より大きいと考えた。つまり活性マークが除去される確率 $(v(T))$

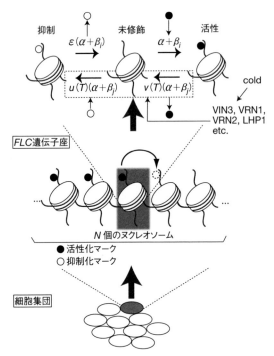

図2 *FLC* 遺伝子座におけるヒストン修飾の確率モデル

葉の各細胞の *FLC* 遺伝子座にはいくつものヌクレオソームが連なっており，各ヌクレオソームは抑制化マークが付加された抑制状態，未修飾，活性化マークが付加された活性状態の3状態をとり，各状態間を与えられた確率で遷移すると仮定する。抑制から活性状態への遷移率は，周囲に存在する活性状態のヌクレオソーム数（i）に比例して増加し，逆に活性から抑制状態への遷移率は周囲の抑制状態のヌクレオソーム数（j）に比例して増加するという正のフィードバックを仮定している。活性マークが除去される確率（$v(T)$）と抑制マークが付加される確率（$u(T)$）は春化によって変化すると考えられるため，温度依存性を考慮した。Tは温度を表している。

と抑制マークが付加される確率（$u(T)$）は春化によって変化すると考え，$v(T)$ と $u(T)$ のいずれかあるいは両方が常温条件に比べて低温条件で高くなると仮定した。ここで T は温度を表している。図2に記入されている遷移確率のうち，β が正のフィードバックの強さを示すパラメータである。

　本モデルを用いると，各状態のヌクレオソームの数が確率的に変化する様子を追跡できる。モデルの挙動を見通し良く説明するために，私達はヌクレオソーム数がある程度多いという仮定のもとで，抑制状態のヌクレオソーム数が従う決定論的な動態を導いた（Satake & Iwasa, 2012）。この決定論的動態を用いると，正のフィードバックが強くなるにつれ，*FLC* 遺伝子座のヒストン修飾の系は唯一の安定な定常状態が存在する単安定（図3-a）から，複数（この場合は2つ）の安定な定常状態が存在する双安定（図3-b）へ移行することが自然と説明できる。そして双安定の場合には，ほとんどのヌクレオソームが活性状態にある場合（オン状態）と，ほとんどのヌクレオソームが抑制状態にある場合（オフ状態）の両者が安定になっている。

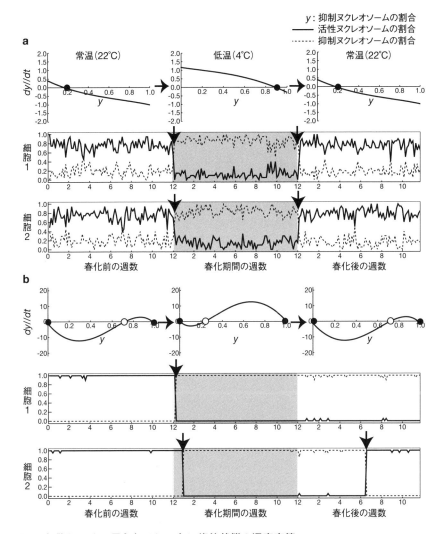

図3 細胞レベルで見られるヒストン修飾状態の温度応答
仮想的に常温を12週間経験させた後,低温を12週間,その後常温状態に戻す実験を考えた。**a**: 細胞が単安定の場合。最上段のパネルは,y(抑制状態にあるヌクレオソームの割合)の変化率(dy/dt)をyに沿ってプロットした図である。$dy/dt=0$を満たす点y^*(黒丸)が平衡点である。$y>y^*$だと変化率は負になり,逆に$y<y^*$だと変化率は正になるためy^*の値が少しブレたとしても軌道は必ずy^*に戻ってくる。従ってy^*は安定平衡点であることがわかる。$u(T)=0.5$, $\beta=0.05$。**b**: 細胞が双安定の場合。$dy/d=0$を満たす点が3つ存在し,2つは安定平衡点(黒丸),残りの1つは不安定平衡点(白丸)である。中段と下段のパネルにある矢印は,細胞のスイッチポイントを指す。$u(T)=2.8$, $\beta=2.0$。その他のパラメータ値は**a**と**b**で共通とした。$\alpha=1$, $\varepsilon=0.1$, $v_{warm}=0.1$, $v_{cold}=0.1$, $v'_{warm}=0.1$, $N=20$。

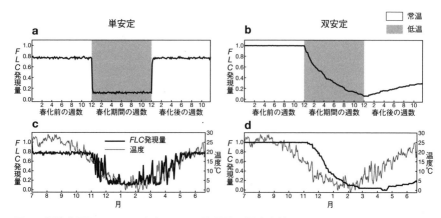

図4　細胞集団レベルでみられる FLC 発現量の温度応答
aとc 細胞が単安定の場合。bとd 細胞が双安定の場合。図3と同様のパラメータ値を用いた。

　まず，単安定と双安定の挙動を細胞レベルで比較してみよう。常温で細胞が単安定状態にあると，抑制状態にあるヌクレオソームの割合が低い定常状態（図3黒丸の y 値）の周囲でゆらいでいる（図3-a）。常温から低温への変化とともに，抑制状態にあるヌクレオソームの割合が高い定常状態へ移行し，逆に常温に戻ると元の定常状態へすぐに逆戻りする。その結果，この移行のタイミングは細胞間で揃っている。これに対して，細胞が双安定状態にあると，履歴効果を持つため常温から低温へ変化したとしてもすぐに別の安定な定常状態へ変化せず，しばらく常温の状態を引きずった挙動を見せる（図3-b）。特定の細胞が，低温にさらされてから，オン状態からオフ状態へ変化する時間は確率的に決まり，それは細胞ごとに大きく異なっている（図3-b）。低温から常温へ戻った場合にも同様に，低温の経験を引きずるためしばらくオフ状態が維持される。このように，正のフィードバックが強く細胞が双安定であるために履歴効果が生まれ，それが細胞レベルでの冬の記憶を生み出すことになる。

　次に，細胞が集まった細胞集団でのふるまいを見てみる。ここでオン状態にある細胞の割合と細胞集団レベルの FLC 発現量は比例関係にあると仮定した。単安定状態にある細胞の集まりでは，そもそもどの細胞も似たような挙動を示すため，FLC の発現量の変化は温度条件の変化にすばやく応答する（図4-a）。それに対して双安定な細胞の集合では，常温から低温への変化に伴ってオフ状態の細胞数が徐々に増えていくため，FLC の発現量変化は緩やかな低下を見せる。そして，一度発現量が低下すると常温へ戻った後も低い発現量状態が維持されるという冬の記憶を再現できる（図4-b）。自然環境下で見られるようなノイズを伴った温度変化条件

のもとでは，単安定な細胞集団は短期間の温度変化に敏感に応答するため環境の変動に振り回されるが（図4-c），双安定細胞の集団は温度の季節変化に含まれる日々の大きな変化であるノイズを除去し長期的な温度のトレンドを抽出することが可能である（図4-d）．冬を経験した後に迎える春には FLC の発現量抑制については，細胞分裂が起こった後にも引き継がれる(Satake & Iwasa, 2012)．このように植物は，細胞の双安定性によって自然条件でみられる温度の季節変化へ適切に応答し，開花時期を制御しているのではないだろうか．この仮説の妥当性は，今後1細胞レベルで FLC 発現量を観測することで見えてくるだろう．実際に近年，根では予想どおり細胞あたりの FLC 発現量はデジタル様の変化を示すと報告されている（Angel et al., 2011）．

6. 冬の記憶の長さとヒストン修飾活性の関係

　ここまで，長期間の低温を経験した後に FLC の発現量抑制が維持される仕組みについて説明してきた．では，一回繁殖型と多回繁殖型のアブラナ科草本の間で見られる冬の記憶の持続期間の違いがどのように生じるか，当モデルをもとに分析してみよう．それには，冬の記憶の持続期間を定量的に取り扱う方法が必要である．私達はそれを FLC 遺伝子座のすべてのヌクレオソームが抑制化マークを付加された状態（完全抑制またはオフ状態）から，それが外れてすべてが活性化マークに置き換えられた状態（完全活性またはオン状態）に変化するまでにかかる期待時間として定義した（図5-a; Satake & Iwasa, 2012）．そうすると，オフ状態からオン状態への遷移率は冬の記憶の持続期間の逆数となる．

　ヒストンの化学修飾活性に依存して持続期間がどのように変化するか計算した結果を図5-bに示す．酵素の働きによって活性化マークが除去されるスピードと抑制マークが付加されるスピードは変化するが，春化後それらのスピードが遅いと冬の記憶はわずか数日しか維持されず，冬の経験はすぐに忘却され急速に冬以前の状態に戻ることがわかる．逆に，それらのスピードが速いと冬の記憶は1年以上も持続し実質上不可逆な変化を示す．この結果に基づくと，冬の記憶が約6週間しか持続しない多回繁殖型のハクサンハタザオ（Aikawa et al., 2010）では，冬の記憶がずっと長く持続する一回繁殖型のシロイヌナズナよりも活性化マークが除去されるスピードと抑制マークが付加されるスピードのいずれか，あるいは両方が小さいだろうと予測される．

　一回繁殖型と多回繁殖型で見られる違いは，冬を経験した後に FLC 発現量が収束する定常状態を比較することによっても分析することができる．冬を経験した後

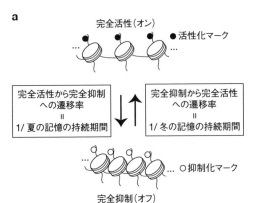
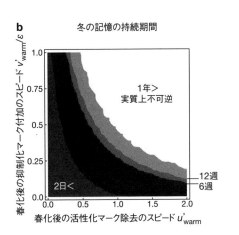
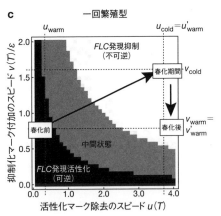
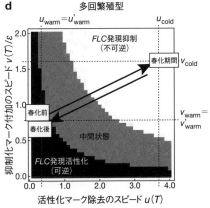

図5 ヒストン化学修飾の違いから一回繁殖型と多回繁殖型を考える

a: すべてのヌクレオソームが活性化マークを付加された完全活性（オン）状態とすべてのヌクレオソームが抑制化マークを付加された完全抑制（オフ）状態の間で見られる遷移。オフ状態からオン状態への遷移確率は冬の記憶の持続期間の逆数で与えられる。オン状態からオフ状態への遷移確率も同様に計算できる。**b**: ヒストンの化学修飾に依存して変化する冬の記憶の持続期間。春化後の活性化マーク除去と抑制化マーク付加のスピードをそれぞれ u'_{warm} と v'_{warm} とした。**c, d**: ヒストン化学修飾の活性に依存して変化する FLC 発現量の定常状態。最小が0で最大が1に標準化された FLC 相対発現量が0.9より高い活性化領域（■），0.1より低い抑制化領域（□），そして0.1以上で0.9未満の中間領域（▨）に分類した。ここで，春化前と春化中における活性化マーク除去と抑制化マーク付加のスピードをそれぞれ u_{warm} と v_{warm}，および u_{cold} と v_{cold} とした。**c** は一回繁殖型の挙動，**d** は多回繁殖型の挙動を示す。$\alpha=1, \beta=2.0, N=20$。

にオフ状態からオン状態に戻ったとしても，確率的に再びオフ状態へ変化する場合もある．つまり，オフとオン状態間の遷移率のバランス（図5-a）によって，定常状態にある FLC 発現量は決まる．冬を経験した後の FLC 発現量定常状態を計算した結果を図5-cと図5-dに示す．春化前には活性化マーク除去と抑制化マーク付加のスピードは遅いと考えられるため（図中の u_{warm}, v_{warm}），FLC の発現量が高い定常状態にある（図5-c）．春化によって活性化マーク除去と抑制化マーク付加のスピードが速まり（図中の u_{cold}, v_{cold}），定常状態は FLC 発現が完全に抑制された状態へ移行する．ここまでの変化は一回繁殖型も多回繁殖型も同様である（図5-d）．冬が終わり，春の温度上昇に依存して活性化マーク除去と抑制化マーク付加のスピードがどのように変化するか，これが2つの生活史を分けるポイントになる．多回繁殖型に特徴的な FLC 発現量の再上昇を説明するためには，活性化マーク除去と抑制化マーク付加のスピードが元と同じレベルに戻る必要がある（図5-d）．しかし，一回繁殖型で見られる FLC 発現量の抑制維持は，活性化マーク除去と抑制化マーク付加のスピードのいずれかが春化前よりも高いレベルに維持される必要がある（図5-c）．FLC の発現抑制の開始，つまり活性化マーク除去のプロセスにかかわると考えられる $VIN3$ は，低温シグナルの消失後すぐに発現量が低下することがわかっているため（Sung & Amasino, 2004b; Bastow et al., 2004），活性化マーク除去のスピードは春化後と前で大きく変わらないだろう．そうすると，シロイヌナズナで見られるような長い冬の記憶を実現するためには，抑制マーク付加にかかわる酵素の活性，つまりポリコーム抑制複合体2（PHD-PRC2）の働き，が春の温度条件においても冬と同様に高く維持されることが必要であると推測できる．ポリコーム抑制複合体2の働きの違いがどういうメカニズムで生じるのか，ポリコーム抑制複合体2以外の因子が関与しているのか，については今後の研究が待たれる．

エピジェネティクス・進化・環境科学を結びつける数理モデル

本稿では植物の冬の記憶が生じる仕組みを数理モデルの視点から紹介した．数理モデルによって，FLC 遺伝子のヒストン化学修飾（抑制マーク付加速度）という非常にミクロなスケールで生じるプロセスと，よりマクロな個体レベルの現象（植物の生活史）を結びつけることができる．そうすると，多くの生態学者にとって魅力的な形質である開花タイミングが，FLC 遺伝子のエピジェネティックな制御の違いによってどのように変化し，一回繁殖から多回繁殖といった多様な繁殖タイプが進化するか，予測することができる（Satake, 2010）．さらに，春化要求性を

持つ植物の開花フェノロジーが地球温暖化とともにどのように変化するか，といった応用生態学や環境科学にとって重要な課題についても，FLC遺伝子の挙動をベースに取り組むことができる（Satake et al., 2013）。このように，数理モデルは異なるスケールで生じる現象を結びつけ，目的と興味に応じてエピジェネティック制御，進化，環境問題など様々な問いに答えるための有効なツールなのである。

今後の展開

　FLC制御にかかわる分子遺伝学的研究は近年も盛んに続けられており，ノンコーディングRNA（non-coding RNA）の関与など新しい報告がなされている（Swiezewski et al., 2007; Heo & Sung 2010）。また花成にかかわる遺伝子の数も増えていくばかりである。植物の一生に重大な「花を咲かせる」というイベントは，研究が進むほどより複雑なネットワークによって制御されていることがわかってくる。今後は，なぜ複雑な制御系が必要なのか，それが自然界でどういう意義を持っているのか，という生態学に近づいた問題に答えていくことで，複雑な制御系を節約的な視点から眺める姿勢が重要になるのではないだろうか。

　FLCは数多くの開花遺伝子の1つにすぎないが，この遺伝子の制御機構を詳細に調べるだけでも，植物が巧みに変動環境に適応する姿が見えてくる。このような，生態学的に興味深い発見をもたらすポテンシャルを秘めた遺伝子が新しく開拓され，自然条件でその働きを調べる研究が今後ますます進んでいくことが楽しみである。応用的な観点からいえば，もし開花の早期化，収量増加など，制御したい形質がわかっていれば，遺伝子の発現制御動態をとらえた数理モデルを用いて，数多くの開花遺伝子の中でどの遺伝子の働きを抑えるあるいは活性化すれば良いかがデザインできるようになるだろう。

引用文献

Abe, M. et al. 2005. FD, a bZIP protein mediating signals from the floral pathway integrator FT at the shoot apex. *Science* **309**: 1052-1056.

Aikawa, S. et al. 2010. Robust control of the seasonal expression of the *Arabidopsis FLC* gene in a fluctuating environment. *Proceedings National Academy of Science of USA* **107**: 11632-11637.

Andrés, F. & G. Coupland. 2012. The genetic basis of flowering responses to seasonal cues. *Nature Reviews Genetics* **13**: 627-639.

Angel, A. et al. 2011. A Polycomb-based switch underlying quantitative epigenetic memory. *Nature* **476**: 105-108.

Bastow, R. *et al.* 2004. Vernalization requires epigenetic silencing of *FLC* by histone methylation. *Nature* **427**: 164-167.

Bowman, J. L. 1991. Genetic interactions among floral homeotic genes of *Arabidopsis*. *Development* **112**: 1-20.

Cockram, J. *et al.* 2007. Control of flowering time in temperate cereals: genes, domestication, and sustainable productivity. *Journal of Experimental Botany* **58**: 1231-1244.

Cohen, D. 1971. Maximizing final yield when growth is limited by time or by limiting resources. *Journal of Theoretical Biology* **33**: 299-307.

Cohen, D. 1976. The optimal timing of reproduction. *American Naturalist* **110**: 801-807.

Corbesier, L. *et al.* 2007. FT protein movement contributes to long-distance signaling in floral induction of *Arabidopsis*. *Science* **316**: 1030-1033.

Dodd, I. B. *et al.* 2007. Theoretical analysis of epigenetic cell memory by nucleosome modification. *Cell* **129**: 813-822.

De Lucia, F. *et al.* 2008. A PHD-Polycomb repressive complex 2 triggers the epigenetic silencing of *FLC* during vernalization. *Proceedings National Academy of Science of USA* **105**: 16831-16836.

Gardner, T. *et al.* 2000. Construction of a genetic toggle switch in *Escherichia coli*. *Nature* **403**: 339-342.

Heo, J. B, & S. Sung. 2010. Vernalization-mediated epigenetic silencing by a long intronic noncoding RNA. *Science* **331**: 76-79.

巌佐庸　1998．数理生物学入門：生物社会のダイナミックスを探る．共立出版．

Iwasa, Y. 2000. Dynamic optimization of plant growth. *Evolutionary Ecology Research* **2**: 437-455.

Iwasa, Y. & D. Cohen. 1989. Optimal-growth schedule of a perennial plant. *American Naturalist* **133**: 480-505.

Kardailsky, I. *et al.* 1999. Activation tagging of the floral inducer FT. *Science* **286**: 1962-1965.

King, D. & J. Roughgarden. 1982. Multiple switches between vegetative and reproductive growth in annual plants. *Theoretical Population Biology* **21**: 194-204.

Kobayashi, Y. *et al.* 1999. A pair of related genes with antagonistic roles in mediating flowering signals. *Science* **286**: 1960-1962.

近藤滋・北野宏明・金子邦彦・黒田真也　2010．システムズバイオロジー（現代科学入門8）．岩波書店．

Koornneef, M. *et al.* 1991. A genetic and physiological analysis of late flowering mutants in *Arabidopsis thaliana*. *Molecular Genetics and Genomics* **229**: 57-66.

Margueron, R. *et al.* 2009. Role of the polycomb protein EED in the propagation of repressive histon marks. *Nature* **461**: 762-767.

Michaels, S. D. & R. M. Amasino. 1999. *FLOWERING LOCUS C* encodes a novel MADS domain protein that acts as a repressor of flowering. *Plant Cell* **11**: 949-956.

Micheelsen, M. A. *et al.* 2010. Theory for stability and regulation of epigenetic landscapes. *Physical Biology* **7** DOI: 10.1088/1478-3975/7/2/026010.

Okada, K. *et al.* 1991. Requirement of the auxin polar transport system in early stages of

Arabidopsis floral bud formation. *Plant Cell* **3**: 677-684.

Rohlf, T. *et al.* 2012. Modeling the dynamic epigenome: from histone modifications towards self-organizing chromatin. *Epigenetics* **4**: 205-219.

Satake, A. 2010. Diversity of plant life cycles is generated by dynamic epigenetic regulation in response to vernalization. *Journal of Theoretical Biology* **266**: 595-605.

Satake, A. & Y. Iwasa. 2012. A stochastic model of chromatin modification: cell population coding of winter memory in plants. *Journal of Theoretical Biology* **302**: 6-17.

Satake, A. *et al.* 2013. Forecasting flowering phenology under climate warming by modelling regulatory dynamics of flowering-time genes. *Nature Communications* DOI: 10.1038/ncomms3303.

Sheldon, C. C. *et al.* 1999. The *FLF* MADS box gene: A repressor of flowering in *Arabidopsis* regulated by vernalization and methylation. *Plant Cell* **11**: 445-458.

Shindo, C. *et al.* 2006. Variation in the epigenetic silencing of *FLC* contributes to natural variation in *Arabidopsis* vernalization response. *Genes & Development* **20**: 3079-3083.

Simpson, G. G. & C. Dean. 2002. *Arabidopsis*, the rosetta stone of flowering time? *Science* **296**: 285-289.

Song, J. *et al.* 2013. Remembering the prolonged cold of winter. *Current Biology* **23**: R807-R811.

杉阪次郎・川越哲博・工藤洋 2007. シロイヌナズナにおける開花の表現型可塑性とその分子遺伝学的基盤. 日本生態学会誌 **57**: 48-54.

Sung, S. & R. M. Amasino. 2004a. Remembering winter: toward a molecular understanding of vernalization. *Annual Review of Plant Biology* **56**: 491-508.

Sung, S. & R. M. Amasino. 2004b. Vernalization in *Arabidopsis thaliana* is mediated by the PHD finger protein VIN3. *Nature* **427**: 159-164.

Steffen, P. A. *et al.* 2012. Epigenetics meets mathematics: Towards a quantitative understanding of chromatin biology. *Bioassays* **34**: 901-913.

Swiezewski, S. *et al.* 2009. Cold-induced silencing by long antisense transcripts of and Arabidopsis Polycomb target. *Nature* **462**: 799-802.

玉田洋介・後藤弘爾 2008. 島本功・飯田滋・角谷徹二（監修） 花成のエピジェネティクス. 花成のエピジェネティクス. 植物のエピジェネティクス（植物細胞工学シリーズ）, pp. 87-95. 秀潤社.

Tamaki, S. *et al.* 2007. Hd3a protein is a mobile flowering signal in rice. *Science* **316**: 1033-1036.

Wang, R. *et al.* 2009. *PEP1* regulates perennial flowering in *Arabis alpina*. *Nature*, **459**: 423-427.

Wigge, P. A. *et al.* 2005. Integration of spatial and temporal information during floral induction in *Arabidopsis*. *Science* **309**: 1056-1059.

第6章 野生クローン植物集団に見られるエピジェネティック空間構造

荒木 希和子（立命館大学生命科学部）

はじめに

　クローン植物とは，茎や根，葉などの栄養器官からのクローン成長によって子供を増やすことができる植物である。種子から生じる子供の場合は，有性繁殖における接合子（配偶子）の対合に伴う組換えが生じるため，親兄弟といえども遺伝的組成が異なる。クローン成長は個株の成長と同じ体細胞分裂によるため，その子供は，親と全く同一の遺伝子組成をしているクローンである（Jackson et al., 1985; van Groenendael & de Kroon, 1990）。遺伝的組成が同じならクローンの株同士は同じ数だけ花をつけたり，同じタイミングで枯死したりと互いに全く同じようにふるまうのだろうか？　もし違うなら，その違いをもたらしているメカニズムの一部はエピジェネティクスによるものかもしれない（Mckey et al., 2010; Rhichards, 2011）。

　本章では，私がクローン植物を研究する中で，エピジェネティクスに着目することに至った経緯から集団のエピジェネティクス解析方法を紹介するとともに，クローンで増殖する生物の性質に着目したエコロジカル・エピジェネティクスへの将来性を述べたい。

1. クローン植物集団の観察

1.1. クローン植物との出会い

　大学院の修士課程の時に北海道大学に進み，そのときに研究対象とした植物がスズラン（*Convallaria keiskei*）だった。せっかくだから北海道の大自然の中で研究がしたかったし，何より綺麗で清楚な花がすごく気に入ったのでこの研究材料に出会えたのはとても嬉しかった。そして，このスズランが地下茎で旺盛なクローン成長を行うクローン植物であった（Ohara et al., 2006; Araki & Ohara, 2008）。これが，私のクローン植物研究の始まりだった。クローン植物の集団では複数のジェネット（遺伝的個体，ラメットの集合。図1）に属するラメット（外見上の個株。図1）が混在

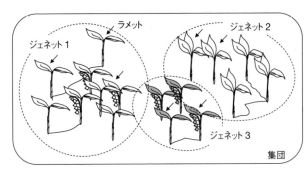

図1　クローン植物集団における個体の階層構造
集団内（実線）に存在する遺伝的個体であるジェネット（点線）は、複数の外見上の個株であるラメット（矢印）から構成されている。

しているので、どれだけ多くのジェネットが存在していて、それぞれがどのくらい広がっているかということは、野外でいくら集団を観察してもわからない（口絵3）。しかし、このスズランでは研究室の先輩が、調査地のスズラン集団内でのジェネットの広がり（クローン構造）を調べていて、それが地図のようになっていた（図2; Araki et al., 2007）。そこで、そのジェネットの分布が描いてある地図を持って調査地に行くと、単なるお花畑に見えていた場所でジェネットごとの広がりや境界が認識できるようになった。スズラン集団では、個々のジェネットがパッチ状に分布し、大きいものでは直径5m以上にわたって広がり、多いものだと10,000ラメット以上から構成されていた（図2-a）。この図を辿ればジェネットのパッチを訪ねて回ることができた。

1.2. ラメット間の違い

　ジェネットの違いを意識しながらラメットを観察してみると、ラメットの高さや花の数がジェネットによって異なるように見えた。そこで、実際にこの形態の違いを測定してみることにした。地図上で複数のジェネットが混在する場所を含むように帯状の調査区を設置して、まずは遺伝マーカーを使ってその中にある全ラメットの遺伝子型を調べた（クローン識別をした）。そうすると、ほぼ単一ジェネットのラメットのみが分布している場所と複数ジェネットのラメットが混在している場所が認められた（図2-b）。ラメットサイズを測定したところ、同一ジェネットでも場所が違うとサイズが異なり、異なるジェネットでも場所が同じだとサイズが似ていることがわかった（図3）。私は見た目でジェネットを識別できないのは複数のジェネットが入り混じっているからで、遺伝子型さえわかれば、ジェネットのパッチで見られたようなジェネットごとの特性が見られることを予想していたので、意外な結果であった。ラメットの経年成長やクローン成長率なども同じジェネット

1. クローン植物集団の観察　135

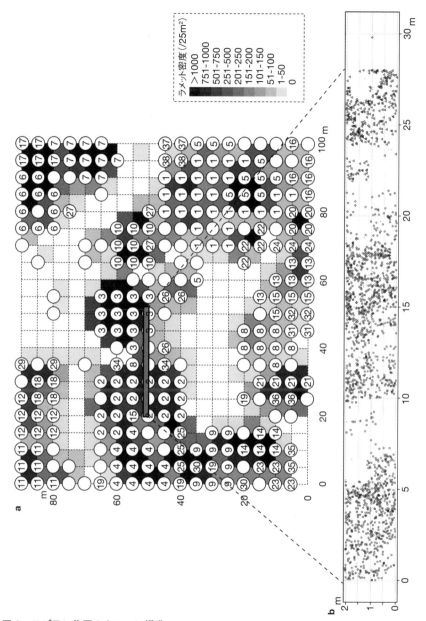

図2　スズラン集団のクローン構造
a：集団全体100 m×90 m内で5 m格子での分布。同一ジェネットを同じ数字で示す（数字のないものは固有ジェネット）。グレイの濃淡は25 m² 内のラメット密度を示す。太線は**b**に示すトランセクトの位置。**b**：トランセクト28 m×2 m（太線）内のラメットの分布。記号がジェネットを示す。

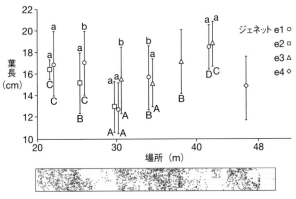

図3　図1内のトランセクトの場所に伴うサイズの変化
図2-bに示したトランセクトで，各4m×2m内に存在するジェネット（e1, e2, e3, e4）ごとのラメットの葉長平均を示す。平均値の差（小文字は同一場所のジェネット間，大文字は各ジェネットの場所間）。

であっても場所によって違っていた。

　ラメット間の違いは，異なるジェネットでは遺伝的変異によっても生じると考えられるが，同一ジェネットでは遺伝的組成が同じため遺伝的変異以外の要因によって生じていることになる。

1.3. エピジェネティクスとの出会い

　ちょうどその頃，学会で工藤洋さん（京都大学）に会い，「クローン植物のエピジェネティック変異を調べてみたい」という話を聞いたのが，エピジェネティクスという現象との出会いだった。工藤さんは常日頃からクローン植物を研究されているわけではないのだが，*Uvularia perfoliata* というクローン植物での研究（Kudoh et al., 1999）が，クローン構造と集団遺伝学的解析の先駆的研究として，クローン植物の研究者の間ではよく知られていた。何度も繰り返し出てきているが，エピジェネティック変異は遺伝的変異を伴わない遺伝子の変異である。よって"単一のジェネット内でも生じうる変異"ということになる。

　これまでスズランのクローン構造を調べてきた中で，同一ジェネット内でもラメット間で形態や挙動が違っていたことを思い返してみると，確かにエピジェネティクスのようなメカニズムが野生植物集団内でも機能していて，ジェネット内での違いに関係していてもおかしくなさそうに思えてきた。そして，これまで観察してきたジェネット内の違いをもたらすメカニズムを解明するのに，そのエピジェネティック変異を調べる必要があると考えるようになった。

　ジェネット内のラメットによる違いをもたらす要因として，光環境を調べてみても，明瞭な関係は見られず，環境変化に対する可塑性だけでは説明できないようであった。哺乳類では老化（加齢）に伴ってDNAのメチル化修飾状態が変化して

細胞の性質が変化すること（例えば癌化にかかわる Jones & Laird, 1999）が知られていた。エピジェネティック変異は環境のような要因だけでなく，発生や成長過程に伴うものもある（坂本・塩田, 2006）。スズランの地下茎は古くなるほど自然に分断されていくため，地下茎での連結の有無とエピジェネティック変異に何らかの関係が見出せれば，いちいち地下茎を掘り起こして破壊的な調査をしなくてもジェネット内でのラメットの年齢差，ひいてはジェネットの分散過程もエピジェネティック変異を調べることで推測できるかもしれないという期待もあった。

しかし，すぐにエピジェネティック解析には踏み込めなかった。というのは，スズランは糖類などの夾雑物が多いために DNA 抽出が難しかったり，ゲノムサイズが大きくかつ類似した配列が多かったりするために遺伝分析に困難を極めていた。スズランでさらに高度な分子生物学的なアプローチをするのに限界を感じていた。そんなわけで，大学院を卒業すると同時に名残惜しくも一度スズランから離れることにした。

2. エコロジカル・エピジェネティクスに挑む

2.1. アブラナ科のクローン植物

そこで，ポスドクになったのを機にアブラナ科の植物に対象を変えて，エピジェネティクスの研究を始めることにした。アブラナ科はモデル植物であるシロイヌナズナが属するグループであることから，分子生物学や栽培などの実験が容易なことが期待できた。最初に工藤さんが候補に挙げた *Cardamine trifolia* でエピジェネティック変異の解析に挑戦したのだが，*C. trifolia* ではマイクロサテライトマーカーや AFLP マーカーでジェネットを識別するために必須なゲノム内の多型領域をなぜか検出できず，実験を断念した。次の候補に挙がったのがコンロンソウ（*Cardamine leucantha*）だった。コンロンソウも *C. trifolia* も冷温帯林の林床に生育する種であるが，コンロンソウは地上部のシュートが毎年更新される疑似一年草で，常緑で１つのラメットが何年も維持される *C. trifolia* とは同じ生活史を持つというわけではなかった。ただし，コンロンソウは日本の九州から北海道まで分布するので，ヨーロッパにしか生育しない *C. trifolia* よりも詳細な野外調査ができる。

2.2. 野外集団におけるエピジェネティック変異

野外に見られるジェネット内での表現型の違いにはエピジェネティック変異が関与しているのでは，ということを調べるにあたり，どのような表現型を見るべき

かを考えた。植物でもすでに,室内の実験では表現型に関してエピジェネティック変異がかかわっているというもの（Kalisz & Purugganan, 2004; Salmon et al., 2008; 島本ら, 2008）や,それを生じさせる環境要因（e.g. Chinnusamy & Zhu, 2009; Angers et al., 2010; Mirouze & Paszkowski, 2011）に関しての論文は数多く公表されていた。これらの研究で測定している表現型はサイズや葉の形状,開花などごく一般に調べられているもので,容易に測定できるものが多かった。また,野外で生育する植物でも,当然これらは個体の違いを調べる表現型としても妥当である。しかし野外は実験条件とは異なり,物理的環境が不均一なだけでなく,個々のラメットの年齢（発芽してからの時期）も違えば,個体密度や競争種または共生生物などの生物的環境をつくる要因もさまざまで,個体の表現型に差異をもたらしうる要因があまりに多すぎる。もしラメット間で表現型に違いがあって,それらでエピジェネティック変異が見られたとしても,その因果関係を絞り込むことが不可能だと思った。また,測定の候補になるような表現型も網羅的に調べるには労力がかかりすぎる。

そこで,まず野生植物集団でどのようなエピジェネティック変異が見られるのかを調べることにした。生態遺伝学では,集団内の個体の分布とその遺伝的組成から空間的遺伝構造（spatial genetic structure）[*1] を調べることがある。空間的遺伝構造は,遺伝子流動や繁殖特性を反映して集団がその生育地で発展していく過程での変化を含有している（Jackson et al., 1985; Tuomi & Vuorisalo, 1989; Roff, 1992）。そこで,これと同じように集団内の個体のエピジェネティック変異と分布からエピジェネティック空間構造を調べることにした。もし,集団内のジェネット間・ラメット間でエピジェネティックな変異があれば,それらも履歴や微環境への適応を反映しているかもしれない。

多遺伝子座（multilocus）[*2] での組成が同一の個体（ここではラメット）をジェノタイプ（genotype）と示すのと同様に,エピジェネティック多型領域を比較して,すべての変異パターンが同一のラメットを"エピジェノタイプ（epi-genotype）"と定義できる。遺伝的組成の違いに伴い,ジェネット間でエピジェノタイプが異なるかもしれないが,近縁なジェネット間ではエピジェノタイプは同一である可能性も

＊1：**空間的遺伝構造**（spatial genetic structure）
集団内もしくは集団間での個体の空間的配置とその遺伝的組成の関係。遺伝的組成が空間的に均一もしくはランダムなのか,不均一なのかを調べることができる。近くに位置している個体ほど,遺伝的組成が類似している場合,「遺伝的構造がある」という。

＊2：**多遺伝子座**（mutlilocus）
遺伝子座（locus, loci）は,染色体やゲノム上の遺伝子の位置。複数の遺伝子座での情報を統合し,1つの情報として集約したもの。

ある。また遺伝的組成が同じであるジェネット内でもエピジェネティクスが異なる複数のエピジェノタイプが存在しているかもしれない。

2.3. MS-AFLP 法

私が実験対象としたエピジェネティック変異はゲノム DNA のシトシン (C) のメチル化で, MS-AFLP (Methylation-Sensitive AFLP) という方法で分析を行った (Reyna-López *et al.*, 1997)。これは生態学の遺伝解析でも用いられる AFLP を改良した方法で, 分子生物学的な実験手法といってもそれほど特殊な試薬や機械を使うこともないのであまりハードルが高くない。ゲノムの情報がなくても問題ない。そして, 遺伝子型を分析するのと同じ抽出 DNA で実験できる。農作物などを対象に用いている例が多いが (トウモロコシ Zhao *et al.*, 2007; タバコ Yang *et al.*, 2011; コメ Takata *et al.*, 2005; 綿花 Keyte *et al.*, 2006 など), 野生植物でもいくつか研究例があった (e.g. Gao *et al.*, 2010; Herrera & Bazaga 2010; Lira-Medeiros *et al.*, 2010; Paun *et al.*, 2010)。Herrera & Bazaga (2010) はスミレの一種を材料に, 遺伝マーカーでは識別できなかった集団間で MS-AFLP の変異を解析し, 集団間分化にエピジェネティックスの関与を示唆した。また, Lira-Medeiros *et al.* (2010) は塩濃度の異なる場所のマングローブ集団間でメチル化変異が見られたことから, 野生植物集団において環境変化への個体の応答にエピジェネティック変異が関係している可能性を示唆している。

この分析方法は, 同じ塩基配列を認識するがその配列のメチル化への感受性のみが異なる 2 種類の制限酵素 (アイソシゾマー) によって, 同じサンプルを反応させ, その 2 つの処理間でのバンドの有無の違いにおける多型を分析する方法である。具体的には, MspⅠと HpaⅡという制限酵素はいずれも CCGG という配列を認識し, CC の間を "C｜CGG" と切断するのだが, *Msp*Ⅰは外側の C のメチル化に感受的なので, これがメチル化されているとその配列は切断されない。*Hpa*Ⅱは内側の C のメチル化に感受的で, これがメチル化されていると切断されない (図4)。これを利用して, AFLP と同様の流れで実験を行い (Vos *et al.*, 1995; 陶山, 2001), サンガーシーケンサーでフラグメントを得る。

AFLP 分析は, 特別な技術を必要としないという点で難しくはないが, ステップが多くて手間がかかる。そのうえ, この 2 つの酵素はレアカッターとしてもう片側に用いる制限酵素 *Eco*RI とは最適バッファーが異なるので, 別々の反応として実験する必要があった。さらに, 実験のコツを国立遺伝学研究所に聞きに行ったり, 以前にスズランで試みた自身の AFLP 分析の経験ももとになんとかやり終えた。解析に使う変異箇所は可能な限り多い方が良く, 多くのプライマーペアを用いるの

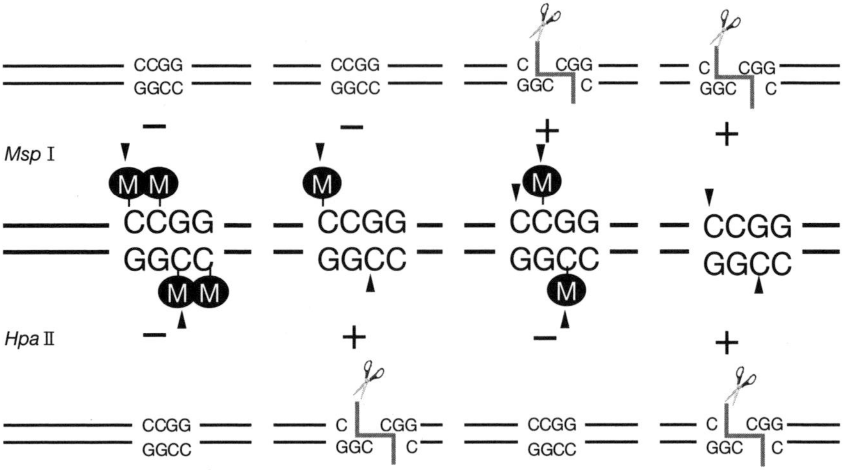

図4 同じ塩基配列を認識し，メチル化への感受性のみが異なる制限酵素（アイソシゾマー）での反応例
Msp I と *Hpa* II はいずれも CCGG の 4 塩基配列を認識する制限酵素であるが，メチル化への感受性が異なり，切断条件が異なる。*Msp* I は外側のシトシン（C）のメチル化に感受的なので，外側の C がメチル化されていると，その配列は切断されない。*Hpa* II は内側の C のメチル化に感受的なので，内側の C がメチル化されていると，その配列は切断されない。正確には外側のメチル化は二本鎖の片方がメチル化されていることを認識し，内側は二本鎖の両方のメチル化を認識する。ただし *Msp* I は，C5-hydroxymethyl cytosine に関しては内側の C でも感受性がある。

が良い。この手法を用いている研究では通常 10 から数十ペアのプライマーで分析していた（Xiong et al., 1999; Salmon et al., 2008; Gao et al., 2010）。しかし，これらの研究で用いられるサンプルは，数十個体程度にすぎない。一方，集団構造や集団遺伝学的解析では数百サンプルを分析するのは普通で，これらの研究と同程度のプライマーペアを用いるとなるとかなりの労力とコストが必要となる。どの程度まで努力すれば十分か判断が難しいが，57 プライマーペアを試して明瞭なバンドが多く見られた 4 ペアを選択した。

2.4. MS-AFLP 法でのメチル化変異パターン

まず，この手法でどのようなメチル化変異パターンを特定できるか調べた。単一のサンプルを 2 種類の制限酵素で切断して見られるバンドパターンの組み合わせは，図4に示す 4 つである。①内側・外側の両方のシトシンがメチル化されている場合，*Msp* I と *Hpa* II のいずれの制限酵素でもそのサイトは切断されず，どちらの制限酵素で反応させたサンプルにもバンドは見られない。②外側の C のみがメチル化されている場合，*Hpa* II でのみ切断されてバンドが見られ，③内側 C の

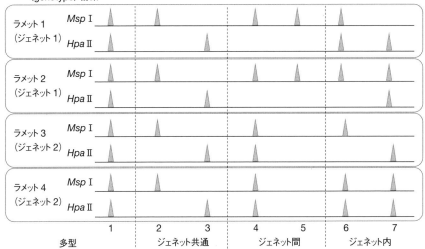

図5 MS-AFLP法で識別できるサンプル間の多型
1は非メチル化のCCGG遺伝子座。2はジェネット間共通のメチル化で，全ラメットで内側がメチル化されていて，MspⅠで切断したサンプルでのみバンドが見られる．3は外側がメチル化されていて，HpaⅡでのみバンドが見られる．4,5はジェネット間で多型があるがジェネット内では共通メチル化で，4ではジェネット1では内側メチル化・ジェネット2ではメチル化なし，5では，ジェネット4で内側メチル化・ジェネット2で両方メチル化（塩基置換の可能性あり），6〜7はジェネット内のラメット間でもメチル化の異なる多型パターン。

みがメチル化されている場合，MspⅠでのみバンドが見られ，④どのCもメチル化されていなければ両方の制限酵素サンプルでバンドが見られる．

次にこれをある2つのラメット間で比較した場合，まずすべてのラメットで共通に上記の①〜④のパターンという単型が考えられる．しかし，このうち①はすべてのサンプルでバンドがないのでそもそも認識するのは不可能である．④のみの場合はメチル化されていないことを示している．よって，全ラメットで②もしくは③のみが見られた場合，その遺伝子座は共通でメチル化されていることを意味する．次に全ラメット中で①〜④のうち2つ以上のパターンが認められると，そこは多型のあるサイトとなる．ただし，そのうち①と④の組み合わせの場合，①は塩基置換によっても生じる可能性があるため，メチル化変異と区別しがたい（Xiong et al., 1999; Ashikawa, 2001）．ただし，クローン植物ではこのようなパターンが同一ジェネットで見られればメチル化変異と推測することができるが，異ジェネットで見られれば塩基置換と区別することはできない（図5）．

実際にどのような変異が見られるかを予備的に検証するために，なるべく変異

表1 コンロンソウ（*Cardamine leucantha*）におけるMS-AFLPバンド多型のパターン

全国8集団17ジェネット（2〜14サンプル/ジェネット）を使用。4プライマーペアで，111サイト（DNA断片）について解析。右の2パターンがメチル化多型として扱われる。

	メチル化なし		メチル化あり		
	共通	多型ジェネット間	共通	多型ジェネット間	ジェネット内
バンド数	29	31	3	32	16

が検出されるように全国の8集団から17ジェネット（各集団2〜14ジェネット）を選定し，4プライマーペアによって111のフラグメントサイトを解析した（表1）。51がメチル化の見られた遺伝子座で，そのうち3つが共通メチル化で，32がジェネット間，16がジェネット内で多型が見られた遺伝子座であった。これより，対象とするコンロンソウでメチル化サイトを特定し，ジェネット内やジェネット間でメチル化の有無に多型が見られることが確認できた。

3. エピジェネティック空間構造

3.1. 集団内でのメチル化変異

　私が特に着目していたのは同一ジェネット内の変異である。そこで，全国を巡って発見した北海道陸別町の広大なコンロンソウ集団を調査地に設定し，集団内でクローン構造とエピジェネティック変異とを同じ要領のサンプリングで調べることにした。これにより集団内に広がっているジェネットの分布と，それに伴うエピジェネティック変異の広がりやばらつきを知ることができる。20 m×20 mのプロットを1 mおきの格子状に区切って，335地点においてその交点の最近隣に存在するラメットからサンプリングした。なるべく条件を揃えるためにラメットの最上位の葉を採取した。

　この研究ではサンプルが多量だったため，バンドの識別判定が予想以上に大変だった。AFLP分析で得られるバンドパターンはサンプルの質やテンプレートDNAのばらつきなどの影響を受けやすく，他のサンプルではピークが高く明瞭に見られるバンドが，あるサンプルでは不明瞭になることがある。特にメチル化は，細胞間でも異なる場合があるような変異である（Lister *et al.*, 2008）せいか，特にばらつきが大きいようだった。しかし，理由がどうであれ不明瞭なバンドは信頼性が低いので，そのようなものは解析から省かざるを得ない。結果的に細胞間でも変異するようなメチル化の変異は解析から除かれ，ラメット内の細胞間では一定なメチ

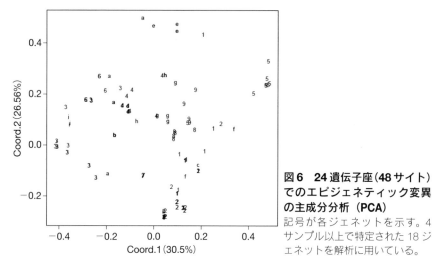

図6 24遺伝子座（48サイト）でのエピジェネティック変異の主成分分析（PCA）
記号が各ジェネットを示す。4サンプル以上で特定された18ジェネットを解析に用いている。

ル化を解析の対象として選択したと思われる。その結果集団内では，解析に使える程度の明瞭なバンドが得られたのは93フラグメントであり，そのうち24か所（以後，遺伝子座と呼ぶ）でメチル化の変異（多型）が特定された。

3.2. MS-AFLPデータの解析

さらにこのデータから空間構造を解析する方法も，前例がないので自分で考えなければならない。そもそもMS-AFLP法でメチル化を解析した研究の多くは，メチル化パターンを記述する程度で（Portis et al., 2004; Lu et al., 2007; Zhao et al., 2007)，データを統計解析しているものは少なかった。その中で野生植物を対象に集団間変異を扱った研究では，集団間のメチル化の違いを調べるのにPCA分析[3]やAMOVA分析[4]を行っていたのでそれを見習うことにした（Herrera & Bazaga, 2010; Lira-Medeiros et al., 2010)。私のデータは一集団内のジェネット内の変異なので，"集団"のところを同一遺伝子型の"ジェネット"にすれば良い。

MS-AFLPの全遺伝子座データをPCA分析した結果，同じジェネットは近い位置に配置され（図6)，ジェネット内ではメチル化のパターンが類似し，ジェネッ

---

* 3：**主成分分析**（Principal Component Analysis）
　多くの変数により記述された量的データの変数間の相関を排除し，少数個の無相関な合成変数に縮約して，分析を行う手法。
* 4：AMOVA（Analysis of Molecular Variance）
　個体間の遺伝的差異を評価しつつ，グループ内とグループ間に階層的に分割して遺伝的多様性の大きさを解析する方法。

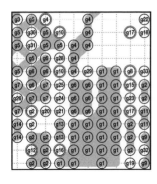

図7 コンロンソウ集団のクローン構造(左)とエピジェノタイプの空間構造(右)
数字が各タイプを示す。灰色のまとまりはジェネットのパッチ、薄い丸は複数ラメットで構成されるジェネットのに属するラメットであることを示す。

ト間では異なることがわかった。一方AMOVAでは、メチル化変異の44%がジェネット間、残り56%がジェネット内に由来することがわかった。これより、単一ジェネット内でもメチル化変異があり、また遺伝的にも違いそうだということが見えてきた。

また、メチル化パターンに多型が見られた24遺伝子座を比較して、"エピジェノタイプ (epi-genotype)"のジェノタイピングを行った。ここでは、遺伝子座ごとに*Msp*IとHpaIIを遺伝子座と捉え、バンドあり(1)・なし(0)で(0, 0)、(0, 1)、(1, 0)、(1, 1)の4対立遺伝子座が存在しうる(図4, 5)。137のジェノタイプに対し、209のエピジェノタイプが特定され、単一のジェネット内に複数のエピジェノタイプが存在することが確認できた(異なるジェノタイプは異なるエピジェノタイプであった)。

3.3. クローン植物集団のエピジェネティック空間構造

次にこのメチル化変異に空間的パターンがあるか調べた。クローン構造をラメットのジェタイプとその分布で調べるのと同じように、エピジェノタイプを用いてその広がりを図にした(図7)。単一ジェネット内でも同一エピジェノタイプはまとまって分布しているようだった。また、空間的自己相関解析から4mまでに有意な構造が見られ、近隣にあるラメット間ではメチル化パターンが類似していた(Araki *et al.*, 投稿中)。では、「どのような要因がこの変異に影響しているか?」を知ることはできないだろうか。

この変異に影響しうる要因として、大きく分けて遺伝的要因と環境要因がある。遺伝的要因は遺伝的変異としてジェネット(クローン)間差で示すことができる。つまり、あるジェネットはエピジェネティック変異を生じやすく、別のジェネットは生じにくいということである。環境要因は様々あるが、林床では光環境が一番重

3.4. 遺伝子座ごとの解析

はじめは，遺伝構造の解析と同じようにすべての遺伝子座を多遺伝子座にまとめて解析してみた。しかし，よくよく考えてみると，エピジェネティック変異が見られる遺伝子座というのは，遺伝マーカーで解析対象とする中立な遺伝子座とは限らず，機能にかかわるような遺伝子領域も含まれている可能性がある（Portis et al., 2004; Lu et al., 2007; Oh et al., 2009; Schmitz & Ecker 2012）。少なくともメチル化のされやすさや外れやすさが異なることも考えられる（Portis et al., 2004; Zilberman et al., 2006; Cokus et al., 2008）。したがって，それぞれの遺伝子座を対等に multi locus としてまとめることは適当ではないと考えた。またそれぞれの遺伝子座には，内側Cと外側Cの2種類のメチル化変異が存在する（図3）。そこで，各遺伝子座データも外側Cのバンドの有無（CCG メチル化）を検出できる Msp I のデータと内側Cのバンド（CG メチル化）を検出できる Hpa II のデータをそれぞれ分けて考えることにした。したがって，48サイト（24 遺伝子座×2 制限酵素）に対して別々に，ラメット間でのメチル化変異をもたらす要因の影響を解析することにした。

3.5. メチル化変異に影響する要因

各メチル化遺伝子座でのメチル化の有無に対して，個々の要因をそれぞれ調べてみると，ジェネットの違いと植生被度は有意な関係が見られるサイトと見られないサイトとが認められた。つまり，これらの影響は遺伝子座ごとに異なることが示唆された。

次に遺伝的要因と環境要因ではどちらがどのくらい重要なのかも知りたい。また，このデータには空間構造がある（どの指標も近隣にあるものほど類似している可能性が高い）のでその影響は除かなくてはならない。そこで，これらを考慮して階層ベイズモデル*5 によってこれを解析することにした（Araki et al., 投稿中）。

プロット内の1mの各格子上にあったサンプルのメチル化の有無の空間パターンに影響しうる要因として，①空間的遺伝構造（クローン構造），②環境の空間変異（被度），③空間相関，④その他を考えて，これを線形予測子の要素とするよう

---

*5：階層ベイズモデル
　無情報事前分布と階層事前分布を使って一般化線形混合モデリングを行う統計解析方法。個体差（ジェネット差）や場所差（空間構造）など考慮すべきパラメータが多数あるときにこれらをまとめて扱えるため便利な方法。

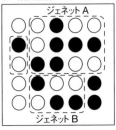
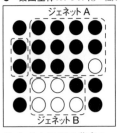
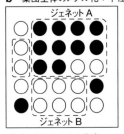
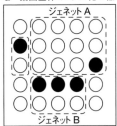

図8 遺伝子座（サイト）での遺伝的要因の影響

ラメットの空間的配置と各ラメットのある遺伝子座でのメチル化状態を仮想的に示したもの。集団全体（全25ラメット）のメチル化割合と，ジェネットA（12ラメット）とジェネットB（6ラメット）のメチル化割合が異なっていれば"ジェネット効果あり"で，異ならなければ"ジェネット効果なし"を意味する。a：集団全体とジェネットA, Bが中程度の場合，b：集団全体が中程度で，ジェネットAのメチル化割合が高く，ジェネットBが低い場合，c：全体とジェネットAが高く，ジェネットBが低い場合，d：集団全体とジェネットAが低く，ジェネットBが中程度の場合．●（メチル化），○（非メチル化）を示す．点線はジェネットの境界．

な階層ベイズモデルを構築した．その結果，影響していたのは空間的遺伝構造のみで，CCG (*Msp*Iで分析したもので外側Cのメチル化の有無) の15とCG (*Hpa*IIで分析したもので内側Cのメチル化の有無) の11遺伝子座でメチル化変異に遺伝構造の影響が見られた．ここでの「影響をしている」という意味は，あるメチル化遺伝子座において，"集団全体の中のラメットのメチル化されている割合"に対して，"あるジェネットのラメットがメチル化されている割合"が異なるという状況を示す．例えば図8-aとbでは，いずれの遺伝子座でも集団全体では半分程度のラメットがメチル化されている．そして，aでは，ジェネット単位でみたときも半分程度のラメットがメチル化されている．一方，bではジェネットAのほとんどのラメットがメチル化されて，ジェネットBのほとんどのラメットがメチル化されていない．したがって，bの遺伝子座では，メチル化されているラメットの割合がジェネット間で異なり，メチル化の程度にジェネットの影響があることが示唆される．

また遺伝子座ごとに集団全体のメチル化割合が異なり，高いものcから中程度a,

b，低いもの d まで様々である．そのため，図 8-a，c では，ジェネット A のラメットのメチル化割合は同程度であるが，c では集団全体のメチル化率が高いため，ジェネットの効果は認められない．同様に，図 8-a，d では，ジェネット B のラメットのメチル化割合はいずれも半分であるが，d では，集団全体のメチル化割合が低いためにジェネットの効果が認められるが，a では見られない．つまり，空間的遺伝構造の影響は，集団全体でメチル化されたラメット数にも影響される．そして，集団全体でのラメットのメチル化割合から，メチル化割合が異なるジェネットが 1 つでも認められれば，その遺伝子座では空間的遺伝構造の影響があるとした．結果的に，空間的遺伝構造の影響が一部の遺伝子座のみ見られたことから，メチル化されやすさのジェネット間差が遺伝子座間で異なることが考えられる．シロイヌナズナの系統間でメチル化多型が見られることなど（e.g. Cervera et al., 2002; Vaughn et al., 2007）から，少なくとも遺伝的変異の影響はあるだろう．ただし自然集団では，年齢やジェネットの広がりの程度，定着した年などデモグラフィックな要素を含むジェネット間の違いも関与しているかもしれない（Fang & Chao 2007; Monteuuis et al., 2008; Lira-Medeiros et al., 2010）．

　一方，被度だけを単独で解析するとメチル化有無と被度間に相関が見られたのだが，階層ベイズモデルでは有意ではなかった．これは空間的遺伝構造と環境の空間変異がある程度相関していて，空間的遺伝構造の方が明瞭なために両方を変数に入れると遺伝的要因の方に集約されてしまったのだと考えられる．温度，栄養塩濃度，UV，乾燥といった（主にストレスになるような）環境要因が遺伝的要因とは独立にメチル化変異をもたらすことも知られている（Boyko et al., 2004, 2010; Lu et al., 2007; Chinnusamy & Zhu, 2009, 第 2 章）．したがって環境の変動や異質性がエピジェネティックな変異に影響することも間違いない．しかし，今回環境変異として想定した光強度は，室内実験でもほとんど調べられない．しかしながら，光環境は野生植物にとっては重要な物理環境の 1 つであり（Whigham, 2004），さらなる検証を行いたい．

　以上より，野外のクローン植物集団においてクローン構造とともにメチル化変異の空間パターンを調べることにより，野生植物集団内においてエピジェネティック変異が見られること，ジェネット間でエピジェネティック変異の程度が異なっていることが明らかとなった．また環境要因もかかわっている可能性が示唆された．

3.6. メチル化変異の遺伝子領域

　最後に変異の見られた配列がゲノム上のどの領域に当たるのかを調べるために，

サンプルをもう一度ゲルで泳動してバンドを切り出し,シーケンスした。その結果,24遺伝子座中5遺伝子座について領域を特定することができた。機能にかかわるような領域を検出できることを期待したのだが,1つ *Brassica oleracea* のS-locusの一部(S-15 (S-12) SRK gene for S-locus receptor kinase)と相同性が高かったものを除いては, *Arabidopsis thaliana* の染色体の一部と類似性が高いだけで(Araki et al., 投稿中)。特に特徴的なものは見られなかった。わずかこの程度の部位では確率的にちょっと難しいようであった。この領域が重要な形質にかかわるものかについては検証が必要である。

4. 今後の展開

4.1. エピジェネティクス研究の理想系:クローン生物

クローン生物の表現型の違いにエピジェネティック変異がかかわっている証拠は,ヒトの一卵性双生児に関して従来から研究されている(Bertelesen et al., 1977; Petronis et al., 2003)。双子は全く同一のゲノムを持っていて,幼少の頃は似ていても,年齢を経るにしたがって外見や性格が異なってきたり,同じ病気になる因子を持っていても発症する時期が異なる場合がある(Bateman, 2010)。この変化の一部をもたらしているのがエピジェネティクスである(Fraga et al., 2005; Kaminsky et al., 2009)。

植物でも同一ジェネットのラメット間でのエピジェネティック変異を調べている研究がいくつかある。例えばセコイヤスギ(*Sequoiadendron giganteum*)で同じ親木から枝を取ってきたラメット木を外で植えたもの,そのメリステムを組織培養して外で栽培したもの,室内で栽培したものを比較したところ,室内栽培のラメットが屋外栽培のものと葉の形態が大きく異なり,より高度にメチル化されていた(Mouteuuis & Doulbeau, 2008)。これは世代内で起こるメチル化をはじめとしたエピジェネティック変異が,ラメット間で見られた表現型可塑性の分子基盤となっていることを意味する。また,ナツメヤシ(*Phoenix dactylifera*)の親株とクローン成長由来の娘株でのMS-AFLPバンドパターンを調べたところ,娘に見られるバンドが母親には見られず,メチル化は成長に伴って変化し,脱メチル化される傾向が見られている(Fang & Chao, 2007)。

クローン生物で遺伝的組成の同一な個体が複数存在するという特性は,塩基配列の変化を伴わないエピジェネティック変異を調べるのに理想的な系である。特にクローン植物は,固着性であるうえに,種によってはクローン成長により多数のラ

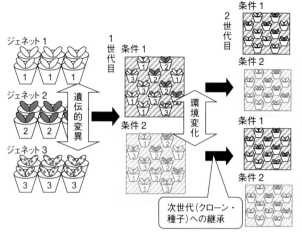

図9 クローン植物を用いた遺伝的変異と環境要因を検証する実験イメージ
同一ジェネットのラメットを異なる条件で栽培することで，環境要因を特定し，ジェネット間で比較して遺伝的要因を特定する。継代することで，クローン成長と種子繁殖を介した次世代への継承も検証可能。

メットを生産するので，ヒトの双子とは比べものにならないくらい多数の反復実験を行うことができる（Mckey et al., 2010; Rhichards, 2011）。これを利用すれば，環境変化やデモグラフィック（年齢や成長段階など）な要因によるエピジェネティック変化を特定するような実験もできるだろう。

4.2. 栽培実験による検証の必要性

今回私の実験と解析で明らかにしたエピジェネティック変異は，あくまで野外で見られたパターンにすぎず，その変化にかかわると示唆された要因も直接的な証拠は得られていない。また，遺伝的組成と環境変化がメチル化の違いにそれぞれどの程度寄与するのかという重要性も特定できていない。人為的に環境や遺伝的性質をコントロールした栽培実験を行うことで，そのようなことを明らかにすることができる。上述のようにクローン植物の特性を利用して，図9のような栽培実験系が考えられる。同一ジェネットのラメットを異なる環境条件下に配置してそのエピジェネティック変化を調べ，条件間で比べることで環境要因を特定し，ジェネット間で比較することで遺伝的要因を特定することができる。

また，異なるもしくは同じ条件で生育したラメット間での交配による種子を用いることで有性繁殖を介した次世代へのエピジェネティック変異の継承（Richards, 2006; Henderson & Jacobsen, 2007）を調べることもできる。今回野外で調べた調査では，どちらなのかを特定することが困難であり，今後調べる必要がある。クローン成長由来の子孫とも比較することで2つの繁殖様式を介した継承のされ方の違いを特定できるものと思われる。無融合生殖（アポミクシス）により親と同一遺伝

子型の種子を形成するセイヨウタンポポ（*Taraxacum officinale*）では，特にジャスモン酸やサリチル酸など被食にかかわるストレスに対してメチル化の変化が大きく，クローン種子を通じて次世代に継承されていた（Verhoeven et al., 2010）。クローン植物での比較は生殖細胞を経る種子と体細胞分裂由来の娘ラメットでの違いを明らかにできる。これまで2つの繁殖様式の違いは，遺伝的変異を生じるかどうかという点のみ考えられてきたが，エピジェネティック状態の継承が同一でないならば，繁殖戦略の理解に対して新たな知見となるのかもしれない。

4.3. エコロジカル・エピジェネティクス

エピジェネティック変異が野外生物の生活史や多様化，進化にかかわっていることはかなり前から様々な論文で主張されている（e.g. Richards, 2006; Bossdorf et al., 2008; Johannes et al., 2008; Richards et al., 2010）。しかしながら，その証拠を示すような実証研究はあまり進んでいない。今回の結果でもまだその追求には至っていない。しかし，最近シロイヌナズナなどのモデル生物の自然集団やエピアレル変異体などを使って自然選択や適応形質への関与が示され始めている（Becker et al., 2011; Zang et al., 2013; Silveira et al., 2013）。

対象種が未だに限定される原因の1つには，エピジェネティック解析は非常にサンプル量や品質に高い要求性があったり（免疫沈降など），ゲノムの情報を必要とする分析手法（バイサルファイトなど）がまだ多く，研究はそれらが可能な種に限定されるためである。しかし，手法も急速に改良されている（第11章）ので，それらを容易に使えるようになる日も近いだろう。それに，適応進化に対する関与や野生種での重要性を証明するには，やはり野外に生育する様々な生活史を持つ種での事例の蓄積が必要である。ゲノムの情報もモデル生物でなくても容易に得ることも可能になっている今，野生生物でも解析できるようになるのはそう遠い未来ではなく，今後の研究に期待したい。

謝辞

本研究は受入教官であった工藤洋博士（京大・生態研）に数々の助言やサポートを受けて行いました。また統計解析は久保拓弥博士（北大・環境科学）に多大なる協力をいただきました。また，野外調査や分析実験，本稿執筆に際し多くの方々のご協力を賜りました。心より厚くお礼申し上げます。

参考文献

Araki, K. *et al.* 2007. Floral distribution, clonal structure, and their effects on pollination success in a self-incompatible *Convallaria keiskei* population in northern Japan. *Plant Ecology* **189**: 175-186.

Araki, K. & M. Ohara. 2008. Reproductive demography of ramets and genets in a rhizomatous clonal plant *Convallaria keiskei*. *Journal of Plant Research* **121**: 147-154.

Angers, B. *et al.* 2010. Environmentally induced phenotypes and DNA methylation: how to deal with unpredictable conditions until the next generation and after. *Molecular Ecology* **19**: 1283-1295.

Bertelesen, A. *et al.* 1977. Danish twin study of manic-depressive disorders. *British Journal of Psychiatry* **130**: 330-351.

Bossdorf, O. *et al.* 2008. Epigenetics for ecologists. *Ecology Letters* **11**: 106-115.

Boyko, A. *et al.* 2004. Homologous recombination in plants is temperature and day-length dependent. *Mutation Research* **572**: 73-83.

Boyko, A. *et al.* 2010. Transgenerational adaptation of *Arabidopsis* to stress requires DNA methylation and the function of dicer-like proteins. *PLoS One* **5**: e9514.

Cervera, M-T. *et al.* 2002. Analysis of DNA methylation in *Arabidopsis thaliana* based on methylation-sensitive AFLP markers. *Molecular Genetics and Genomics* **268**: 543-552.

Chinnusamy, V. & J-K. Zhu. 2009. Epigenetic regulation of stress responses in plants. *Current Opinion in Plant Biology* **12**: 133-139.

Cokus, S. J. *et al.* 2008. Shotgun bisulphite sequencing of the *Arabidopsis* genome reveals DNA methylation patterning. *Nature* **452**: 215-219.

Fang, J-G. & C. T. Chao 2007. Methylation-sensitive amplification polymorphism in Date Palms (*Phoenix dactylifera* L.) and their off-shoots. *Plant Biology* **9**: 526-533.

Gao, L. *et al.* 2010. Genome-wide DNA methylation alternations of *Alternanthera philoxeroides* in natural and manipulated habitats: implications for epigenetic regulation of rapid responses to environmental fluctuation and phenotypic variation. *Plant, Cell and Environment* **33**: 1820-1827.

van Groenendael, J. M. & H. de Kroon. 1990. Clonal growth in plants: Regulation and function. SPB Academic Publishing, The Hague.

Henderson, I. R. & S. E. Jacobsen. 2007. Epigenetic inheritance in plants. *Nature* **447**: 418-424.

Herrera, C. M. & P. Bazaga. 2010. Epigenetic differentiation and relationship to adaptive genetic divergence in discrete populations of the violet *Viola cazorlensis*. *New Phytologist* **187**: 867-876.

Jackson, J. B. C. *et al.* 1985. Population biology and evolution of clonal organisms. Yale University Press, New Haven.

Johannes, F. *et al.* 2008. Epigenome dynamics: a quantitative genetics perspective. *Nature Reviews Genetics* **9**: 883-890.

Jones, P. A. & P. W. Laird. 1999. Cancer-epigenetics comes of age. *Nature Genetics* **21**: 163-167.
Kalisz, S. & M. D. Purugganan. 2004. Epialleles via DNA methylation: consequences for plant evolution. *Trend in Ecology and Evolution* **19**: 309-314.
Keyte, A. L. *et al.* 2006. Intraspecific DNA methylation polymorphism in cotton (*Gossypium hirsutum* L.). *Journal of Heredity* **97**: 444-450.
Kudoh, H. *et al.* 1999. Genet structure and determinants of clonal structure in a temperate deciduous woodland herb, *Uvularia perfoliata*. *Journal of Ecology* **87**: 244-257.
Lira-Medeiros, C. F. *et al.* 2010. Epigenetic variation in mangrove plants occurring in contrasting natural environment. *PLoS One* **5**: e1o326.
Lister, R. *et al.* 2008. Highly integrated single-base resolution maps of the epigenome in *Arabidopsis*. *Cell* **133**: 523-536.
Lu, G. *et al.* 2007. Evaluation of genetic and epigenetic modification in Rapeseed (*Brassica napus*) induced by salt stress. *Journal of Integrative Plant Biology* **49**: 1599-1607.
McKey, *et al.* 2010. The evolutionary ecology of clonally propagated domesticated plants. *New Phytologist*, **186**: 318-332.
Mirouze, M. & J. Paszkowski. 2011. Epigenetic contribution to stress adaptation in plants. *Current Opinion in Plant Biology* **14**: 267-274.
Monteuuis, O. *et al.* 2008. DNA methylation in different origin clonal offspring from a mature *Sequoiadendron giganteum* genotype. *Trees* **22**: 779-784.
Oh, Y. J. *et al.* 2009. Newly developed MSAP analysis reveals the different polymorphism patterns in transgenic tobacco plants with the dsRNA *MET1* gene. *Plant Biotechnology Reports* **3**: 139-145.
Ohara, *et al.* 2006. Life-history monographs of Japanese plants. 6: *Convallaria keiskei* Miq. (Convallariaceae). *Plant Species Biology* **21**: 121-127.
Paun, O. *et al.* 2010. Stable epigenetic effects impact adaptation in allopolyploid orchids (*Dactylorhiza*: Orchidaceae). *Molecular Biology and Evolution* **27**: 2465-2473.
Petronis, A. *et al.* 2003. Monozygotic twins exhibit numerous epigenetic differences: clues to twin discordance? *Schizophrenia Bulletin* **29**: 169-178.
Portis, E. *et al.* 2004. Analysis of DNA methylation during germination of pepper (*Capsicum annuum* L.) seeds using methylation-sensitive amplification polymorphism (MSAP). *Plant Science* **166**: 169-178.
Reyna-López G. E. *et al.* 1997. Differences in DNA methylation patterns are detectable during the dimorphic transition of fungi by amplification of restriction polymorphisms. *Molecular and General Genetics* **253**: 703-710.
Richards, E. J. 2006. Inherited epigenetic variation-revisiting soft inheritance. *Nature Reviews Genetics* **7**: 395-401.
Richards, E. J. 2011. Natural epigenetic variation in plant species: a view from the field. *Current Opinion in Plant Biology* **14**: 204-209.
Roff, D. A. 1992. The evolution of life histories: Theory and analysis. Chapman and Hall, London.

坂本英樹・塩田邦郎　2006. 発生プログラムと組織・細胞特異的DNAメチル化プロファイルの形成. 押村光雄（編）注目のエピジェネティクスがわかる―ゲノムの修飾・構造変換と生命の多様性, 疾患との関わり 第2版（わかる実験医学シリーズ―基本＆トピックス）, p.90-95. 羊土社.

Salmon, A. *et al.* 2008. *Brassica oleracea* displays a high level of DNA methylation polymorphism. *Plant Science* **174**: 61-70.

Schmitz, R. J. & J. R. Ecker. 2012. Epigenetic and epigenomic variation in *Arabidopsis thaliana*. *Trends in Plant Science* **17**: 149-154.

島本功他　2008. 植物のエピジェネティクス―発生分化，環境適応，進化を制御するDNAとクロマチンの修飾（細胞工学別冊 植物細胞工学シリーズ 24）　秀潤社.

Silveira, A. B. *et al.* 2013. Extensive natural epigenetic variation at a *de novo* originated gene. *PLoS Genetics* **9**: e1003437.

Takata, M. *et al.* 2005. DNA methylation polymorphisms in rice and wild rice strains: detection of epigenetic markers. *Breeding Sciences* **55**: 57-63.

Tuomi, J. & T. Vuorisalo. 1989. Hierarchical selection in modular organisms. *Trends in Ecology and Evolution* **4**: 209-213.

Vaughn, M. W. *et al.* 2007. Epigenetic natural variation in *Arabidopsis thaliana*. *PLoS Biology* **5**: 1617-1629.

Vos, P. *et al.* 1995. AFLP: a new technique for DNA fingerprinting. *Nucleic Acids Research* **23**: 4407-4414.

Whigham, D. F. 2004. Ecology of woodland herbs in temperate deciduous forests. *Annual Review of Ecology, Evolution and Systematics* **35**: 583-621.

Wijesinghe, D. K. & M. J. Hutchings. 1997. The effects of spatial scale of environmental heterogeneity on the growth of a clonal plant: an experimental study with *Glechoma hederacea*. *Journal of Ecology* **85**: 17-28.

Xiong, L. Z. *et al.* 1999. Patterns of cytosine methylation in an elite rice hybrid and its parental lines, detected by a methylation-sensitive amplification polymorphism technique. *Molecular and General Genetics* **261**: 439-446.

Yang, C. *et al.* 2011. Analysis of DNA methylation variation in sibling tobacco (*Nicotiana tabacum*) cultivars. *African Journal of Biotechnology* **10**: 874-881.

Zang, Y-Y. *et al.* 2013. Epigenetic variation creates potential for evolution of plant phenotypic plasticity. *New Phtologist* **197**: 314-322.

Zhao, X. *et al.* 2007. Epigenetic inheritance and variation of DNA methylation level and pattern in maize intra-specific hybrids. *Plant Science* **172**: 930-938.

Zilberman, D. *et al.* 2006. Genome-wide analysis of *Arabidopsis thaliana* DNA methylation uncovers an interdependence between methylation and transcription. *Nature Genetics* **39**: 61-69.

第7章　進化学を照らす新しい光？：エピジェネティクスによる適応的継代効果

田中 健太（筑波大学菅平高原実験センター）

はじめに：親が子に遺すもの

　人間や様々な動物は，個体の一生の間に情報を獲得したり学習を行ったりし，それによって自身に有利なように行動や表現型を変化させることがある。人間の場合，得た情報は資料という形で，得た財産は資産という形で子に伝えることができる。多くの動物では親の狩りの仕方などのノウハウが子に伝えられる。人から人に伝播される行動や文化にかかわるものは，ミームと呼ばれることがある。何も知的動物に限らなくても，親が自らの経験によって巣や産卵の場所を選ぶだけでも，子の表現型や適応度は大きく左右される。こうした例はある意味で，生物は単にランダムに変化する DNA 配列を次世代に伝えるだけではなくて，適応度に有利に働きうるものを親が選択的に子に伝えているという見方ができるかもしれない。近年，もっと様々な形質や分子が，親から子に伝わって有利に働く事例が見つかってきた。本稿では，こうした事例を紹介しながら，その適応進化（Box 1）における役割を考えたい。また最後に著者自身が進めている研究についてごく簡単に触れる。

1. 古典的な母性効果，そしてエピジェネティクスへ

　親が持つゲノム DNA 配列以外の特徴や親が経験した環境が，子の表現型に影響することは古くは 20 世紀初頭から報告されており，広い生物分類群で普遍的に見られる現象として知られている（Roach & Wulff, 1987; Rossiter, 1996）。特に母親の影響に注目する場合には母性効果（maternal effect）や環境母性効果（environmental maternal effect）と呼ばれ，父母の効果を合わせた表現としては，遺伝する環境効果（inherited environmental effect）などと呼ばれる。ここでは，こうした現象を継代効果（transgenerational effect）と呼ぶことにする。継代効果の適応的意義については，例えばレタスを高温・恒光条件で種子成熟させると，その種子は高温での発芽能力が上がる（Koller, 1962）という，継代効果が適応的だと考えられる事例が 1960 年代にも報告されている。しかし継代効果はどちらかというと，自然淘汰の

働き方に影響を与えるノイズや，局所適応の効果を検証する操作実験の際に制御しなければならない要因として以前は着目されており (Roach & Wulff 1987)，継代効果についての数多くの研究が行われてきた一方で，その適応的意義を示した研究は限られていた．

継代効果が起きるメカニズムとしては，親から子に伝わる養分・防衛物質・共生生物・病原菌・毒・ホルモン・酵素などの物質や，親による養育条件（産卵場所・種子成熟条件・妊娠条件・子育て等）が考えられてきたが，それらを特定した研究は多くなく，継代効果現象のメカニズムは長らく不明のままだった．しかし近年，DNAの修飾や低分子RNAなどのエピジェネティクスが継代効果のメカニズムの有力な候補として浮上してきた．エピジェネティクスの分野でも世代間の遺伝について研究が進み，継代エピジェネティクス遺伝 (transgenerational epigenetic inheritance) が継代効果との接点として急速に注目されてきた (Jablonka & Raz, 2009)．

Box 1　適応進化

田中 健太・土畑 重人・荒木 希和子

　生物の示すさまざまな特徴に対して「よくできているなあ」と感心させられることは，生物の研究者に限らずともしばしば経験することであろう．これらの特徴（表現型）が「よくできている」とはすなわち，ある環境下でその表現型を持つ個体が生存や繁殖において，それを持たない個体に比べて有利になる（すなわち適応度が高くなる）と期待されることを意味する．このような表現型を持つことを一般に「**適応**」的である，もしくは「その環境に適応している」と呼ぶ．注意すべきは，個体がその表現型を持つに至った背景となる仕組みについて，この表現は何も指定していないという点である．本書でもこの意味で「適応」という語を用いている．

　生物個体が適応的な表現型を持つに至る仕組みは，大きく分けて2つある．1つは，個体自身が一生のうちに経験する環境に応じて表現型を柔軟に変化させる場合であり，これを**表現型可塑性**という．もう1つは個体間の表現型の違いが遺伝子配列の違いによって生じており，集団の中で特定の表現型を持つ個体の適応度が高くなる場合である．後者の場合，世代を経ることで集団中に，適応的な表現型を指定する遺伝子型の頻度が増加する．これが**自然選択**による**適応進化**である．現代の生物学において「**進化**」という語は一般的に，ゲノムの塩基配列の変化を伴って，生物集団の世代間で遺伝子型の頻度が変化することを指す．

　近年のエピジェネティクスの研究により，ゲノムの修飾など塩基配列以外の情報や物質が，次世代に継承されることが分かってきた．**本章**で論じられているように，

2. 適応的継代効果をめぐる新たな潮流

　エピジェネティクスに対する関心が高まるなか，2000年頃から継代効果の分野も活発になり，特に適応的継代効果（adaptive transgenerational effect）の研究が急速に進展しはじめた。適応的継代効果が最も調べられているのが，捕食者や病原菌への防衛形質である。ミジンコが捕食者や捕食者の匂いに晒されると，その子の防衛形質である頭部のヘルメット状の構造が長くなること，また，野生ダイコンにモンシロチョウによる食害や葉への物理的損傷を与えると，その子を食べるモンシロチョウの成長が悪くなることが明らかになった（Agrawal et al., 1999; Tollrian, 1995）。いずれの例でも，防衛形質の誘導は親の世代でも起きる。つまり，環境の変化に対応して親が新たに有利な表現型を獲得し，それが子の世代にも何らかの方法で伝わることになる。親と子の環境に相関がある場合，これは子にとっても有利に働く。その後，Holeski et al. (2012)のレビューによると11種の植物で，親が食害や病害を経験することにより，子の化学・物理的防衛が強まり，植食者や菌に

　自分が経験した環境変化をきっかけとして特定の表現型が適応的になった場合，その背景が塩基配列の変化ではなかったとしても，新環境への進出が可能になるだろう。そして，その表現型とそれをつくり出すメカニズムが何らかの仕組みによって子の世代にも継承される場合，新環境への定着も世代間で受け継がれる。この場合，生物集団が新たな環境に適応する過程は，その表現型の背景にあるメカニズムが何であれ，塩基配列の変異にかかる自然選択に基づく（狭義の）適応進化の結果として起きることと共通する。

　進化学の歴史から見ると，表現型の親子間の類似や適応という現象が先に自然界にあり，それを説明する仕組みとして塩基配列の突然変異や自然選択という仕組みが提唱された。やがてそうした仕組みが科学者のコミュニティに受け入れられることで，その仕組みによって起きる現象が「適応進化」と定義されたのである。もし，自然界に元々あって科学者が説明しようとしていた世代間の表現型の継承や適応をもたらす仕組みが，この「適応進化」の定義と異なる場合，定義に合わないからこの現象は適応進化でないと言うのでは，現象と理論の主客が反対になってしまう。今後，塩基配列の変化を伴わない世代間の継承やそれによって生じる表現型の適応を「適応進化」の定義に含めるというコンセンサスが形成されるかもしれない。**本章**では，用語が指す意味を明確にするために，塩基配列変化を伴わない世代間の継承やそれによって生じる表現型の適応を「広義の進化」や「広義の適応進化」と呼ぶことにする。

対する抵抗性が上がることが明らかになっている。こうした現象は，Holeski et al.（2012）のレビューでは継代防衛誘導（transgenerational defense induction）と呼ばれており，適応的継代可塑性（adaptive transgenerational plasticity）と呼ばれることもある（Herman & Sultan, 2011）。可逆的に抵抗性が上がる仕組みとして，防衛レベルが常時上がる誘導（induction）と，食害に対する防衛レベル上昇の反応性が高くなること（priming）の両方が確かめられている。

適応的継代効果は，非生物的なストレス耐性でも明らかになっている。スベリヒユ科の一年草 Claytonia perfoliata は葉の形に多型があり，暗い林床には葉が広い個体が，明るい草原には葉が狭い個体が見つかる。移植実験によって，林床では広葉タイプが，草原では狭葉が有利であることと，葉タイプはそれぞれの環境に合わせて表現型可塑的に変わることが分かった。そして，親が経験した環境は子の葉タイプにも影響を与え，それが子に有利に働いていた（McIntyre & Strauss, 2014）。この研究の著者らは，可塑性で生じた親世代の変化が子に伝わることを継代可塑性（transgenerational plasticity）と呼んでいる。シロイヌナズナに塩や熱のストレスを加えた実験では，特定の系統の親が熱ストレスを経験することで熱ストレス条件で子の速度が速くなる事例や，別の系統の親が熱ストレスを経験することで子の表現型分散が大きくなる事例が観察されたという（Suter & Widmer, 2013）。また魚でも，珊瑚礁のスズメダイ（Acanthochromis polyacanthus）を高温下で飼育すると，高温下の子の酸素消費量が下がり，高温に対して適応的だった（Donelson et al., 2012）。メダカ科のシープスヘッド（Cyprinodon variegatus）も，暖かい環境で飼育した親の子を同じ温度条件で飼育すると，そうでない親の子よりも成長速度が30％増えた。これは，従来の適応進化の仕組みで説明できる1世代あたりの成長速度の増加率を1桁も上回るという（Salinas & Munch, 2012）。こうした継代可塑性によって，一部の魚が温暖化や海洋酸性化に適応できるのではないかという議論すら行われている（Munday, 2014）。また，コケムシ（外肛動物門）でも，親を銅ストレスにさらすと，子が大きく，散布能力が高く，銅耐性になるという興味深い報告がある（Marshall, 2008）。

適応的継代効果を示唆する事例が急速に集積しつつあるものの，継代効果が子の適応度に影響しなかったり，子の適応度を下げてしまったりする報告も多い。これについて Marshall & Uller（2007）は，母性効果はあくまでも母親個体の適応度を最大化するように進化するはずだと指摘し，母性効果を次の四つに整理している。①子の適応度を上げることで母親の適応度を上げる効果。②種子サイズと種子数のトレードオフに見られるように，1個体の子あたりの適応度を下げることで子

の合計適応度（つまりは母親の適応度）を上げる効果。③環境の異質性に対する危険分散（リスクヘッジ）として子個体の表現型や適応度の分散を大きくし，子の合計適応度（つまりは母親の適応度）の分散を下げる効果（分散を下げると幾何平均が高まる）。④母親の体内の病原菌や毒物が子に伝わってしまう場合など，子の適応度にも母親の適応度にも悪影響を与える不可避な効果。この整理に基づけば，④以外の母性効果は母親から見れば適応的継代効果だと見なせる一方で，子個体から見たときに適応的継代効果と言えるのは①だけであり，適応的継代効果をめぐって親子間で対立があるのがおもしろい。

3. ここまできた，継代効果とエピジェネティクスのリンク

　継代効果についての生態学的な研究が進んだ一方で，継代エピジェネティクス遺伝の実態も次々と明らかになっている。おそらく最も良い例の1つは，ショウジョウバエを用いたSeongら（2011）の研究だろう。この研究は，熱ショックによって *ATF-2* 遺伝子がリン酸化してヘテロクロマチンから解除され，その状態が数世代遺伝することを示した。シロイヌナズナでは，同一の祖先個体から30世代自殖させて得られた10系統のDNAメチル化を網羅的に調べたところ（メチローム解析），1系統あたり約30,000のシトシンが，系統間で異なるメチル化を受けていた（Becker *et al.*, 2011）。こうしたエピジェネティック変異系統は，適応の素材になりそうに思える。大腸菌のある系統は，抗生物質に曝した時に抵抗性コロニーが多く出現するという（Adam *et al.*, 2008）。その出現頻度は，DNA突然変異で説明できる水準をはるかに越えており，継代的に抗生物質に曝すことでより濃い抗生物質にも抵抗性を示すようになった。しかし，世代間で抵抗性試験を行うと，抵抗性コロニーから非抵抗性に後戻りしている率も50％と高かった。こうした特徴は，エピジェネティクス遺伝と整合していると著者らは主張している。抵抗性増加とともに発現量が変化した遺伝子のスクリーニングも行われて3つの遺伝子が同定された。このうち2つは強制発現実験によって抗生物質抵抗性機能が示され，もう1つの遺伝子は他の遺伝子の発現を制御しうるDAMメチル化酵素遺伝子だった。この例では，ランダムに生じるメチル化変異系統が広義の適応進化の素材になった可能性があるだろう。一方で，上述の継代可塑性のような事例では，親世代において環境に対して可塑的に表現型が変わり，それが子にも伝わる。この大腸菌の例では，抗生物質の暴露によって世代内で抵抗性が誘導されたという証拠はない。その点，タンポポを用いたVerhoevenら（2010）の研究では，貧栄養・塩・ジャスモン酸・サリチル酸という異なるストレスにさらして無配生殖させたところ，ストレス処理

間で生じた DNA メチル化変異の多くが子に遺伝した。この例では、エピジェネティクス遺伝の適応的意義は示していないものの、継代可塑性とエピネジェティクスの関係に迫っている。

さらに近年、親が経験した環境の情報が、生殖細胞を通して子に低分子 RNA という形で伝わっていることを示唆するデータが得られつつある。シロイヌナズナとトマトを、鱗翅目幼虫による食害・ジャスモン酸メチル・葉の物理損傷にさらした実験 (Rasmann et al., 2012) では、ジャスモン酸メチル反応に依存する抵抗性が子で誘導されたのに対し、シロイヌナズナのジャスモン酸受容体の変異体と低分子干渉 RNA (small interference RNA, siRNA) 合成を司る 5 種類の遺伝子の各変異体では、子の抵抗性が誘導されなかった。この研究は、継代可塑性のメカニズムとして siRNA の関与を示した先駆的成果だ。アブラナ (*Brassica rapa*) では、親を熱ストレスにさらした場合とそうでない場合で、トランスクリプトームと低分子 RNA (small RNA, smRNA) のプロファイル (smRNA オーム) を親子の体細胞および生殖細胞で調べたところ (Bilichak et al., 2015)、これらのプロファイルが処理間で最も変わっていた組織は親の内胚乳と花粉細胞だった。また子の細胞では、トランスクリプトームよりも smRNA オームが処理間で著しく変化した。この研究は、親が経験した環境の情報が、生殖細胞を通して子に低分子 RNA という形で伝わっていることを示唆する。このように継代効果の分野では、低分子 RNA の関与を示唆する研究が増えてきている印象がある。

4. 野外適応度の実測へ

これまで「適応的」という言葉をあまり厳密に用いないできた。上述の適応的継代効果の研究は、継代効果が適応的であると解釈できる事例が確かに多いが、適応度の増加を測定している例は限られている。実際に適応度が増加するためには、親や子の余剰な物質生産による費用や、継代された形質と別の形質の間のトレードオフといった継代効果に付随する費用よりも、継代効果による利益の方が大きくなければならないことや、費用対効果が成立するほど親子の環境の相関が高いことも条件となる。野外で適応度の増加が実際に確かめられてはじめて、継代効果の適応的意義が実証できる。野外で詳細な適応度測定がなされている例として、キキョウ科の一回繁殖性草本 *Campanulastrum americanum* (Galloway & Etterson, 2007) がある。この植物は、閉鎖林冠下の親につくられた種子は春に発芽して二年草となる一方、林冠ギャップの親につくられた種子は秋に発芽して一年草になる。環境間で個体を入れ替える野外移植実験を行って個体群を追跡したところ、環境に合った生

活史が種子に伝えられることで適応度が3.4倍にもなった。このように，野外移植実験は適応的継代効果を検証する強力な手法となる。今後，野外移植実験を用いてエピジェネティクスによる継代効果によって適応度が増えることを明らかにすれば，広義の適応進化におけるエピジェネティクスの役割は確固としたものになる。従来，自然淘汰を定量するために，表現型値や対立遺伝子頻度が世代間でどのくらい変化するのか，そのような変化がどれくらいの世代数にわたって起きるのかが野外で実測されてきた。同じように，適応的継代効果によって表現型値や何らかのエピジェネティックな状態が世代間でどのように変化していくのかを野外で実測していく必要がある。

そうした研究に，著者も共同研究者とともにミヤマハタザオ (*Arabidopsis kamchatica*) を材料にして取り組んでいる。この植物は中部山岳地域の標高30 mから3,000 mまで分布して生態学的な多様性が高く，シロイヌナズナの最近縁種のひとつであるために遺伝学的な解析が行いやすい。北方性のオウシュウミヤマハタザオ (*A. lyrata* subsp. *petoraea*) とやや南方性のハクサンハタザオ (*A. halleri* subsp. *gemmifera*) という2つの親種の間の雑種に起源する異質倍数体である (Shimizu *et al*., 2005) ことも，エピジェネティクスと広義の適応進化の関係を調べるうえでおもしろい点である。シロイヌナズナ属の別の異質倍数体種では，ゲノムの倍数化にともなってゲノム修飾が急速に再編されることが分かっている (Comai, 2000)。雑種はしばしば広い適応性を見せる。ミヤマハタザオの標高分布が広いこともその例だろう。雑種の適応性が広いのは，異なる親種由来の遺伝子を環境に応じてうまく使い分けているからなのかもしれない。これまでに著者らは，開花タイミング (Kenta *et al*., 2011) をはじめとする広範な生理生態形質がミヤマハタザオの標高間で遺伝的に分化していること，低標高の野外集団では夏の死亡が多く実質的に一年草に近い生活史になるのに対し高標高では多年草になること (Onda & Kenta, unpublished) を明らかにしてきた。集団間の分断化淘汰と，標高に沿った対立遺伝子頻度の変化を示す「標高適応遺伝子」もいくつか見つかっている (Hirao *et al*., unpublished)。信州大学西駒ステーション (標高2,700 m)・筑波大学菅平高原実験センター (標高1,300 m)・京都大学生態学研究センター (標高160 m) を圃場とする野外移植実験にも取り組んでおり，元の集団と近い標高の圃場に移植されると夏の生存率が高くなるというホームサイトアドバンテージが示されている (Kenta *et al*. unpublished)。現在，異なる圃場を経験した母由来の子を圃場間で移植することにより，母と同じ圃場で子の適応度が高いかどうか，言わば継代ホームサイトアドバンテージ言えるような効果があるかどうかを検証しようとしている。そ

して，そのような効果とエピジェネティクスの関係を何らかの方法で明らかにするために検討を続けている．

終わりに変えて：進化学を照らす光？

　ラマルクは 1809 年に『動物哲学（Philosophie Zoologie）』を著し，生物は環境に対応して適応的に変化すること，その変化が遺伝することを提唱した．この仮説はメンデルの遺伝の原理や分子生物学のセントラルドグマからは説明できず，誤りだとみなされてきた．しかし，近年の適応的継代効果やエピジェネティクスの研究の進展は，ラマルクの洞察が従来考えられてきたよりも重要であることを示しているように見える（Holeski *et al.*, 2012）．自然淘汰と遺伝的浮動という進化の原動力にエピジェネティクスや継代効果が加われば，広義の進化への見方が大きく変わる．ランダムな遺伝子の変化に進化の命運を委ねているだけではなく，親が何を獲得し何を子に遺すかという生物の積極的なかかわりによっても進化の方向や速度が左右されるという見方ができるのではないだろうか．こうした見方は，進化の理解に温かい彩りを添えるとともに，進化学発展の大きな活力になりうる．個人的には，生物は適応度を上げるのに特定の手段しか用いないとか，親が子に何かを遺すことに適応的な意味がないとか考える理由はないのではないかと感じる．数理モデルでも，最適なふるまいをするための世代間の情報統合は急速に進化しうることが示されている（Leimar & McNamara, 2015）．

　しかし，エピジェネティクスによる継代効果については，再現性や安定性の点で慎重な意見もある．例えば，親世代で生じたクロマチン状態が子以降の世代に渡って長く続くということには，十分に強い証拠は得られていないという指摘がなされている（Pecinka & Scheid, 2012）．継代効果のメカニズムによっても世代間継承の安定性が大きく異なるのかもしれない．適応的継代効果が，広義の進化現象の中でどれくらいの役割を持っているのかも，ほとんど分かっていない．特定の生物分類群や特定の形質に限ったものなのか，一般性の高い現象なのか？　限られた世代数の間だけ効果がある一過性のものなのか，永い世代にわたって効果を及ぼすものなのか？　あるいは，適応的継代効果は親世代が持っている表現型可塑性の範囲に留まるのか，それとも上述のいくつかの例が示唆しているように世代間で効果が累積されて表現型値が変化していくのだろうか？　特に，新規な環境への進出や分布拡大を可能にするような広義の適応的進化が起きるのかどうかは（Alsdurf *et al.*, 2013），適応的継代効果の生物進化における役割を考えるうえで特に重要な設問だろう．

自然淘汰と継代効果のかかわりや，それぞれの相対的な重要性もほとんど分かっていない。継代効果の大きさは，種内の系統や遺伝子型によって大きく異なることが多いため (Dechaine *et al.*, 2015; Schmitt *et al.*, 1992; Suter & Widmer, 2013)，継代効果の大きさに対して自然淘汰が働きうる。有性生殖や遺伝子重複などは，進化の起きやすさ，言わば進化力 (evolvability) に影響を与える性質として注目されることがある (Pigliucci, 2008)。継代効果やエピジェネティクスも，進化力を高める性質として自然淘汰によって選ばれたものなのかもしれない。やや書き過ぎてしまった感があるが，進化について様々な想像をかき立てられる分野だと言えるだろう。

最後に，清水健太郎氏との議論が，ランダムなエピジェネティック変異に自然淘汰が働くことによる進化と，環境が誘導する適応的継代効果を区別する上で特に有益だった。荒木希和子氏には様々な情報提供と励ましを頂き，それなくして本稿の完成は難しかった。2 人への感謝を述べて筆を置きたい。

引用文献

Adam, M. *et al.* 2008. Epigenetic inheritance based evolution of antibiotic resistance in bacteria. *BMC Evolutionary Biology* **8**: 52.

Agrawal, A. A. *et al.* 1999. Transgenerational induction of defences in animals and plants. *Nature* **401**: 60-63.

Alsdurf, J. D. *et al.* 2013. Drought-induced trans-generational tradeoff between stress tolerance and defence: consequences for range limits? *AoB plants* **5**: plt038.

Becker, C. *et al.* 2011. Spontaneous epigenetic variation in the *Arabidopsis thaliana* methylome. *Nature* **480**: 245-249.

Bilichak, A. *et al.* 2015. The elucidation of stress memory inheritance in *Brassica rapa* plants. *Frontiers in plant science* **6**: 5.

Comai, L. 2000. Genetic and epigenetic interactions in allopolyploid plants. *Plant Molecular Biology* **43**: 387-399.

Dechaine, J. M. *et al.* 2015. Maternal environmental effects of competition influence evolutionary potential in rapeseed (*Brassica rapa*). *Evolutionary Ecology* **29**: 77-91.

Donelson, J. *et al.* 2012. Rapid transgenerational acclimation of a tropical reef fish to climate change. *Nature Climate Change* **2**: 30-32.

Galloway, L. F. & J. R. Etterson. 2007. Transgenerational plasticity is adaptive in the wild. *Science* **318**: 1134-1136.

Herman, J. J. & S. E. Sultan. 2011. Adaptive transgenerational plasticity in plants: case studies, mechanisms, and implications for natural populations. *Frontiers in plant science* 2.

Holeski, L. M. *et al.* 2012. Transgenerational defense induction and epigenetic inheritance in

plants. *Trends in Ecology & Evolution* **27**: 618-626.
Jablonka, E. & G. Raz. 2009. Transgenerational epigenetic inheritance: prevalence, mechanisms, and implications for the study of heredity and evolution. *Quarterly Review of Biology* **84**: 131-176.
Kenta, T. *et al.* 2011. Clinal variation in flowering time and vernalisation requirement across a 3000-m altitudinal range in perennial *Arabidopsis kamchatica* ssp. *kamchatica* and annual lowland subspecies *kawasakiana*. *Journal of Ecosystem and Ecography* **S6**: 1-10.
Koller, D. 1962. Preconditioning of germination in lettuce at time of fruit ripening. *American Journal of Botany* 841-844.
Leimar, O. & J. M. McNamara. 2015. The evolution of transgenerational integration of information in heterogeneous environments. *The American Naturalist* **185**: E55-E69.
Marshall, D. J. 2008. Transgenerational plasticity in the sea: context-dependent maternal effects across the life history. *Ecology* **89**: 418-427.
McIntyre, P. J. & S. Y. Strauss. 2014. Phenotypic and transgenerational plasticity promote local adaptation to sun and shade environments. *Evolutionary Ecology* **28**: 229-246.
Munday, P. L. 2014. Transgenerational acclimation of fishes to climate change and ocean acidification. *F1000prime reports* **6**: 99.
Pecinka, A. & O. M. Scheid. 2012. Stress-induced chromatin changes: a critical view on their heritability. *Plant and Cell Physiology* **53**: 801-808.
Pigliucci, M. 2008. Opinion - Is evolvability evolvable? *Nature Reviews Genetics* **9**: 75-82.
Rasmann, S. *et al.* 2012. Herbivory in the previous generation primes plants for enhanced insect resistance. *Plant Physiology* **158**: 854-863.
Roach, D. A. & R. D. Wulff. 1987. Maternal effects in plants. *Annual Review of Ecology and Systematics* **18**: 209-235.
Rossiter, M. C. 1996. Incidence and consequences of inherited environmental effects. *Annual Review of Ecology and Systematics* **27**: 451-476.
Salinas, S. & S. B. Munch. 2012. Thermal legacies: transgenerational effects of temperature on growth in a vertebrate. *Ecology Letters* **15**: 159-163.
Schmitt, J. *et al.* 1992. Norms of reaction of seed traits to maternal environments in *Plantago lanceolata*. *American Naturalist* **139**: 451-466.
Seong, K-H. *et al.* 2011. Inheritance of stress-induced, ATF-2-dependent epigenetic change. *Cell* **145**: 1049-1061.
Shimizu, K. K. *et al.* 2005. *Arabidopsis kamchatica* (Fisch. ex DC.) K. Shimizu & Kudoh and *A. kamchatica* subsp. *kawasakiana* (Makino) K. Shimizu & Kudoh, new combinations. *APG: Acta phytotaxonomica et geobotanica* **56**: 163-172.
Suter, L. & A. Widmer. 2013. Phenotypic effects of salt and heat stress over three generations in *Arabidopsis thaliana*. *PLoS One* **8**: e80819.
Tollrian, R. 1995. Predator-induced morphological defenses: costs, life history shifts, and maternal effects in *Daphnia pulex*. *Ecology* 1691-1705.
Verhoeven, K. J. *et al.* 2010. Stress - induced DNA methylation changes and their heritability in asexual dandelions. *New Phytologist* **185**: 1108-1118.

第3部

進化のメカニズムとエピジェネティクス

第8章　進化の単位としてのエピゲノム：配列特異性を変える細菌のDNAメチル化系からの仮説

小林 一三（東京大学，杏林大学，パリ大学，JNCASR）

はじめに

エピジェネティクス研究の多くは，動物植物で行われているが，細菌でも明確なエピジェネティクス機構がある。比較的単純であり，体細胞＝生殖系列と見なせる単細胞細菌で，エピジェネティクスの遺伝と進化での役割は，まず詳細に明らかになるだろう。一分子リアルタイムシーケンシングなど新しい研究手法も，その方向に貢献している。ここでは，「自己」と「非自己」を区別するエピジェネティック系が作り出す多様なエピゲノムを単位として，進化が進む可能性について，私達の研究を中心に紹介する。

1. まだ解けていない適応進化のしくみ

1.1.「ゲノム配列」からの選択？

適応進化のしくみについて，私達が今教室で教えられあるいは教えるのは，「多様なゲノム配列からの選択」という考え方である（図1-a）。それは，「多様な生き物の系列からの自然選択」というダーウィン進化論，「遺伝子という粒子」を考えるメンデル遺伝学を経て，分子生物学によって核酸の塩基配列（A，T，G，C）という分子の言葉で表現され，広く受け入れられるようになったパラダイムである。その成立の段階では，細菌での研究が大きな役割を果たした。例えば，細菌の抗生物質耐性のあるものが，既存の遺伝子での点突然変異によって生じることの証明である。

しかし，この「多様なゲノム配列からの選択」で適応進化の仕組みが普遍的に説明できることの証拠は，これまでなかった。その普遍性が検証できるようになったのは，今世紀になって，ヒトなどひとつの種内の数百数千という多数の全ゲノム配列が解読されるようになってからである。細菌でもひとつの種内の全ゲノムを数

a 多様なゲノム配列からの選択

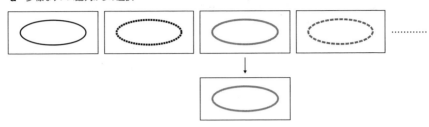

b 多様なエピゲノム状態からの選択

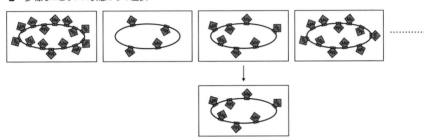

図1　適応進化についての二つの考え方

百数千本解読するプロジェクトが展開している．こうして発見された種内のゲノムの多型のうち，適応に関与するものがどれだけあるのかについては，論争が起きている．

1.2. エピジェネティクスによる適応進化？

　適応進化についての，これと対照的な考え方は，進化の単位として，ゲノム配列でなく，エピゲノム状態を考えるというものである（図1-b）．ここでは，「ゲノムの複製に伴って伝達される塩基配列（A, T, G, C）以外の情報をエピゲノム情報，その伝達と形質への影響の過程とその研究」をエピジェネティクスと定義しよう．こう定義する時，エピジェネティクスは，多細胞生物だけの問題ではないことが明確になる．

　真核多細胞生物では，発生に伴って，細胞系譜に沿ってエピゲノムの作り替えが起きて行く．生殖系列では，減数分裂と初期発生の過程でそれらのほとんどが再プログラムされる（第1章参照）．しかし，細菌では，この形のリプログラミングは起きず，ほとんどすべての場合エピゲノムの状態がそのまま複製を経て次の世代に伝えられ，進化に直接寄与する．

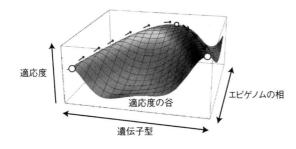

図2　エピジェネティクスと適応進化（矢野大和博士によるものを改変）

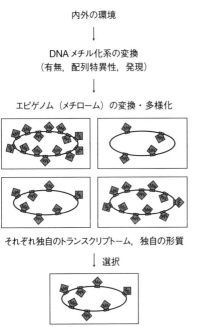

図3　エピジェネティクス駆動進化モデル

　ほとんど同じゲノム配列に，多数のエピゲノム状態が対応していれば，それらからの選択によって適応進化が進むだろう．エピゲノム状態がきわめて多数で，それらの間の移り変わりが，頻繁にそして滑らかに起きているならば，ゲノム配列だけに注目した時に意識される適応度の谷も軽やかに乗り越えられるだろう（図2）．そして内外の環境がエピゲノムを作り替えるとするならば，自然選択だけによる適応進化というダーウィニズムも乗り越えられることになるだろう．環境に応じて生物が自分を作り替えるというラマルク説が思い出される．もっとも，原核生物では，

170　第8章　進化の単位としてのエピゲノム：配列特異性を変える細菌のDNAメチル化系からの仮説

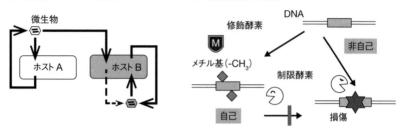

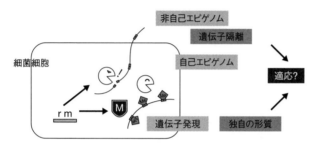

図4　制限修飾系
a：微生物のホストへの適応，**b**：制限修飾系の活動，**c**：制限修飾系の適応進化における役割についての仮説．rm：制限酵素修飾系遺伝子．
それまで増殖できなかったホストでたまたま増殖できることがあると，その子孫の塩基配列は変化がないのに，同じホストで増殖できるという現象（**a**）はよく見られる．このメカニズムは，制限修飾系の活動（**b**）で説明できる．制限修飾系は，外部から侵入する非自己エピゲノムと自己エピゲノムを区別し，自己を守るしくみと考えられる（**c**）．

頻繁な遺伝子の水平伝達の発見によって，「獲得遺伝子の継承」による「獲得形質の継承」という意味でラマルク説が証明済みではあるが．このような考え方を仮に「エピジェネティクス駆動進化モデル」と呼ぼう．図3は，DNAのメチル化に注目した場合のモデルである．

2.「自己」と「非自己」を区別する　　エピジェネティクス系としての制限修飾系

エピジェネティックな情報を担う実体は，ゲノムの修飾である．そのひとつは，DNAの塩基の特定の原子でのメチル化である．細菌では，シトシン（C）の5位，シトシンのN4位，アデニンのN6位でのメチル化が知られている．細菌のDNAメチル化酵素の多くは，特定のDNA配列に特異的であり，制限酵素と組んで制限

修飾系を作っている。

2.1. 制限修飾系の発見

その発見のもとは，微生物のホストへの適応というよく見られる現象である。図4-aにあるように，あるホストで増えてきた微生物（図ではバクテリオファージ）は，そのホスト（図では細菌）でよく増えることができるが，別のホストではあまり増えられない。たまたま増えられると，塩基配列が同じであるにもかかわらず作られた子はそのホストでよく増えられるようになる。その子の遺伝子型が変わったわけではない。まさに，「獲得形質の遺伝」とも呼べるラマルク的現象である。

この謎にチャレンジした分子生物学者によって明らかにされたのが，図4-bにある仕組みである (Loenen et al., 2014)。制限修飾系のDNAメチル化酵素は，DNA上の特定の配列の特定の塩基にメチル基をつける。例えば，EcoRI修飾酵素は5'GAATTC配列の左から3番目のAをメチル化する (http://rebase.neb.com)。対になる制限酵素は，このメチル化というIDを持たないこの配列を持つDNAを破壊する（破壊の仕組みとしては，DNAの背骨のリン酸ジエステル結合の加水分解による鎖切断だけが知られていたが，最近DNAの塩基の切り出しによって始まる場合が発見されている (Miyazono et al., 2014; Fukuyo et al., 2015)）。ある制限修飾系を持つホストで増えたバクテリオファージのゲノムには，そのメチル化があるのでその制限酵素によって壊されない。しかし，別のホストに感染すると別の制限修飾系が待ち構えており，それによるメチル化というIDを持たないファージのゲノムは制限酵素によって破壊され，増殖出来ない。たまたま破壊されなかったゲノムは，そこの修飾酵素によってメチル化を受け，増殖する。そのメチル化を持つその子ファージは，このホストで破壊されずに増殖できるようになる。

2.2. 制限修飾系の2つの役割

制限修飾系は，細菌が侵入する非自己DNAから自己を守る道具であると考えられて来た（図4-c）。とくにウイルスとかプラスミドのような利己的な遺伝子の感染からの防御が重視されて来た。より一般的には，「遺伝的フローへのバリアーの形成による独自の系列の維持」の役割と言えるだろう(Oliveira et al., 2016)。一方，それらが，ゲノム上の多数の認識配列をメチル化し，独自のエピゲノムを作り出すことによって，グローバルな遺伝子発現パターンを実現し，さらにはユニークな形質を実現する証拠が最近蓄積して来た（9節に後述）。制限修飾系は，この2つによって，「エピジェネティクス駆動進化」に関与しているのかもしれない(Furuta & Kobayashi, 2013)。

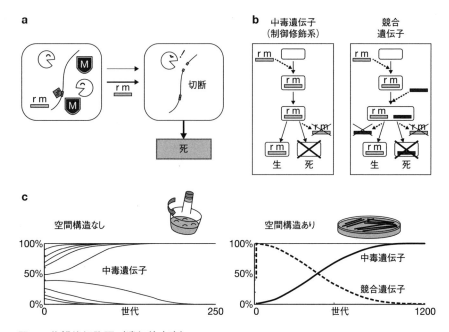

図 5　分離後細胞死（遺伝的中毒）（Mochizuki *et al.*, 2006 によるものを改変）
a：制限修飾遺伝子（rm）の喪失後に起きる，染色体切断による子孫細胞の死，**b**：分離後細胞死戦略の競争排除における有利さ，**c**：分離後細胞死戦略への空間構造の影響。シミュレーションの結果。

3. 制限修飾系によるホスト攻撃

3.1. ホスト細菌の攻撃

　偶然から，私達は，制限修飾系もウイルスやトランスポゾンのような意味での「利己的な動く遺伝子単位」であることに気がついた。適当な遺伝型を持つ大腸菌を探していたところ，制限修飾系を持つプラスミドを持っているものしかなかったので，そのプラスミドを追い出そうとした。ところが，追い出したものが取れなかった。1 年近く考えた後で，分かったのが，追い出しは起きたがその細胞が死んでしまったということだった（Naito *et al.*, 1995）。

　図 5-a にあるように，制限修飾系を失った細胞系列では，複製された染色体にメチル化されていない認識配列が現れる。そこを残った制限酵素分子が切断する。それが修復されない限り，細胞は死に至る。「いったんホスト細胞が制限修飾系を受け入れると，それにハマってしまって，縁を切れなくなる」とも言える。この過程

は，「分離後細胞死」あるいは「遺伝的中毒」と呼ばれ，EcoRI などⅡ型と呼ばれる制限修飾系に共通に見られる。

3.2. ホスト攻撃による競争排除での優位

ひとつのホスト細胞に，互いに相容れない遺伝因子が共存しているとき，制限修飾系がいなくなれば細胞が死ぬが，競争相手がいなくなっても細胞は死なない（図5-b）。このような「分離後細胞死」は，制限修飾系とそれと連鎖した遺伝単位が，他の遺伝因子と排他的な競争をするうえで有効であろう。

この現象に興味を持っていただいた数理生態学者との共同研究によって，上の競争排除での優位という考え方が理論とシミュレーションで証明された（Mochizuki et al., 2006）。そこで重要なのは，生物がいるのが空間構造の中か，そうでないかであった。図5-c 左にあるように，よくかき混ぜられた液体の中のような空間構造のないところでは，このような分離後細胞死遺伝子（正確にはそれを持つ細胞）は，（はじめから多数を占めていない限り）消えてしまった。しかし，図5-c 右のように，表面のような空間構造のあるところでは，分離後細胞死遺伝子はゼロに近い所から出発しても，集団を占めることができた（矢原・小林，2006）。空間構造があるところでは，ある細菌は同胞と隣り合わせる可能性が高い。分離後細胞死遺伝子を持つ細胞がこの仕組みによって競争相手とともに死ねば，その場所は分離後細胞死を持つ細胞によって占められる可能性が高い。ところが空間構造のないところでは，そのような隣接関係がないので，分離後細胞死遺伝子を持つ細胞の死は，同胞だけでなく競争相手の細胞をも利することになる。犬死にということになる。

4.「動く遺伝子」としての制限修飾系

これらの結果は，制限修飾系がホスト生物（細菌）の単なる道具ではなく，時にはホスト生物と利害を異にする遺伝子単位，ウイルスやトランスポゾンのような意味での利己的な遺伝子単位であることを示唆した。ある遺伝子があるのはそれが生物の役に立つからだと私達は考えがちだが，それだけでは，遺伝子の存続は説明できないということである。人間の集団のように，ゲノムは潜在的に利害の異なる遺伝子たちの集団なのだろう。

ウイルスゲノムや，トランスポゾンのような「利己的な遺伝子」は，異なるホストの間を動く。実際，制限修飾系がゲノムの間を動くことが，分子系統学的解析，ゲノム配列比較，研究室での実験から明らかになった（Furuta & Kobayashi, 2013）。制限修飾系がプラスミド，ファージ，トランスポゾン，インテグロンのようなもう

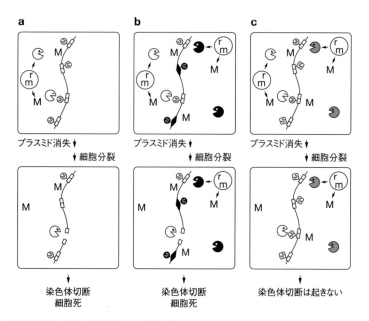

図6 制限修飾系の間の認識配列の取り合い（kusano et al., 1995によるものを改変）
a：ある制限修飾系がホスト細菌から失われると，その認識配列の切断により分離後細胞死が起きるので，その制限修飾系は自己の維持をホストに強制することができる。**b**：同じ細菌細胞に第2の制限修飾系がいて別の配列を認識する場合でも，第1の制限修飾系遺伝子がなくなれば染色体切断が起きるので，第一の制限修飾系は自己の維持をホスト細胞に強制出来る。**c**：第2の制限修飾系が同じ配列を認識すると，それが認識配列をメチル化して第1の制限酵素から守るので，第1の制限修飾系がなくなっても染色体切断による細胞死は起きない。第1の制限修飾系は自己の維持をホストに強制できない。

ひとつの「動く遺伝子」単位に乗って動く場合があった。これらの「動く遺伝子」単位の方は，制限修飾系を載せることによって，ホスト内で自分を安定に維持させることができる。2つの利己的な遺伝子単位の相利共生と見ることができるだろう。制限修飾系遺伝子が単位となって動く場合もあった。この場合，制限修飾系が数百塩基対という長い領域を重複させて挿入するという，新しい挿入機構も発見されている。

さらに，トランスポゾンのように制限修飾系がゲノム再編に関与することも，ゲノム配列比較と実験とから明らかになった。細菌を長い世代植え次いで，現れる変異体の間の競争を行わせるいわゆる「実験進化」では，制限修飾系による加速が見られた（Asakura et al., 2011）。この場合，ある種の動く遺伝子が動いていた。

5. 制限修飾系間の競争：認識配列の取り合い

　他の生き物の間の場合と同様に，制限修飾系の間にも競争が存在した。ひとつは認識配列をめぐる競争である。上に述べたように，ある制限修飾系がホスト細菌から失われると，その認識配列の切断により分離後細胞死が起きるので，その制限修飾系は自己の維持をホストに強制することができる（図6-a）。同じ細菌細胞に第2の制限修飾系がいて別の配列を認識する場合でも，第1の制限修飾系遺伝子がなくなれば染色体切断が起きるので，第1の制限修飾系は自己の維持をホスト細胞に強制出来る（図6-b）。ところが，第2の制限修飾系が同じ配列を認識すると，それが認識配列をメチル化して第1の制限酵素から守るので，第1の制限修飾系がなくなっても染色体切断による細胞死は起きないだろう（図6-c）。これらの予想は実験によって裏付けられた（Kusano et al., 1995）。

　これは，制限修飾系の間で，認識配列を取り合う排他的な競争があることを意味する。これまで，外敵の侵入に対する防御機能の重複によって説明されて来たことが，外敵の侵入以前の相互の戦いというゲノム内コンフリクトの素過程によって説明できる。このように，制限修飾系によるホスト細菌攻撃によって，制限修飾系の配列認識の個別の高い特異性と全体としての多様性を説明できる。DNAの特定の配列は，それぞれの制限修飾系にとっての生態学的ニッチと言えるだろう。

6. 制限修飾系間の競争：自殺型防御

　制限修飾系の関与する競争のもうひとつの形は，これまでのメチル化のないDNAを切断する制限酵素と異なり，メチル化された配列を切断する（IV型と言われる）制限酵素に見られる（図7-a）。外から，制限修飾系（DNAメチル化酵素遺伝子）が侵入して，染色体をメチル化し始めると，このメチル特異的な制限酵素がそれらのサイトで染色体を切断し，細胞死を起こす（Fukuda et al., 2008）。制限修飾系が侵入した個別のホストが自殺することによって，集団としては制限修飾系の侵入を免れることができるだろう。「感染への自殺型防御」（図7-b）と言えるだろう。

　このような「自殺型防御」はどういう条件で成立するのだろうか？　それを実験室で検討するために，ファージが細菌にDNAメチル化酵素遺伝子を持ち込む系で，実験と生態理論にもとづくシミュレーションを統合した研究を行った（Fukuyo et al., 2012）。メチル特異的な制限酵素を持つ自殺型細菌と持たない非自殺型細菌を，様々な比率で混合して，ファージ増殖後にその比率がどうなるかを測定した。その結果は，再び空間構造の重要性を明らかにすることになった。空間構造のない所で

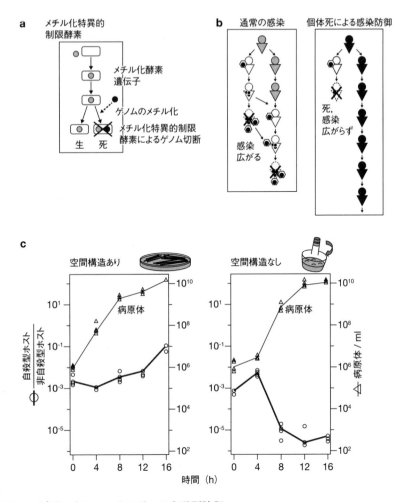

図7 エピジェネティックス系への自殺型防御
a：メチル化DNA特異的な制限酵素（IV型）によるメチル化酵素に対する自殺型防御，b：自殺型防御の原理（福世真樹博士によるものを改変），c：自殺型防御遺伝子が，空間構造があれば増えることの，実験による証明（Fukuyo et al., 2012によるものを改変）。

は自殺型ホストの割合は2桁減少したが，空間構造のある所では自殺型ホストの割合は2桁も上昇できた（図7-c）。この結果は，「ホストを殺すような強い病原性がなぜあるのか？」「なぜヒトは感染でたやすく死ぬことがあるのか？」という問いにも，ひとつの答えを与える。

　食中毒を起こした大腸菌株では，メチル特異的な制限酵素遺伝子がなくなり，

自殺型防御が働かず，様々な制限修飾系の侵入を可能にした。それらが細菌の性質の変化に寄与したことが想像されている（Fang et al., 2012）。

7. 制限修飾系の発現制御

　これらの活動から予想されるように，制限修飾系には，ウイルスのような巧妙な発現制御機構がある。それらが，制限酵素とDNAメチル化酵素のバランスを，状況に応じてうまく調整し，ホスト細菌の生と死を決めているのだろう（Mruk & Kobayashi, 2014）。

　例えば，制限修飾系が新しいホストに入り込む時には，まず，DNAメチル化酵素を発現し，ゲノムをメチル化する。それから自分の持つ転写制御因子が働いて制限酵素を発現し，「やめられない」状態を作り出す。その逆では，染色体切断によって，最初からホストを殺してしまい，寄生できなくなってしまう。ここで働く転写制御因子は，DNAメチル化酵素のN側のドメインである場合もあるし，C(control)タンパクという制限修飾系遺伝子に連鎖した別の遺伝子の産物である場合もある。あらかじめ，細菌がこのCタンパクを用意しておけば，侵入する制限修飾系にいきなり制限酵素を発現させて，まだメチル化されていない染色体を切断させ，細胞死を引き起こさせることができる。これも細菌の立場から言えば自殺型防御，制限修飾系の立場から言えば競争排除と言えるだろう（Nakayama & Kobayashi, 1998）。

　さらに，制限修飾遺伝子によっては，アンチセンスRNAが見つかっており，発現制御だけでなく，ホスト攻撃の強弱にもかかわっているところまで示されている（Mruk et al., 2012）。

8. 制限修飾系に対抗するホスト側の機構

　ホストたる細菌の側は，制限修飾系への様々な対抗手段を持っている。ひとつは，他の制限修飾系（あるいは似たもの）をぶつけて上に述べたような競争をさせる「毒をもって毒を制す」方法である。制限修飾系による分離後細胞死（図5-a）は，その認識配列をメチル化することによって防がれる（図6-c）。多くの細菌が持っているDcmという単独メチル化酵素は，細菌の世界に頻繁に存在するEcoRII特異性（5'CCWGG，ここでW＝A or T）と同じ認識配列を持っており，EcoRII特異性制限修飾系に対する防御機構として働く（Takahashi et al., 2002）。メチル特異性制限酵素による制限修飾系への侵入への染色体切断による自殺も，制限修飾系への防御と考えられる（6節に前述）。制御タンパクがたまってから，それが制限酵素の発現を誘導するという制限修飾系に対しては，似た制御タンパクが待ち構えていれば，

自殺型防御を実現できる（7節に前述）。

　染色体に切断が入った後では，それを細菌の側の相同組換え機構を使って，姉妹染色体によって修復できる。この相同組換え装置は染色体上のID（大腸菌ではカイ配列 5´GCTGGTGG）を認識して，分解から修復へとスイッチする（Kobayashi et al., 1982; Handa et al., 2012）。ファージのような外敵のDNAはこのID配列を持たないので修復しないで，分解してしまう。破片のDNAはCRISPRのスペーサーというブラックリストに取り込まれることもある（Levy et al., 2015）。これに対してファージの持つ相同組換え機構は，ファージゲノムの制限切断を二重鎖切断修復機構で修復できる（Takahashi & Kobayashi, 1990）。制限修飾系，細菌，ファージの三つ巴の関係（Handa et al., 2005）によって，それぞれの相同組換えの仕組みがよく理解できる。

　長期的には，ゲノムからは，選択によって制限修飾系の認識サイトが少なくなって行く（restriction avoidance, Rocha et al., 2001）。その程度が，認識配列ごと細菌グループごとに，集計されている（REBASE）。これらは，過去の制限修飾系と細菌ゲノムの戦いの歴史を反映しているのかもしれない。

9. 制限修飾系の配列特異性の変換によるメチロームの多様化

　4節で述べたように，「動く遺伝子」としてふるまう制限修飾系であるが，その動きの単位がその遺伝子産物の中の標的DNA配列を認識するドメイン（TRD, target recognition domain）になっている場合もある。これは，これまで紹介して来た典型的なII型，IV型とは異なるIII型，I型の制限酵素で知られている。それらのサブユニット構成を図8に示す。制限修飾系多数を持つピロリ菌の多数株完全ゲノム配列の比較から，それらのTRDの動きが明らかになった。

9.1. III型制限修飾系のメチル化配列認識の変換

　III型の制限修飾系の場合には，DNAメチル化酵素の中央にTRDがある。TRDのアミノ酸配列には多様なグループがある。同じ座にあるメチル化酵素遺伝子でも，他の系列のゲノムの同じ座から水平伝達された対立遺伝子との間で組換えが起こりTRDが置き換わる（図9-a）。それによって様々な配列を認識できるようになる。

　ひとつのTRD配列が，ゲノム内の別の座にある別のメチル化酵素遺伝子に跳び移る場合がわかった（遺伝子変換，図9-b）。どの座の遺伝子でもTRDを挟んでDNAメチル化酵素に共通のアミノ酸配列モチーフがあり，そのためそれをコードするDNA配列も似てくるので，それを使った組換えが可能になる。その組換えに

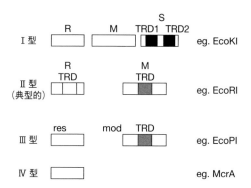

TRD: Target Recognition Domain
標的配列認識ドメイン

図8 様々な制限（修飾）系のサブユニット構成と、TRD（標的配列認識ドメイン）の配置

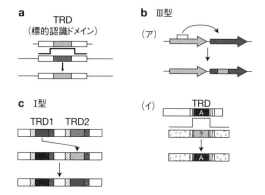

図9 制限修飾系のTRD（メチル化標的配列認識ドメイン）の組換えによる取り替え
a：同じ座の遺伝子での異なるアレル（対立遺伝子）間での組換えによる取り替え，b：アは別の座の遺伝子間での遺伝子変換による取り替え，イはⅢ型のTRDの両側の配列の類似性を利用した組換えによってこの遺伝子。c：TRD1からTRD2への配列の移動（Domain Movement）。TRDの両側の配列類似性を利用した組換えによる。

よって，TRDが遺伝子間を移動している。驚いたことに，いくつかのTRD配列は，系統を越えて，細菌界全体に広がっていた（Furuta & Kobayashi, 2012）。

9.2. Ⅰ型制限修飾系

これまで述べた型の制限酵素は，認識配列の近くでDNAを切断するが，Ⅰ型制限修飾系は，それと異なる奇妙な反応で知られている。Ⅰ型酵素はメチル化されていない認識配列に結合すると，そこからDNAをたぐり寄せ始める。このような酵素が互いにぶつかると，そこでDNAの切断が起きる。そのような奇妙な反応が教科書の絵になり，受け入れられている。私達は，試験管内でⅠ型制限酵素による人工DNA複製フォーク切断を示し，Ⅰ型制限酵素は停止したDNA複製フォークに追いつくと，そこでDNAを切断すると提唱した（Ishikawa et al., 2009）。

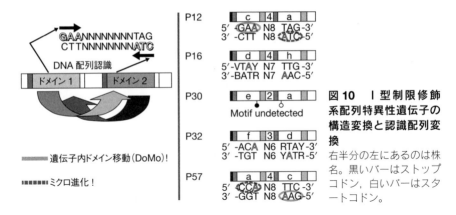

図10 Ⅰ型制限修飾系配列特異性遺伝子の構造変換と認識配列変換
右半分の左にあるのは株名。黒いバーはストップコドン、白いバーはスタートコドン。

9.3. Ⅰ型制限修飾系のメチル化配列変換

Ⅰ型の制限修飾系では，標的配列の認識は特異性（S）サブユニットで行われている（図9-c）。そこには，TRD1とTRD2の2つの標的認識ドメインがあり，2部構成の認識配列の半分ずつを読み取る（図10左）。TRD1のアミノ酸配列には多数のレパートリーがあり，それらが水平伝達して相同組換えで取り代わる。TRD2でも同様に多様性が作られる。

ピロリ菌の複数の特異性サブユニットの場合には，TRDアミノ酸配列が遺伝子間を動き，遺伝子内の2つのTRDサイト間を動いていることが分かった。TRD1をコードするDNA領域の左横とTRD2をコードするDNA領域の左横は，互いに似ている。TRD1DNAの右横もTRD2DNAの右横も互いに似ている。これらを使った組換えによって，TRD配列がTRD1サイトとTRD2サイト間を動く（図9-c，図10左）。特に，「遺伝子内の2つのサイトを配列が動く」のは，「遺伝子内の遺伝子変換」とも言える新しい組換え機構である（Furuta *et al.*, 2011, 2014）。ドメイン移動（Domain Movement, DoMo）と名付けた。

また，ほとんど同じアミノ酸配列からなるTRDが，ある株ではCCAを認識し，別の株ではCTAを認識しているという配列認識の「ミクロ進化」の例も得られた（図10右）。

このような仕組みから，ひとつの座の遺伝子だけでも，潜在的にきわめて多数のDNA配列が認識できる。このような座がピロリ菌の場合は，10程度もあり，全体として実現可能なメチル化配列の特異性の数は，天文学的なものになる。ひとつのほぼ同じゲノム配列に対して，無数のエピゲノム状態が対応するというピクチャーが少なくともこの細菌では成立する。

これらの研究では，一分子リアルタイムシーケンシング技術（PacBioマシン）による全ゲノムでの一塩基単位でのメチル化の判別が役にたった。図10右に，様々な株でのあるⅠ型特異性遺伝子座でのTRDと認識配列を示す。

おわりに

きわめて多様なエピゲノム状態の実現は，エピゲノムが進化の単位であるという仮説を支持する。実際に，メチロームの状態によって，トランスクリプトームが変わること，形質が変わることを示す結果が，蓄積しつつある。

これらの経路の間の相互作用には，自己と非自己を識別する生き物としてのエピゲノム系の活動が関わっている。このようなエピゲノム系の変換がなにをきっかけに実現するかも，次の興味ある課題である。内外環境の影響があれば，これまでの進化観は大きく変わることになる。これら経路の全貌の解明から，私達は遺伝と進化の仕組みの明快な例を手にすることができるだろう。エピジェネティックスの細菌での理解は，あらゆる生命での理解に繋がるだろう。

研究者によって，そして研究分野によって「適応」「適応進化」「エピジェネティックス」の概念は大きく違っている。科学の最先端では常にそうであったように，それらがぶつかりあい収斂して行く過程にこそ，科学の本質 がある。

謝辞

執筆の機会をくださり，力強く励ましてくださった荒木希和子先生・土畑重人先生に深く感謝致します。福世真樹博士によるコメントに感謝します。執筆中の著者の活動は，科研費（新学術「ゲノム遺伝子相関」26113704，基盤B 25291080），および農食研究事業（26025A）によって支援されました。

引用文献

Asakura, Y. *et al.* 2011. Evolutionary Genome Engineering using a Restriction-modification System. *Nucleic Acids Research* **39**: 9034-9046.

Fang, G. *et al.* 2012. Genome-wide mapping of methylated adenine residues in pathogenic Escherichia coli using single-molecule real-time sequencing. *Nature Biotechnology* **30**: 1232-1239.

Fukuda, E. *et al.* 2008. Cell death upon epigenetic genome methylation: a novel function of methyl-specific deoxyribonucleases. *Genome Biology* **9**:R163.

Fukuyo, M. *et al.* 2012. Success of a suicidal defense strategy against infection in a structured habitat. *Scientific Reports* **2**: 238.

Fukuyo, M. *et al.* 2015. Restriction-modification system with methyl-inhibited base excision and abasic-site cleavage activities. *Nucleic Acids Research* **43**:2841-2852.

Furuta, Y. & I. Kobayashi. 2012. Movement of DNA sequence recognition domains between non-orthologous proteins. *Nucleic Acids Research* **40**: 9218-9232.

Furuta, Y. *et al.* 2011. Domain movement within a gene: a novel evolutionary mechanism for protein diversification. *PLoS ONE* **6**: e18819.

Furuta, Y. & I. Kobayashi. 2013. Restriction-modification systems as mobile epigenetic elements. *In*: Roberts A, Mullany P (eds) Bacterial Integrative Mobile Genetic Elements, p. 85-103. Landes Bioscience, [NCBI bookshelf].

Furuta, Y. *et al.* 2014. Methylome diversification through changes in DNA methyltransferase sequence specificity. *PLoS Genetics* **10**: e1004272.

Handa, N. *et al.* 2012. Molecular determinants responsible for recognition of the single-stranded DNA regulatory sequence, χ, by RecBCD enzyme. *Proceedings of the National Academy of Sciences of the USA* **109**: 8901-8906.

Handa, N. & I. Kobayashi. 2005. Type III restriction is alleviated by bacteriophage (RecE) homologous recombination function but enhanced by bacterial (RecBCD) function. *Journal of Bacteriology* **187**: 7362-7373.

Ishikawa, K. *et al.* 2009. Cleavage of a model DNA replication fork by a Type I restriction endonuclease, *Nucleic Acids Research* **37**: 3531-3544.

Kobayashi, I. *et al.* 1982. Orientation of cohesive end site *cos* determines the active orientation of Γ sequence in stimulating *recA*, *recBC*-mediated recombination in phage λ lytic infections. P*Proceedings of the National Academy of Sciences of the USA* **79**: 5981-5985.

Kusano, K. *et al.* 1995. Restriction-modification systems as genomic parasites in competition for specific sequences. *Proceedings of the National Academy of Sciences of the USA* **92**: 11095-11099.

Levy, A. *et al.* 2015. CRISPR adaptation biases explain preference for acquisition of foreign DNA. Nature **520**: 505-510.

Loenen, W. A. M. *et al.* 2014. Highlights of the DNA cutters: a short history of the restriction enzymes. *Nucleic Acids Research* **42**: 3-19.

Miyazono, K. *et al.* 2014. A sequence-specific DNA glycosylase mediates restriction-modification in Pyrococcus abysii. *Nature Communications* **5**: 3178.

Mochizuki, A. *et al.* 2006. Genetic addiction: selfish gene's strategy for symbiosis in the genome. *Genetics* **172**: 1309-1323.

Mruk, I. & I. Kobayashi. 2014. To be or not to be: regulation of restriction-modification systems and other toxin-antitoxin systems. *Nucleic Acids Research* **42**: 70-86.

Mruk, I. *et al.* 2011. Antisense RNA associated with biological regulation of a restriction-modification system. *Nucleic Acids Research* **39**: 5622-5632. (*: Equal contribution)

Naito, T. *et al.* 1995. Selfish Behavior of Restriction-Modification Systems. *Science* **267**: 897-

899.

Nakayama, Y. & I. Kobayashi. 1998. Restriction-modification gene complexes as selfish gene entities: Roles of a regulatory system in their establishment, maintenance, and apoptotic mutual exclusion. *Proceedings of the National Academy of Sciences of the USA* **95**: 6442-6447 .

Oliveira, P. H. *et al.* 2016. Regulation of genetic flux between bacteria by restriction-modification systems. 2016. *Proceedings of the National Academy of Sciences of the USA.* doi: 10.1073/pnas.1603257113.

Rocha, E. P. C. *et al.* 2001. Evolutionary role of restriction/modification systems as revealed by comparative genome analysis. *Genome Research* **11**: 946-958.

Takahashi, N. & I. Kobayashi 1990. Evidence for the double-strand break repair model of bacteriophage lambda recombination. *Proceedings of the National Academy of Sciences of the USA* **87**: 2790-2794.

Takahashi, N. *et al.* 2002. .A DNA methyltransferase can protect the genome from post-disturbance attack by a restriction-modification gene complex. *Journal of Bacteriology* **184**: 6100-6108.

矢原耕史・小林一三　2006. 有害遺伝子なしでは生き残れなくなったゲノム．伏見譲・西垣功一（編），進化・情報・かたち："生命知"のパースペクティブ，p.79-99. 培風館．

参考文献

小林一三　2006. ゲノムはなぜ変わるのか：原核生物を中心に．斎藤成也・佐藤矩行（編），遺伝子とゲノムの進化（シリーズ 進化学第2巻），pp.107-175. 岩波書店．

第9章　有袋類を含めた比較解析から考える　　　　ゲノムインプリンティングの進化の謎

鈴木 俊介（信州大学農学部）

はじめに

　有性生殖を行う動物の多くは，両親から配偶子を通してそれぞれ1セットのゲノムを受け取り，合計2セットのゲノムを持つ二倍体である。雄における性染色体上の遺伝子は例外であるが，基本的には同じセットの遺伝子が父親と母親から伝わる。ここではSNPや突然変異などの細かい話は抜きにして，両親から伝わるDNAの塩基配列は等しいとする。それでは，父親から受け継いだゲノムと，母親から受け継いだゲノムは由来によって働き方は異なるのだろうか？　少なくともわれわれ哺乳類においては，答えはイエスである。ゲノムインプリンティング（genomic imprinting，ゲノム刷り込み）と呼ばれるユニークな遺伝子発現制御機構が，父親と母親から受け継いだゲノム上の一部の遺伝子発現にしばしば不均衡性を生み出しているのである。このような，父母どちらから受け継いだかで発現が異なる遺伝子をインプリント遺伝子と呼ぶ。ではどのように，受け継いだDNA配列が等しいのにインプリント遺伝子の発現に差が生じ得るのだろうか。それは，DNAの一次配列以外の遺伝情報（エピジェネティックな遺伝情報）が存在し，そこに親由来による差があることに起因している。この"DNAの一次配列以外の遺伝情報"の1つとして，DNAメチル化がよく知られている。一般的にわれわれ哺乳類におけるDNAメチル化とは，CpGジヌクレオチド部位においてシトシンのピリミジン環の5位炭素原子にメチル基の付加反応が起きた状態を指す。詳細は後述するが，塩基配列は同じでもDNAメチル化状態が父母どちらの親に由来したかで異なるゲノム領域（DMR: differentially methylated region）がつくり出されることにより，対立遺伝子間の発現に不均衡が生み出されることがある。この現象をゲノムインプリンティングと呼ぶ。

　本章では，まず，ゲノムインプリンティングおよびそのエピジェネティック制御機構を概説し，それから，インプリント遺伝子の片親性発現制御において根本的な役割を果たすDMRが，進化上どのように哺乳類ゲノムに獲得されてきたかにつ

いて，筆者らの研究例を交えて考察したい．

1. ゲノムインプリンティングの発見

　ゲノムインプリンティングによる，Mendelの遺伝の法則に従わない遺伝子発現の不均衡性は，1984年にSuraniら，Solterら，Mannらによって立て続けに報告された（Mann & Lovell-Badge, 1984; McGrath & Solter, 1984; Surani et al., 1984）．彼らは，発生工学的手法を用いて，人工的にオスまたはメス由来の前核を2組持つ，マウスの雄性発生胚と雌性発生胚を作成した．それらはいずれも正常に発生することができなかったのだが，注目すべきは雄性発生胚と雌性発生胚においてそれぞれ異なる異常が観察されたことであった．雄性発生胚は，栄養芽層の異常発達が目立ち，胚体は6～8体節止まりであった．それに対して，雌性発生胚は，正常受精胚より小さいながら25体節まで発生し，形態上の異常は認められなかったが，栄養芽層や羊膜の未発達が目立った．この結果から，オスに由来したゲノムとメスに由来したゲノムには機能的な差異が存在することが明らかになり，正常な発生には両方のゲノムが必須であることが示されたのである．

　このように発見されたオス由来，メス由来のゲノムの機能的差異は，転座ヘテロ接合マウスの交配から生じる片親性ダイソミー（uniparental disomy）個体の遺伝的解析によって，より詳細に調べられた．1985年，Cattanachらは，ある特定の染色体領域が他の染色体に転座（ロバートソニアン転座）したマウスどうしを交配し，その領域だけが片親のみから由来している，部分重複マウスを作成した（Cattanach & Kirk, 1985）．それらのマウスは，オスまたはメス由来の染色体が重複した領域によって，初期胚致死や新生仔致死，胎仔期もしくは出生後の成長不良，出生後の行動異常，形態異常などのさまざまな表現型を示した．このような非常にエレガントな体系的解析によって，親由来により機能的差異が生じるゲノム領域が次々と見つかった．

　そして1991年には，実際に親由来により発現の異なる遺伝子，すなわちインプリント遺伝子が初めて同定されることとなった．DeChiaraらは，個体発生におけるインシュリン様成長因子II（*Igf2*）の機能を解析する目的で，この遺伝子の機能を欠損させたノックアウトマウスを作成した（DeChiara et al., 1990; DeChiara et al., 1991）．このDNA欠損をホモに持つマウスは，子宮内での成長が悪く，生後の体重も正常マウスの60%程度に留まった．ところが，ヘテロの場合，DNA欠損を母親から受け継いだマウスは正常の表現型を示したが，父親から受け継いだ場合はホモの表現型と同様に小さいマウスであった．この結果は，*Igf2*が父親由来のゲノム

からのみ発現していることを示唆しており，実際にRNAの発現解析で，母親由来の対立遺伝子が抑制されていることが明らかとなった．

このように偶然発見された$Igf2$の片親性発現の研究とほぼ同時期に，BarlowらはTmeと呼ばれる母親から由来した場合にのみ致死性を示す変異領域から原因遺伝子の探索を行っていた．驚くべきことに，発見された原因遺伝子はインシュリン様成長因子II受容体（$Igf2r$），すなわち先の$Igf2$の受容体という関係にある遺伝子であり，さらに$Igf2$とは逆に母親由来のゲノムからのみ発現することが明らかになった（Barlow et al., 1991）．最初に発見されたこれら2つのインプリント遺伝子の偶然の組み合わせは，ゲノムインプリンティングの進化および生物学的意義を説明する，かの有名なコンフリクト仮説（Haig & Westoby 1991; Moore & Haig, 1991）に非常によく合致していたのである（しかしながら，その後コンフリクト仮説に合致しない遺伝子も多数見つかっている．Hurst & McVean, 1997, 1998; Iwasa, 1998）．

1993年には，Bartolomeiらが$Igf2$遺伝子のごく近傍（約70 kb下流）に存在する$H19$遺伝子が母性発現を示すインプリント遺伝子であることを報告した（Bartolomei et al., 1993）．その後，筆者が学部生として所属してから10年近く籍を置いた研究室で行われた，雌性発生胚または雄性発生胚と，正常受精胚の間のcDNAライブラリのサブトラクションや，親由来でDNAメチル化が異なるゲノム領域の探索，もっと後では雌性発生胚や雄性発生胚を用いたマイクロアレイ解析など，インプリント遺伝子の特徴的な性質を利用した様々な方法で，インプリント遺伝子の体系的な分離が試みられた．マウスにおいては，現在までに100個近くのインプリント遺伝子が見つかっているが，染色体上の分布はランダムではなく，しばしばインプリント遺伝子クラスターを形成して存在していることがわかってきた．このようなインプリント遺伝子のクラスターはインプリントドメイン（imprinted domain）と呼ばれるが，なぜこのような分布を示すのかは，インプリント遺伝子の発現制御機構の研究が進むにつれて明らかになってきた．次節では，DMRによるゲノムインプリンティングのエピジェネティック制御機構について概説する．

2. ゲノムインプリンティングの制御機構

冒頭で，DMRと呼ばれる父親と母親どちらに由来したかでDNAメチル化状態の異なるゲノム領域が，インプリント遺伝子の片親性発現を司っていることに触れた．DMRは通常，CG配列が密に存在するCpGアイランドと呼ばれるゲノム領域に形成される．マウスのほとんどのインプリントドメインには，DMRが少なくと

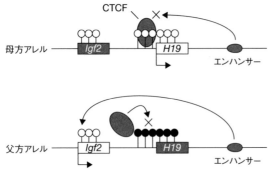

図1 *Igf2-H19* ドメインにおけるDMRによるインプリンティング制御機構
連なった黒丸はCpGアイランドがメチル化されている状態を，連なった白丸はCpGアイランドがメチル化されていないことを示している．インスレーター結合タンパク質であるCTCFは，DNAメチル化により結合が阻害される．

も1か所は存在する．一連の，ノックアウトマウスを用いたDMR欠失実験の結果から，1か所のDMRが直近の遺伝子だけでなく，最大約1Mbにもわたって複数の周辺遺伝子の片親性発現を制御し得ることが明らかになった．そのからくりを，インプリンティングの制御機構の解析が比較的進んでいる領域である，*Igf2-H19* ドメインおよび *Kcnq1* ドメインを例に簡潔に解説する．

Igf2-H19 ドメインでは，*H19* の上流に存在するCpGアイランドを含む領域が，父親由来の場合のみDNAメチル化されているDMRとなっている（図1）．このメチル化の有無により，父方アレル特異的な *H19* の不活化が起こるだけでなく，*Igf2* を含む上流の遺伝子群においては母方アレル特異的な不活化が同時に起こる．DMRにはインスレーター結合タンパクであるCTCF（CCCTC-binding factor）の結合サイトがあるが，DNAメチル化によってその結合が阻害される（Hark et al., 2000）．DMRがメチル化されていない母方アレルでは，CTCFの結合によって，*H19* 下流に位置するエンハンサーが *Igf2* を含む上流の遺伝子に働くのが阻害されるため，上流の遺伝子の発現は抑制される．一方，父方アレルでは，DNAメチル化によりCTCFが結合できないため，エンハンサーの働きが阻害されることはなく，上流の遺伝子の父性発現が成立するのである．*Igf2-H19* ドメインにおいては，このような機構により，1か所のDMRが複数のインプリント遺伝子の片親性発現を制御している．

別の *Kcnq1* ドメインでは，lncRNA（long non-coding RNA）遺伝子である *Lit1*/*Kcnq1ot1* のプロモーター領域にDMRが存在し，*H19* DMRとは逆に，母方アレル特異的にメチル化されている．したがって，*Lit1*/*Kcnq1ot1* は父性発現するのだが，この父性発現 lncRNA は，約800 kbにわたり父方アレル特異的に周辺遺伝子を不活化するのである（Fitzpatrick et al., 2002）．

このように，片親性発現を成立させる分子機構はインプリントドメインによっ

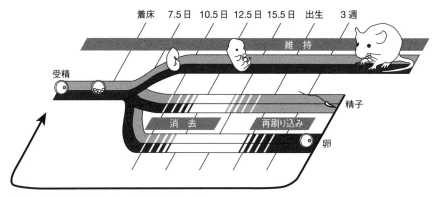

図2 ゲノムインプリンティングの概要
▨は雄型の刷り込み，■は雌型の刷り込みを示している．体細胞では両親由来の刷り込みが維持されるが，生殖細胞系列では刷り込み情報はいったん消去され，それぞれの性別に従った刷り込みが新たに起こる．

て異なるが，重要なことは，それらの分子機構のアレル特異性は，いずれのケースも1か所のDMRに起因していることである．したがって，ゲノムインプリンティングの制御機構において根本的なのは，DMRに親由来により異なるDNAメチル化状態を"刷り込む"ことなのである．

では，どのような制御により，世代ごとに毎回同じDMRのメチル化パターンが成立するのであろうか？ 哺乳類の個体は，必ず父親と母親からそれぞれの刷り込みを受けたゲノムを受け継いでいる．このような，アレル特異的なDNAメチル化の刷り込みは，それぞれのアレルが別々に存在している状態，すなわち精子と卵の形成過程で起こる（図2）．オスの個体では，胎仔期14.5日目から出生までに精子形成過程にある精原細胞で父親型のDNAメチル化パターンが刷り込まれ（Ueda et al., 2000），メスの個体では，出生後，卵の成熟過程で母親型のメチル化パターンが刷り込まれる（Obata & Kono, 2002）．刷り込みには，*de novo* のDNAメチル化酵素のDNMT3aと，それ自身ではメチル化酵素活性を持たない類似タンパク質であるDNMT3Lの両方が必要であることがノックアウト実験により明らかとなった．*Dnmt3L* をホモで欠失したメスは妊娠可能であるが，オスは精子形成が異常となり不妊であった．*Dnmt3L* をホモで欠失したメスと野生型のオスを交配させると，すべての胎仔が妊娠中期に致死となった．これらの胎仔では，正常個体では母親由来のアレルのみがメチル化されるDMRにおいて，調べたすべてのDMRが低メチル化状態であり，それに伴い周辺のインプリント遺伝子の発現が，刷り込みを受けていない父親由来のアレル様に変化していた（Bourc'his *et al.*, 2001; Hata *et al.*, 2002）．

また，金田らは*Dnmt3a*を生殖細胞でのみ欠損させたマウスを作成し，そのメスと野生型のオスを交配させ，先の*Dnmt3L*の場合と同様の結果を得た (Kaneda et al., 2004)．興味深いことに，*Dnmt3L*を欠損したオスの生殖細胞では，インプリントドメインにおけるDMRとともに，非LTRレトロトランスポゾンであるLINE1およびLTRレトロトランスポゾンであるIAPのDNAメチル化が起こらない (Bourc'his & Bestor, 2004)．このことから，精子形成過程でのメチル化インプリントとゲノム中のレトロトランスポゾンの不活化に，共通の因子が使われていることが明らかになった．さらに，卵と精子ではレトロトランスポゾンのメチル化レベルが異なっていることが知られている (Yoder et al., 1997)．それも，インプリント領域のDMRのように，卵側で高度にメチル化されるものとその逆のものが両方存在するのである．例えば，LINE1やIAPは精子で，*Alu*配列は卵でより高度にメチル化されている．これは，それぞれのDMRが雌雄の生殖細胞において刷り込み別けられている状況とよく似ている．

このように両親の生殖細胞で別々に刷り込まれたDNAメチル化は，基本的には受精，体細胞分裂を経て維持され続ける．ここで重要なのが，DNA複製時のヘミメチル状態（新たに複製された娘鎖はメチル化されておらず，鋳型鎖のみがメチル化された状態）を認識して娘鎖にもメチル基を導入する酵素，DNMT1である．*Dnmt1*を欠失したマウスは，DMRを含め，ゲノム全体が低メチル化状態となり，胎生11日頃に致死となった (Li et al., 1993)．致死以前の胎仔でインプリント遺伝子の発現を解析すると，対立遺伝子間の発現の不均衡性が失われていた．例えば，*H19*遺伝子は両方のアレルから発現し，*Igf2*や*Igf2r*は両方のアレルで不活化されていたのである．このことから，次世代の個体の体細胞系列におけるインプリント遺伝子の発現パターンは，DNMT1によるDMRのメチル化維持により保たれていることがわかった．

しかしながら，そのまた次の世代に伝わる生殖細胞系列だけは例外で，前述した父親型，母親型のDNAメチル化パターンの刷り込みに先立って，胎仔期10.5から12.5日目の始原生殖細胞において，DMRのメチル化はすべて消去される (Hajkova et al., 2002; Lee et al., 2002)．この過程では，TETタンパク質による，5-ヒドロキシメチルシトシンを介した能動的な脱メチル化経路が関与していると考えられている (Hackett et al., 2013)．このように，刷り込み，維持，消去の3つの重要なステップが忠実に繰り返されることで，各世代の個体が同一なDMRのメチル化パターンを得ることができるのである．

これまで説明してきたように，DMRがゲノムインプリンティングの制御におい

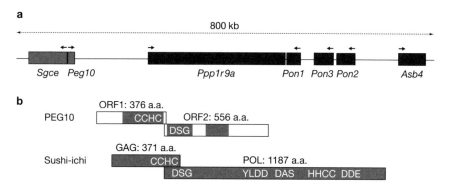

図3 マウスにおける*Peg10*の特徴

a：*Peg10*周辺は，1 Mb近いインプリンティング領域となっている．■は父性発現遺伝子，■は母性発現遺伝子を表している．

b：■はそれぞれSushi-ichiレトロトランスポゾンのGAG，POLタンパクとの相同性がある部分である．PEG10もSushi-ichiと同様に-1フレームシフトを介してORF1と2の融合タンパクが翻訳される．CCHC: RNA binding motif, DSG: protease active site, YLDD: reverse transcriptase, DAS: RNase highly conserved motif, HHCC: integrase DNA binding motif, DDE: strongly conserved integrase.

て中心的な役割を持っていることは明らかである．したがって，ゲノムインプリンティングの進化を考えるうえで，ゲノム上にどのように新たなDMRができるのかは，最も重要な視点の1つであるといえるだろう．次節以降では，レトロトランスポゾン由来のインプリント遺伝子である*PEG10*を含むインプリントドメインの比較解析からみえてきた，レトロトランスポゾンの挿入とゲノムインプリンティングの成立の関係について概説する．

3. レトロトランスポゾン由来のインプリント遺伝子*PEG10*

筆者が大学院生の当時所属していた研究室では，様々な方法を用いてインプリント遺伝子の探索が精力的に行われていたが，その中で，哺乳類のゲノムには非常に稀な種類のレトロトランスポゾンに由来するインプリント遺伝子*Peg10*がマウス6番染色体近位部に同定された（Ono *et al.*, 2001）．この遺伝子にはコードするタンパク質のORFが2つ存在し，それぞれがSushi-ichiというLTRレトロトランスポゾンのGAG領域（ウイルスの構造タンパクのコード領域由来の配列）およびPOL領域（ウイルス酵素群のコード領域由来の配列）と相同性を有していた（図3）．しかも，レトロトランスポゾンのGAGとPOLがタンパク質に翻訳される際には，リボソームがmRNA上で-1のフレームシフトを起こし，GAG-POLの融合タンパク質がつくられるのだが，興味深いことに，*Peg10*からも同様のフレームシフト

機構によりORF1-ORF2の融合タンパク質が翻訳されることがわかった。また，Peg10のコードするアミノ酸配列は哺乳類の種間で高度に保存されているが，鳥類や爬虫類には遺伝子自体が存在しないことから，ひょっとするとPeg10は哺乳類特異的な特徴に機能している可能性があるのではないか，いや，そんな訳のわからない遺伝子に重要な機能などないだろうなどと，研究室内の学生間でいろいろな議論が沸いたのを記憶している。前述した，転座ヘテロ接合マウスの交配から生じる片親性ダイソミー個体の遺伝的解析から，6番染色体近位部の母親性ダイソミーは初期胚致死を示すことがわかっていた。この染色体領域には，明確な父性発現を示すPeg10とSgceおよび明確な母性発現をするAsb4遺伝子が存在し，胎盤のみで母性発現をするPpp1r9a, Pon2, Pon3なども存在している (Ono et al., 2003)。この中で，母親性ダイソミーで全く発現がなくなってしまう父性発現遺伝子であり，初期胚期の胎盤で高発現をするPeg10は，この初期胚致死の原因遺伝子である可能性があると考えられ，すぐにノックアウトマウスの作成が行われた。このPeg10欠損マウスを解析した結果，変異が父親から伝わる場合のみすべての個体が初期胚致死となり，さらにそれは胎盤形成不全によるものであることが明らかになった (Ono et al., 2006)。これは，レトロトランスポゾン由来の遺伝子が哺乳類の個体発生に必須な機能を持つというだけでなく，哺乳類を特徴づける胎盤という臓器の獲得に重要であったことを示す非常に興味深い結果であった。

　このノックアウトマウスの結果が出始めた頃，筆者は，マウスやヒトの属する真獣類と進化上離れている哺乳類のグループである有袋類でゲノムインプリンティングがどの程度保存されているかを調べる目的で，マウスのインプリント遺伝子のオルソログをタマーワラビー (Macropus eugenii) という小型のカンガルーを用いて解析した論文をちょうどまとめ終えたところであった (Suzuki et al., 2005)。必然的に，ボスとのディスカッションで，胎盤の形成に必要なPEG10のもととなるレトロトランスポゾンの挿入はいったい哺乳類の進化上いつ起きたのだろうという話になり，筆者は有袋類，単孔類を含むPEG10相同領域の比較ゲノム解析に着手することになった。とは言っても当時は，有袋類や単孔類においては公共のデータベースから希望するゲノム領域のDNA配列がものの数分で入手できる時代ではなく，自らBACライブラリをスクリーニングしてPEG10が存在し得るゲノム領域の塩基配列を決定する必要があった。聞くところによると，オーストラリアの共同研究先では，タマーワラビーおよび単孔類のカモノハシ (Ornithorhynchus anatinus) のBACライブラリがすでに使用可能であるという。こうして，海外経験ゼロの博士課程2年の大学院生であった筆者は，オーストラリアに単身3か月

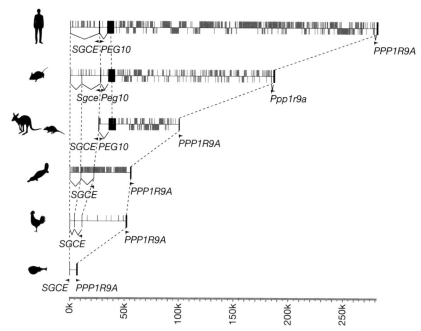

図4 哺乳類, 鳥類, 魚類を含む *SGCE-PPP1R9A* 間のゲノム比較図
■はそれぞれの遺伝子のエキソンを, ▶は転写開始点および転写の向きを示している。—はゲノム配列中のレトロトランスポゾンを表しており, 上向きの線は SINE や LINE などの非 LTR レトロトランスポゾン, 下向きの線は LTR レトロトランスポゾンを示している。

間放り込まれることになった。出発の前夜は, 緊張と興奮のあまり一睡もできなかったのをよく覚えている。凍てつく寒さの真冬の日本を出発して翌日, 太陽がさんさんと輝く真夏のメルボルンに降り立った時の, 頭ではわかっているけれど何か騙されているような不思議な感覚が, 強く印象に残っている。現地では, メルボルン大学の Marilyn Renfree 教授および, 首都キャンベラにあるオーストラリア国立大学の Jenny Graves 教授のラボを訪れ, 英語能力が不十分であった筆者はそれぞれのラボのメンバーの多大なサポートを受けて（言い換えれば, 多大な迷惑をかけて）, 何とか目的のゲノム領域を含むタマーワラビーおよびカモノハシの BAC クローンを入手したのであった。

4. 有袋類と真獣類の共通祖先における*PEG10*の獲得と胎生の進化

オーストラリアから持ち帰ったそれぞれの BAC をシーケンスし, リピート配列の多さに非常に悩まされながらもアセンブルを完了すると, ワラビーにはアミノ酸

配列が高度に保存された*PEG10*が，まさに真獣類のゲノムと同じ*SGCE*と*PPP1R9A*遺伝子に挟まれた場所に存在することが確認された（図4）(Suzuki *et al.*, 2007)．一方，カモノハシの*SGCE*と*PPP1R9A*遺伝子の間には，鳥類と同様に，*PEG10*に対応する配列は存在しなかった．すなわち，*PEG10*のもとになったレトロトランスポゾンの挿入は，卵生の単孔類の分岐後に，真獣類や有袋類の胎生の哺乳類の共通祖先において起こったことが証明された．レトロトランスポゾンの挿入が，偶然に他の個体で同一の染色体部位に起こる確率は非常に低いと考えられる．したがって*PEG10*の挿入は，今からおよそ1億6,000万年前に，真獣類と有袋類の共通祖先のある1匹の個体に起こった1回性の出来事のはずである．我々人類を含むすべての真獣類と有袋類が，この挿入を持った特定の1個体の子孫であることを考えると非常に感慨深い．

あまり知られてはいないが，有袋類は卵黄囊胎盤という，真獣類に広く見られる漿尿膜胎盤とは異なるタイプの胎盤により母子間の栄養輸送を行いながら，真獣類と比べて短期間であるが母体内で胎仔を育てる．そして，真獣類の新生児と比べて未熟な段階で生まれた後は，よく知られているように，母親のおなかにある育児囊とよばれる袋の中で母乳により発育する．*PEG10*が真獣類の胎盤形成に必須な機能を持つことは前述の通り明らかである．有袋類の卵黄囊胎盤における*PEG10*の機能は，残念ながら現時点では未解明であるが，ワラビーの卵黄囊胎盤でも*PEG10*は高発現している．*PEG10*が哺乳類の中でも胎生という生殖様式をとる真獣類と有袋類に共通して存在し，胎盤で高発現していることは，*PEG10*の獲得と哺乳類における胎生の進化が深い関係にあることを支持する結果であると考えている．

5. *SGCE-PEG10*ドメインにおけるゲノムインプリンティングの起源

我々を含むいくつかのグループの研究から，ゲノムインプリンティングは有袋類にも存在することがわかっているが，単孔類ではまだ報告がないため，正確に言えばゲノムインプリンティングは哺乳類の中でも真獣類と有袋類に特異的であると言うべきかもしれない（ただし，高等脊椎動物以外では，植物や昆虫でもインプリンティングは見つかっている）．前述のように，有袋類には真獣類と同様に*PEG10*が存在することが明らかになった．真獣類では，*PEG10*は1Mbにおよぶ広範囲のインプリントドメインに含まれるが，それでは有袋類のこのゲノム領域のインプリンティングはどうなっているのであろうか？　そこで筆者は，マウスにおいて典型的な片親性発現を示すことがわかっている，*PEG10*および両隣の*SGCE*

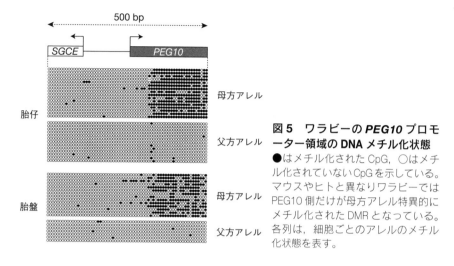

図5 ワラビーの PEG10 プロモーター領域の DNA メチル化状態
●はメチル化された CpG、○はメチル化されていない CpG を示している。マウスやヒトと異なりワラビーでは PEG10 側だけが母方アレル特異的にメチル化された DMR となっている。各列は，細胞ごとのアレルのメチル化状態を表す。

と PPP1R9A，さらに下流の ASB4 の4つの遺伝子のオルソログをタマーワラビーにおいて同定し，アレル別に発現解析を行った。アレル別に発現量を定量する際には，一塩基多型部位を指標に用いるのだが，ワラビーにおいては，亜種ごとの多型データベースが整っているマウスと違って，多型部位の探索から始めなければならない。たいていの場合は，3'UTR に複数箇所の一塩基多型部位が見つかるのだが，全く多型が見つからないせいで，いまだにワラビーでは解析が進んでいない遺伝子も存在する。先の4つの遺伝子には都合良く一塩基多型部位が存在し，それらを利用して父方，母方アレル別の発現量を解析した。最初に得たデータで，SGCE が両親性発現することがわかった。SGCE は PEG10 と逆向きに転写され，それぞれの転写開始点はわずか 200 bp 程度しか離れておらず，真獣類では SGCE は PEG10 と同様に父性発現を示すことから，この時点で筆者はワラビーでは PEG10 も十中八九インプリンティングを受けていないのだろうと思っていた。ところが，いざ PEG10 のデータが出ると，きれいに片親性発現を示しているではないか。残りの2つの遺伝子は SGCE と同様に両親性発現であったことから，興味深いことに，有袋類では PEG10 のみがインプリンティングを受けることが明らかになった (Suzuki et al., 2007)。

　真獣類では，SGCE と PEG10 の両遺伝子の転写開始点を含む CpG アイランド全体が，母方アレル特異的にメチル化された DMR となっており，これによって両遺伝子の母方アレルからの発現は抑制されていると考えられている。有袋類にも同じ場所に CpG アイランドが見つかった。ワラビーにおける SGCE と PEG10 のイン

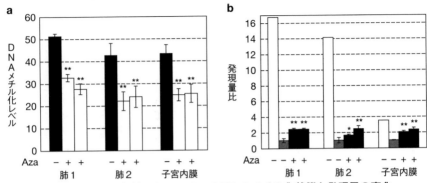

図6 DNAメチル化阻害剤によるPEG10 DMRのメチル化状態と発現量の変化

a: DNAメチル化阻害剤（Aza: 5-アザシチジン）の添加により, PEG10 DMRのメチル化が有意に低下している. 同一の細胞サンプルに対し, 独立な2回の5-アザシチジン処理を行い（"+"の■■■）, 1回は5-アザシチジン処理なし（"−"の■■■）とした. 各処理において3回独立にDNAメチル化解析を行い, Dunnettの多重比較検定により有意差検定を行った. **(p < 0.01)

b: ■■■は, ■■■で示した母方アレルからの発現量を1とした時の父方アレルからの発現量比を, ■■■は5-アザシチジン処理によってDNAメチル化レベルが低下した状態の母方アレルからの発現量比をそれぞれ示している. "Aza −" は5-アザシチジン処理なしのサンプル由来のデータ, "Aza +" は独立に2回の5-アザシチジン処理を行ったサンプル由来のデータを示している. 各サンプルにおいて発現解析を独立に3回行い, Dunnettの多重比較検定により有意差検定を行った. *($p < 0.05$), **($p < 0.01$)

プリントの違いを説明するヒントがあるかもしれないと思い, 早速このCpGアイランドのDNAメチル化状態を解析してみると, DMRが有袋類で初めて見つかった. これにより, 真獣類におけるDNAメチル化と共役したゲノムインプリンティング機構が, 有袋類にも存在することが実証された. さらに, 驚いたことに, 一続きのCpGアイランドの途中ではっきりとDNAメチル化の境界ができ, PEG10側のみが母方アレル特異的にメチル化されていて, SGCE側は全くメチル化されていないことがわかった（図5）. また, PEG10側のメチル化も転写開始点の60 bp程度下流から始まっており, 一般に真獣類のDMRで見られるような転写開始点および上流を含むメチル化ではなかった. そこで, 実際にこのDNAメチル化が母方アレルの発現抑制に関係するかどうかを確かめるため, ワラビーの初代培養細胞でDNAメチル化阻害剤の5-アザシチジン処理による脱メチル化実験を行った. その結果, メチル化レベルの低下に伴い, 抑制されている母方アレルからのPEG10の発現量の上昇が見られた（図6）. これにより, 有袋類においてもDNAメチル化がPEG10のインプリンティングに重要な役割を果たしていることが確認された.

さて, ここで真獣類, 有袋類, 単孔類および鳥類を含むSGCEのプロモーター

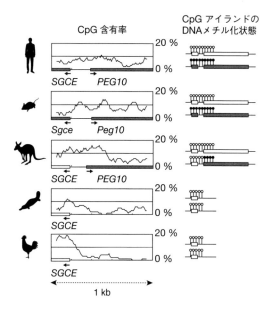

図7　PEG10の挿入に伴うCpGアイランドの拡大
ニワトリ（鳥類），カモノハシ（単孔類），ワラビー（有袋類），マウス（真獣類），ヒト（真獣類）におけるSGCEプロモーター領域のCpG部位の割合をグラフで示した。PEG10の存在する種ではCpGアイランドが拡大している。PEG10は単孔類の分岐した後，有袋類と真獣類の共通祖先に挿入した。有袋類ではPEG10側のみDMRとなっているが，真獣類ではCpGアイランド全体がDMRとなっている。

領域のCpG部位の割合を示したグラフを見ていただきたい（図7）。カモノハシ（単孔類），ニワトリ（鳥類）にもCpGアイランドが存在するが，ワラビー（有袋類），マウス，ヒト（真獣類）では，PEG10の挿入に伴ってCpGアイランドが拡大していることがわかると思う。真獣類では，このCpGアイランド全体がDMRになっているのだが，有袋類のDMRは，まさにCpGアイランドが拡大した部分に相当しているのだ。この事実は，すなわちPEG10の挿入がこのインプリントドメインの起源になったことを示唆している（図8）。現在のPEG10の配列には，LTRレトロトランスポゾンの特徴であるLTR構造は残っていない。しかし，位置的に，ワラビーのDMRはかつてレトロトランスポゾンのLTRに相当する部分であった可能性がある。多くのLTRはCpGリッチであり，その構造上，転写開始点の下流にプロモーターを持つ。このことは，ワラビーのPEG10が転写開始点より60 bp下流からのDNAメチル化によって制御されることをよく説明できる。また，LTRにはバウンダリーエレメントとしての機能も存在することから，有袋類ではDNAメチル化がSGCE側まで広がらず，PEG10側のみに限られているのも，LTRのそのような性質がまだ残っているためであると考えることもできる。哺乳類は，レトロトランスポゾンやレトロウィルスの挿入に対して，DNAメチル化という方法で抑制することにより対処していることはよく知られている。ここで紹介した研究結果は，ゲノムインプリンティングがそのような外来遺伝子に対する防御機構に起源し

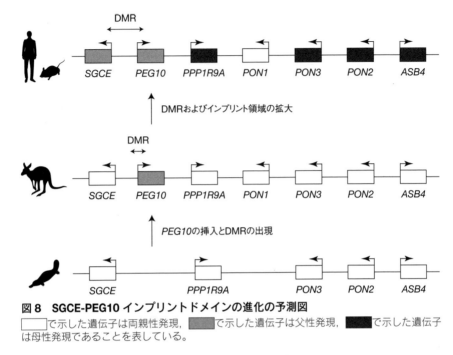

図8 SGCE-PEG10インプリントドメインの進化の予測図
□で示した遺伝子は両親性発現，■（灰色）で示した遺伝子は父性発現，■で示した遺伝子は母性発現であることを表している。

たという考え方に強い支持を与えるものであると考えている。

6. 新規獲得CpGアイランド：インプリンティング進化のカギ

　前節で説明したとおり，SGCE-PEG10インプリントドメインにおいてはレトロトランスポゾンの挿入によりCpGアイランドが拡大し，そこがDMRとなったと考えられる．それでは，別のインプリントドメインのDMRはどのように哺乳類のゲノムに獲得されたのであろうか？　この問いに対するヒントを得るため，筆者はマウスやヒトでDMRとなっている約20か所のCpGアイランドが，進化をさかのぼってどこまで存在しているかについて，すでに報告されている例も含めて総合的にデータをまとめた（図9）．その結果，興味深いことに，ほとんどのDMRが哺乳類の進化の過程で新たに獲得されたCpGアイランドであることがわかった（Suzuki et al., 2011）．これらすべての例で，何かしらの外来DNAの挿入があったことを示す証拠が残っているわけではないが，それでも半数近くは，先に述べたレトロトランスポゾンに加えてレトロ遺伝子の挿入をきっかけとして獲得されたと考えられるDMRである．このことから筆者は，何らかのレトロ因子の挿入をきっかけとして，ゲノム中に新規CpGアイランドが出現するという現象が，DMRの獲得という

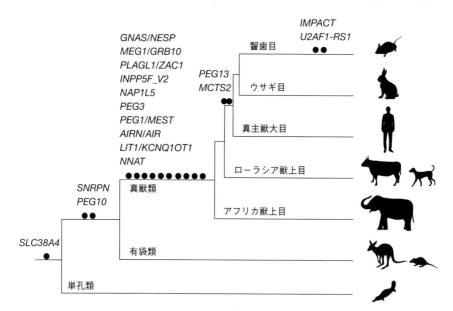

図9 マウスやヒトにおいてDMRとなっているCpGアイランドが出現したタイミング
●は新規CpGアイランドが現れた数と時期を表しており，遺伝子名は関連するインプリント遺伝子／領域を示している。

哺乳類のインプリント領域の進化に非常に重要な過程において，普遍的な，カギとなるゲノム変化であると考えている。

おわりに

本章では，哺乳類においてゲノムインプリンティングが発見されてからの経緯や基本的な制御機構を概説し，後半はレトロトランスポゾン由来の遺伝子PEG10やその他のDMRの起源に関する比較ゲノム研究から明らかになってきた，レトロトランスポゾンを含む外来DNAの挿入とゲノムインプリンティング成立の関連性について述べてきた。外来DNAの挿入，新規CpGアイランドの出現，DMRの獲得というそれぞれのイベントが，インプリント領域が進化する過程において重要な一部分であると考えられるが，これらの現象がどのように結びついているかについての詳細なメカニズムはまだあまりわかっておらず，今後の課題として残っている。

本文中でも述べたように，インプリント領域という限られたゲノム領域のみで

も，哺乳類の進化の過程で新たな CpG アイランドが突如出現した例がいくつも見つかってきた。CpG アイランドは，DNA メチル化をはじめとする様々なエピジェネティック修飾のプラットフォームとして，遺伝子発現制御に重要な役割をもつことが多い。また，新たな CpG アイランドを獲得するうえでの重要な役者であると考えられるレトロトランスポゾンには，プロモーター活性やバウンダリーエレメントとしての機能を持つものもあり，これらのゲノム機能の供給源となり得る。われわれ哺乳類のゲノム配列の半分近くはレトロトランスポゾンなどの外来の反復配列が占めており，種特異的なものが多く知られている。したがって，外来 DNA の挿入を引き金とする新規 CpG アイランドの獲得は，種ごとに異なるゲノム／エピゲノム機能の複雑化につながる可能性がある。このように，現在の哺乳類のゲノム機能を考える上で，ジェネティック／エピジェネティック両方の側面において，レトロトランスポゾンがおよぼした影響は，われわれの想像以上に大きいのではなかろうか。

引用文献

Barlow, D. P. *et al.* 1991. The mouse insulin-like growth factor type-2 receptor is imprinted and closely linked to the *Tme* locus. *Nature* **349**: 84-87.

Bartolomei, M. S. *et al.* 1993. Epigenetic mechanisms underlying the imprinting of the mouse *H19* gene. *Genes & Development* **7**: 1663-1673.

Bourc'his, D. & T. H. Bestor. 2004. Meiotic catastrophe and retrotransposon reactivation in male germ cells lacking Dnmt3L. *Nature* **431**: 96-99.

Bourc'his, D, *et al.* 2001. Dnmt3L and the establishment of maternal genomic imprints. *Science* **294**: 2536-2539.

Cattanach, B. M. & M. Kirk. 1985. Differential activity of maternally and paternally derived chromosome regions in mice. *Nature* **315**: 496-498.

DeChiara, T. M. *et al.* 1990. A growth-deficiency phenotype in heterozygous mice carrying an insulin-like growth factor II gene disrupted by targeting. *Nature* **345**: 78-80.

DeChiara, T. M. *et al.* 1991. Parental imprinting of the mouse insulin-like growth factor II gene. *Cell* **64**: 849-859.

Fitzpatrick, G. V. *et al.* 2002. Regional loss of imprinting and growth deficiency in mice with a targeted deletion of *KvDMR1*. *Nature Genetics* **32**: 426-431.

Hackett, J. A. *et al.* 2013. Germline DNA demethylation dynamics and imprint erasure through 5-hydroxymethylcytosine. *Science* **339**: 448-452.

Haig, D. & M. Westoby. 1991. Genomic imprinting in the endosperm: Its effect on seed development in crosses between species, and between different ploidies of the same species, and its implications for the evolution of apomixis. *Philosophical Transactions of the Royal Society B: Biological Sciences* **333**: 1-13.

Hajkova, P. *et al.* 2002. Epigenetic reprogramming in mouse primordial germ cells. *Mechanisms of Development* **117**: 15-23.

Hark, A. T. *et al.* 2000. CTCF mediates methylation-sensitive enhancer-blocking activity at the H19/Igf2 locus. *Nature* **405**: 486-489.

Hata, K. *et al.* 2002. *Dnmt3L* cooperates with the *Dnmt3* family of *de novo* DNA methyltransferases to establish maternal imprints in mice. *Development* **129**: 1983-1993.

Hurst, L. D. & G. T. McVean. 1997. Growth effects of uniparental disomies and the conflict theory of genomic imprinting. *Trends in Genetics* **13**: 436-443.

Hurst, L. D. & G. T. McVean. 1998. Do we understand the evolution of genomic imprinting? *Current Opinion in Genetics & Development* **8**: 701-708.

Iwasa, Y. 1998. The conflict theory of genomic imprinting: how much can be explained? *Current Topics in Developmental Biology* **40**: 255-293.

Kaneda, M. *et al.* 2004. Essential role for *de novo* DNA methyltransferase Dnmt3a in paternal and maternal imprinting. *Nature* **429**: 900-903.

Lee, J. *et al.* 2002. Erasing genomic imprinting memory in mouse clone embryos produced from day 11.5 primordial germ cells. *Development* **129**: 1807-1817.

Li, E. *et al.* 1993. Role for DNA methylation in genomic imprinting. *Nature* **366**: 362-365.

Mann, J. R. & R. H. Lovell-Badge. 1984. Inviability of parthenogenones is determined by pronuclei, not egg cytoplasm. *Nature* **310**: 66-67.

McGrath, J. & D. Solter. 1984. Completion of mouse embryogenesis requires both the maternal and paternal genomes. *Cell* **37**: 179-183.

Moore, T. & D. Haig. 1991. Genomic imprinting in mammalian development: a parental tug-of-war. *Trends in Genetics* **7**: 45-49.

Obata, Y. & T. Kono. 2002. Maternal primary imprinting is established at a specific time for each gene throughout oocyte growth. *Journal of Biological Chemistry* **277**: 5285-5289.

Ono, R. *et al.* 2001. A retrotransposon-derived gene, *PEG10*, is a novel imprinted gene located on human chromosome 7q21. *Genomics* **73**: 232-237.

Ono, R. *et al.* 2006. Deletion of *Peg10*, an imprinted gene acquired from a retrotransposon, causes early embryonic lethality. *Nature Genetics* **38**: 101-106.

Ono, R. *et al.* 2003. Identification of a large novel imprinted gene cluster on mouse proximal chromosome 6. *Genome Research* **13**: 1696-1705.

Surani, M. A. *et al.* 1984. Development of reconstituted mouse eggs suggests imprinting of the genome during gametogenesis. *Nature* **308**: 548-550.

Suzuki, S. *et al.* 2007. Retrotransposon silencing by DNA methylation can drive mammalian genomic imprinting. *PLoS Genetics* **3**: e55.

Suzuki, S. *et al.* 2005. Genomic imprinting of *IGF2*, $p57^{KIP2}$ and *PEG1/MEST* in a marsupial, the tammar wallaby. *Mechanisms of Development* **122**: 213-222.

Suzuki, S. *et al.* 2011. The evolution of mammalian genomic imprinting was accompanied by the acquisition of novel CpG islands. *Genome Biology and Evolution* **3**: 1276-1283.

Ueda, T. *et al.* 2000. The paternal methylation imprint of the mouse *H19* locus is acquired in the gonocyte stage during foetal testis development. *Genes Cells* **5**: 649-659.

Yoder, J. A. *et al.* 1997. Cytosine methylation and the ecology of intragenomic parasites. *Trends in Genetics* **13**: 335-340.

第4部

手法編

第10章　DNA メチル化解析法

西村　泰介（長岡技術科学大学）

はじめに

　真核生物において，DNA 上のシトシン塩基のメチル化は，遺伝子発現，ヘテロクロマチン形成，染色体組換え等，様々な事象に関与する。シトシンメチル化には，細胞分裂の前後でその情報が高度に維持される機構が存在し，細胞記憶，つまりエピジェネティックメモリーと深く関係すると考えられている。植物では，シトシンメチル化のパターンが減数分裂を経て，次世代にも"遺伝"する例が多数知られており，シトシンのメチル化は，遺伝子発現やクロマチンの状態を解析する目的に加えて，塩基配列と同様に，遺伝子多型として扱うことも可能であろう。このようにDNA メチル化の状態を解析することは，一部の研究分野のみならず，様々な分野で必要となっている。

　現在，主に用いられている任意の遺伝子座で DNA メチル化を検出する方法の原理は以下の3通りである。①制限酵素によるメチル化に対する感受性・認識性を利用する方法，②バイサルファイト（亜硫酸水素塩）処理によるメチル化シトシンのウラシルへの変換反応がシトシンのウラシルへの反応より遅いことを利用する方法，③メチル化シトシン抗体やメチル化シトシン結合タンパク質の親和性を利用する方法，であるが，それぞれに長所・短所があり，現在も色々な検出方法の開発の試みがなされている。

　本章では，配列の決定している任意の遺伝子座の DNA メチル化の状態を解析するための，上記①，②の原理を利用した簡便な方法を紹介したい。

1. メチル化感受性及びメチル化認識性制限酵素による検出

1.1. 原理・背景

　制限酵素は本来，原核生物で自己の DNA をメチル化し，非自己のメチル化されていない DNA を分解するシステムで働く酵素である（第9章解説参照）。つまり多くの制限酵素はその切断活性にメチル化の影響を受ける。またいくつかの制限酵素では，メチル化されている配列を特異的に認識して，切断することも知られている。

表1 メチル化解析に使用される制限酵素の例

	制限酵素	認識配列
CGメチル化により切断できない	*Hpa* II	CCGG
	Acc II	CGCG
CHGメチル化により切断できない	*Hpa* II	CCGG
	Msp I	CCGG
CHHメチル化により切断できない	*Nla* III	CATG
	Hae III*	GGCC
メチル化されていると切断できる	*Mcr* BC	(G/A)CNN……NN(G/A)C

*続く配列によってはCG及びCHGメチル化によっても切断できない

　これらの酵素をゲノムDNAに作用させ，切断するかしないかでDNAメチル化の有無を判定することが可能である．シトシンメチル化の検出によく使用される制限酵素のいくつかについて表1にまとめた．また制限酵素のメチル化感受性については New England Biolabs 社の制限酵素のデータベース REBASE（http://rebase.neb.com/rebase/rebms.html, Robert *et al.* 2010）に詳しいので参照されたい．

　切断されたかどうかは，目的の遺伝子領域のDNA断片の長さの違いで判断できるため，当該領域に対応する標識プローブを用いて，サザンブロット解析を行うことで，検出されるバンドのパターンからメチル化の効率が判定できる．しかし最近ではより簡便なPCR反応を用いた検出法が主流である．制限酵素の認識配列を挟むようにプライマーを設計し，PCR反応後の増幅産物の量で，メチル化の効率が判定できる（図1）．

　この方法では，使用する制限酵素の認識配列上のメチル化しか検出できない，酵素の不完全消化が誤差を生み出す，といった短所はあるものの，少量のサンプルで解析が可能である，また低コストで済むといった長所があり，簡単に試すことの可能な実験である．ここではPCR反応による検出の具体例を紹介する．

1.2. 材料・準備

◎精製したゲノムDNA

　それぞれの生物種による方法で精製したもので構わない．ただし，制限酵素の反応に影響が出るので精製度の高いDNAを使用した方が失敗が少ない．少なくとも比較するサンプル間では同じ方法で精製した染色体DNAを用いることをお薦めする．シロイヌナズナについては，筆者らはQiagen社のDNeasy Plantキットで精製したゲノムDNAで良好な結果が得られている．

◎PCR用のプライマー

　調べたいメチル化シトシンを含む領域を増幅するように設計する．ただし制限

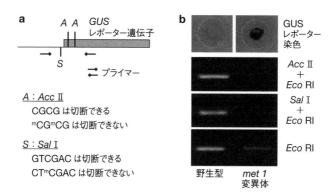

図1 メチル化感受性制限酵素による解析例 (写真は山本章子博士に提供して頂いた)
a: メチル化感受性制限酵素 (*Acc* IIと*Sal* I) の認識配列と，*GUS*レポーター遺伝子内での認識配列の位置．**b**: *GUS*レポーター遺伝子を形質転換した野生型と*met1*突然変異体 (Morel *et al.*, 2000) の1週間目の子葉をGUS染色した写真（上段）とそれぞれの植物から抽出した染色体DNAをメチル化感受性制限酵素で切断後，**a**で記したプライマーを用いてPCR反応を行い，増幅産物をアガロースゲル電気泳動で観察した結果（中二段）．最下段はこの遺伝子領域外のメチル化非感受性制限酵素 (*Eco* RI) で切断した染色体を用いた対照実験．野生型ではこの形質転換遺伝子はメチル化されているため制限酵素で切断されず，また*GUS*レポーター遺伝子の発現による染色も観察されない．*met1*突然変異体ではCGメチル化が維持できないため，*GUS*レポーター遺伝子も発現する．

酵素で切断された後，長さの違いが検出できるように考慮する．プライマーの長さやCG含量などは，通常のPCRプライマーの設計方法に従う．

◎メチル化感受性もしくは認識性制限酵素

表1や上述のデータベースREBASE参照．メチル化の有無を解析したい遺伝子領域内（PCRで増幅する遺伝子領域内）に認識配列が存在すること．複数箇所，認識配列があっても構わない．

◎メチル化の影響を受けない制限酵素

後に続くDNA精製やPCR反応における影響を減じるために，ゲノムDNAを断片化する．PCRで増幅する遺伝子領域内に認識配列が存在しない制限酵素なら何でもいいが，筆者らはシトシンメチル化の影響を受けないDra I（認識配列，TTTAAA）やNde I（同，CATATG）などを使用することが多い．

◎PCR用試薬

一般的なものでよい．ただし増幅配列がCGに富むなど特殊な場合は，それに適したPCR酵素を用いる方がよい場合もある．

◎制限酵素失活・DNA精製試薬

制限酵素の種類によっては，処理後，エタノール沈殿やフェノール処理により，

制限酵素を失活する必要がある。市販のPCR産物を精製するキットを用いても良い。加熱処理で失活する制限酵素を選ぶ方が，DNA精製過程に生じる誤差を考慮しなくて良いので好ましい。

◎ブロックインキュベーター（なければサーマルサイクラーでも代用可）
◎電気泳動によるDNA断片解析装置一式
　一般的なものでよい。

1.3. 方法の実際

以下は筆者の研究室でシロイヌナズナを用いて行っている方法の実際の手順である。生物種によって使用する染色体DNAの量や制限酵素の反応時間，またPCR反応の条件は至適化が必要な場合がある。

1) 制限酵素によるDNAの消化

精製したゲノムDNA	40 ng
メチル化感受性（認識性）制限酵素（スター活性に注意）[*1]	2～5 unit
メチル化非感受性制限酵素（スター活性に注意）	2～5 unit
10×至適制限酵素バッファー	2 μl
滅菌精製水	最終20 μlに

上記反応液を37 ℃（制限酵素の至適反応温度）で3時間～1晩，ヒートブロックもしくはサーマルサイクラーでインキュベートし，完全消化させる。

対照実験として，等量のゲノムDNAを用いてメチル化感受性（認識性）制限酵素を加えない反応も行う。

↓

2) 制限酵素の失活処理

制限酵素の種類に応じて，加熱処理，エタノール沈殿，フェノール処理やDNA精製キットによって制限酵素の活性を取り除く。加熱処理の場合，そのまま反応物の1/10量を次のPCR反応液に使用しても多くの場合で問題ない。

↓

3) PCR反応

---

*1：**スター活性**　制限酵素を過剰量加えた場合，特異性が低下して認識配列と異なる配列を切断する現象。本反応系では，使用する制限酵素量が多いので注意が必要である。

4 ng 程度（反応精製物の 1/10 量）の消化 DNA を用いて，PCR 反応を行う。反応条件は，使用する PCR 試薬の反応条件に従う。反応サイクル数が多すぎると，消化された DNA からも増幅されると同時に，消化されない DNA からの増幅産物の量も頭打ちになり両者で差が観察されなくなる。また少なすぎると，どちらからも増幅産物が観察されない。このことから，反応サイクル数は条件検討し最適化する必要がある。

↓

4) PCR 増幅産物の電気泳動，評価

通常のアガロースゲル電気泳動で，バンドのシグナル強度の差で，メチル化感受性（認識性）制限酵素によって，ゲノム DNA が消化されているかを検証する（図1）。対照実験のメチル化感受性（認識性）制限酵素を加えていない反応物の増幅産物のバンドのシグナル強度で，サンプル間におけるゲノム DNA 量のバラツキを補正する。

1.4. その他・備考

ここで紹介した PCR を用いた方法は，半定量的な簡便な検出方法であり，より正確な定量には，サザンブロット法やリアルタイム PCR 法を行う必要がある。これらの解析には制限酵素反応後の DNA を，それぞれのプロトコールに従って解析すればよい。しかしながら，DNA メチル化頻度に大きな差が生じている場合，ここで紹介した方法で十分検出できる。

CCGG 配列を認識する Hpa II は ^{m}CCGG や C^{m}CGG に感受性の制限酵素で CG メチル化の検出によく使用される酵素であり，同じ配列を認識する C^{m}CGG に非感受性の Msp I が，対照実験に用いられることが多い。ただし，Msp I は ^{m}CCGG には感受性であり，CG メチル化を主に解析対象とする哺乳動物では問題は少ないが，CHG メチル化が少なからず観察される植物では，対照実験として使用する場合は注意する必要がある（表1）。

2. バイサルファイト変換した DNA の サンガーシーケンシング法による解析

2.1. 原理・背景

バイサルファイト変換は DNA をバイサルファイト（亜硫酸水素塩）処理することによってシトシンを脱アミノ化しウラシルに変換する反応である（Hayatsu et al.,

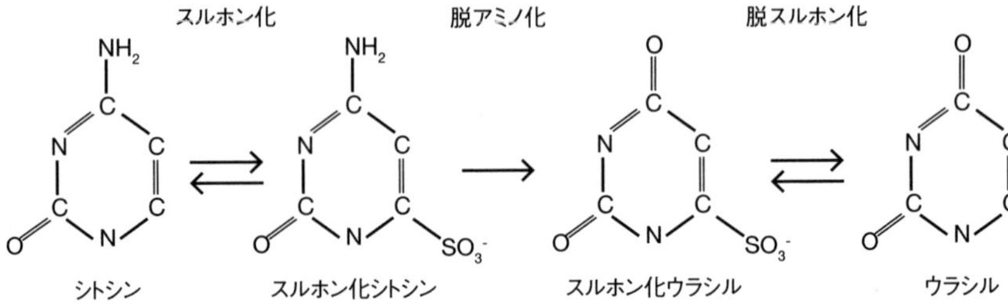

図2 バイサルファイト反応の模式図

1970; Shapiro et al., 1970)。バイサルファイト処理により，酸性条件下でシトシンは可逆的にスルホン酸化され，不可逆的な加水分解反応により脱アミノ化される。これをアルカリ条件下にすると可逆的に脱スルホン化され，最終的にウラシルに変換される（図2）。メチル化シトシンは，スルホン化反応が非メチル化シトシンに比べて非常に遅く，見かけ上ウラシルに変換されずに残ることから，ウラシルへの変換の有無でメチル化されているかを検出する（図3；Frommer et al., 1992）。ウラシルは続くPCR反応でチミンに変換する（図3）。この方法の最大の長所は，特定の遺伝子領域をサンガーシーケンシング法で配列決定することで，各シトシン塩基のメチル化の状態を調べることができることである。ただしあくまで反応速度の差を利用していて，直接的にメチル化を認識しているわけでない点，また動物で観察されるヒドロキシルメチル化シトシンとメチル化シトシンの差を見分けることができないなどの欠点がある。

　バイサルファイト変換の試薬・キットについては，様々な会社から販売しているが，ひと昔前に比べると短時間かつ高効率で反応が行えるように，各社とも改良が進んでいるようである。どこの会社の試薬・キットを使用しても，プロトコール通りに処理すれば，大きな問題はないと思われるが，本項では，バイサルファイト変換を発見した岡山大学の早津彦哉博士により開発された，一本鎖DNAを高濃度バイサルファイトで高温処理することにより，短時間・高効率にバイサルファイト変換を行う方法（Shiraishi & Hayatsu, 2004, Hayatsu et al., 2004）を紹介する。この方法で，少なくともシロイヌナズナのDNAに対しては，筆者の研究室で非常に良好な結果が得られている。

2.2. 材料・準備

◎精製した染色体DNA
　それぞれの生物種による方法で精製したもので構わない。ただし，精製度の高

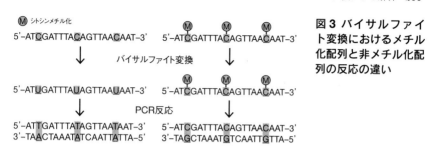

図3 バイサルファイト変換におけるメチル化配列と非メチル化配列の反応の違い

い染色体DNAを使用した方が失敗は少ない。シロイヌナズナについては，筆者らはQiagen社のDNeasy Plantキットで精製したゲノムDNAで良好な結果が得られている。

◎制限酵素

変性処理を効率化させるために，最初にゲノムDNAを断片化するために使用する。メチル化の影響を受けない制限酵素（Dra IやNde Iなど）を用いることが望ましいが，少なくとも後で解析するために増幅する遺伝子領域内に認識配列が存在しない制限酵素を使用しなければいけない。

◎3M水酸化ナトリウム

ゲノムDNAの一本鎖変性，脱スルホン化に使用する。当日調製する。

◎バイサルファイト反応試薬

亜硫酸水素ナトリウム（$NaHSO_3$　和光純薬198-01371など）

亜硫酸アンモニウム1水和物（$(NH_4)_2SO_3$　和光純薬014-03505など）

50％亜硫酸水素アンモニウム溶液（$(NH_4)HSO_3$　和光純薬014-02905など）

これらの亜硫酸水素塩の溶液は高腐食性であることに注意。

◎DNA精製試薬キット（DNAクリーンナップキット）

各社提供している一般的なDNA精製試薬キット（Promega社のWizard DNA Clean-UP systemやQ-Biogene社のGeneclean Kit 等）。筆者の研究室では，ZymoResearch社のEZ DNA methylation KitのDNA精製以降のステップに必要な試薬だけを使用している。それぞれの試薬が個別に販売されており，続く脱スルホン化も行える。

◎PCR用試薬

一般的な試薬で構わないが，PCR産物をTAクローニングする場合，α型DNAポリメラーゼはアデニンが3'末端に付加されないので使用しない。またバイサルファイト変換後の染色体DNAは変性されやすく，かつウラシルを多く含むので，

PCRによる増幅が困難な場合が多い。そのような配列に特化したDNAポリメラーゼも各社から販売されており（タカラバイオ社のEpiTaq HSなど），このようなDNAポリメラーゼを使用することで増幅効率が改善されることも多い。

◎PCR用プライマー

センス鎖のメチル化の状態を解析する場合，forwardのプライマーにはグアニンを含めて，reverseのプライマーにはシトシンを含める。このように設計することで，シトシンがウラシルに変換されても，reverseのプライマーはセンス鎖にアニーリングされるが，forwardのプライマーはアンチセンス鎖にアニーリングできない。したがってプライマーの相補領域のシトシンが完全にメチル化されていると，両側鎖からDNAが増幅されるので注意が必要である。またforwardプライマーにシトシンが，reverseプライマーにグアニンが含まれると，メチル化の効率が増幅効率に大きな影響を与えるので，可能なだけ避ける。シトシンやグアニンを含めないようにプライマーを設計することが難しいなら，いくつかの塩基をシトシンかチミン（Y），およびグアニンかアデニン（R）と制限を緩めて設計する。アンチセンス鎖を調べる場合は，全く逆のことを注意して設計する。プライマー設計を支援するツールもいくつかオンライン上で利用できる（例えばKismeth, http://katahdin.mssm.edu/kismeth/revpage.pl; Gruntman et al., 2008やMethPrimer, http://www.urogene.org/methprimer/; Li & Dahiya, 2002など）。哺乳動物ではCG配列におけるメチル化だけを議論することが多いので，プライマー上にCG配列を含まないように注意するだけでよい場合が多い。

また上述のようにバイサルファイト変換後の染色体DNAはPCRによる増幅が困難な場合が多い。サイクルを増やすことが解決策の1つであるが，その場合，PCRは2段階で行い，1段階目のPCR反応で増幅される領域内に新たなプライマーを設計し，そのプライマーを用いて2段階目のPCR反応を行うことで，非特異な増幅を妨げることができる（nested PCR）。

◎PCR産物クローニング試薬

一般的な試薬で問題ない。筆者の研究室ではプロメガ社のpGEM-T vectorシステムを使用している。

◎シーケンシング試薬・機器

一般的なもので問題ない。

◎ブロックインキュベーター（なければサーマルサイクラーでも代用可）

2.3. 方法の実際

ここで紹介するのは Shiraishi & Hayatsu (2004), Hayatsu et al. (2004) を基にした方法で，筆者の研究室ではシロイヌナズナから抽出精製した染色体 DNA 対して行っている。前項と同じく，生物種によってゲノム DNA 量や酵素やバイサルファイト変換の反応条件，また PCR 反応の条件は至適化が必要な場合がある。

1) 染色体 DNA のメチル化非感受性制限酵素による断片化

精製した染色体 DNA	0.25〜1 μg
制限酵素（スター活性に注意）*1	2〜5 unit
10× 至適制限酵素バッファー	2 μl
滅菌精製水	最終 20 μl に

上記反応液を 37 ℃（制限酵素の至適反応温度）で 3 時間〜1 晩，ヒートブロックもしくはサーマルサイクラーでインキュベートし，完全消化させる。

↓

2) 10 M バイサルファイト溶液の調製

2.08 g の亜硫酸水素ナトリウムと 0.67 g の亜硫酸アンモニウム一水和物を 5 ml の 50% 亜硫酸水素アンモニウム溶液に加え，70℃で保温する。5〜10 分で溶解するので，そのまま 70 度で保温する（約 6 ml になる）。当日調製で，使い切る。

↓

3) 一本鎖変性処理

制限酵素切断した DNA を 99℃で 2 分，ヒートブロックもしくはサーマルサイクラーで処理し，氷上で急冷。十分に冷やしてから，2.2 μl の 3 M 水酸化ナトリウム溶液を DNA に加え，37 ℃で 20 分間，ヒートブロックもしくはサーマルサイクラーでインキュベートする。

↓

4) スルホン化・脱アミノ化

2 で調製した 10 M バイサルファイト溶液を 275 μl 加え，ピペッティングで混合する。ミネラルオイルを添加し，70℃で 60 分間，ヒートブロックもしくはサーマルサイクラーでインキュベートする。

↓

5) 脱アミノ化された DNA の精製・脱スルホン化

DNA 精製試薬キットを用いて DNA を精製し，バッファーの置換を行う．この精製 DNA に対して終濃度 0.3 M になるように，水酸化ナトリウム溶液を加えてフタを閉め，37℃ で 20 分間，ヒートブロックもしくはサーマルサイクラーでインキュベートすることで，脱スルホン化を行う．エタノール沈殿で濃縮し，TE バッファーや滅菌水 20 μl に溶解する．

筆者の研究室では，ZymoResearch 社の EZ DNA methylation Kit をこのステップ以降だけ使用している．水酸化ナトリウム溶液による脱スルホン化もこのキットの試薬を使用し，プロトコールに従って行っている．

バイサルファイト変換した DNA は −20℃ で保存可能だが，非常に不安定なので，凍結融解はできるだけ避け，数週間以内に解析することが望ましい．

↓

6) 解析する遺伝子領域の PCR 反応による増幅

使用する PCR 試薬のプロトコールに従って，解析を行いたい遺伝子領域を増幅する．40 サイクルでも増えない場合は，1 回目の PCR 反応物を鋳型にして，さらに内側に設計したプライマーを用いて再び PCR 反応を行う (nested PCR)．

↓

7) PCR 産物のクローニング

PCR 反応で増幅された DNA の精製，クローニングについては，様々な会社が試薬を提供している．基本的に使用する試薬・キットのプロトコールに従って行えばよい．

↓

8) 各クローンのシーケンシング解析

各サンプルそれぞれで，独立の大腸菌コロニー由来の 10〜30 クローンほどをサンガー法で塩基配列を決定する．

↓

9) シーケンス結果のアライメント解析

シーケンスの結果をアライメントすることで，元の塩基配列と比較する．チミンに置き換わっている箇所は非メチル化シトシン，シトシンのままの箇所はメチル化シトシンと判定し，総クローン数に対するメチル化シトシンを持つクローン数の割合を各シトシンにおけるメチル化の割合として算出する．シーケンス結果をアライメント後，シトシンだけを抽出して表示し，その割合も算出するフリーのソフトウェアも報告されている．しかし多くは哺乳動物での解析を対象としているため，CG メチル化に特化しており，CHG メチル化や CHH メチル化には対応していない

が，上述の Kismeth や CyMATE（http://www.cymate.org, Hetzl et al. 2007）では非 CG メチル化の解析も行える。

2.4. その他・備考

もし調べたいゲノム DNA で確実にメチル化されないと分かっている領域があるなら，その領域も同様にして塩基配列まで解析し，シトシンがほぼ完全にチミンに変換しているかを確認することは必須である。もしそのようなことが全くわからない生物種を扱う場合は，完全な対照実験にはならないが，すでに解析されている生物種のゲノム DNA（人工的な DNA，例えば PCR 産物でも構わない）を混ぜて，バイサルファイト変換を行い，変換効率を判定することができる。

ここではバイサルファイト変換した DNA の特定の遺伝子領域を PCR によって増幅し，塩基配列を決定する方法を紹介したが，バイサルファイト変換されるシトシンを含む配列に相補するプライマーを設計し PCR 反応を行うことで，前項のように，増幅効率の差でメチル化の程度を判定することも可能である。

おわりに

本章では，DNA メチル化の検出法について，特に手軽かつ低コストで行える 2 つの手法について詳しく解説した。次世代シーケンサー技術の発展によって，様々な生物種のゲノム配列情報を扱うことも可能になり，それに応じてゲノムレベルでの DNA メチル化の状態を解析（メチローム解析）する必要性も増してきている。ここで紹介したバイサルファイト変換した染色体 DNA を，次世代シーケンサーで読むことによる 1 塩基解像度のメチローム解析が，真核生物として初めてシロイヌナズナで報告され（Cokus et al., 2008; Lister et al., 2008），その後も様々な生物種で行われてきた（Zemach et al., 2010）。メチル化頻度を算出するためには，より深く染色体をカバーしたリード配列数を必要とすることから，通常のゲノム再シーケンシングより，沢山のサンプル DNA を必要とする。しかし最近では，微量のサンプルから解析が行える PBAT 法（Miura et al., 2012）などが開発されている。またリード配列をマッピングする参照配列も，本来のゲノム配列だけでなくシトシンをチミンに変換した配列が必要となり，通常のゲノム再シーケンシングとは異なる解析法が必要であるが，得られたリード配列を解析する方法もいくつか報告されている（Klueger et al., 2012）。今後，バイサルファイト変換した DNA に対する次世代シーケンサーによる解析はより身近になると予想され，より多くの生物種で，系統

間で，また発生段階や環境に応じて，ゲノムレベルでのDNAメチル化の差を議論することができるようになるであろう。

バイサルファイト変換は，シトシンメチル化を検出する方法として，現在最も使用されている方法の1つである。しかしあくまで化学反応の速度の差を利用して，シトシンとメチル化シトシンを区別しており，直接メチル化シトシンを検出する方法ではない。現在，開発が進む次の世代のシーケンサー（Nanopore DNA sequencingやPacBIO RS）では，直接メチル化された塩基配列を読み取ることができると報告されている（Clarke et al., 2009; Flusberg et al., 2010）。PacBIO RSは既に製品化されており，このシステムを用いたメチローム解析の結果も原核生物では報告されているが（Fang et al., 2012），真核生物で主に解析されている5-メチル化シトシンの検出にはまだ改善の余地があるようである（Clark et al., 2013）。しかし，これらの技術の進展の速度は目覚ましく，本書が発行されている頃には，既に広く使用されているかもしれない。

謝辞

本章で紹介したバイサルファイト変換法は沖縄科学技術大学院大学の佐瀬英俊博士にご教授して頂いた。また制限酵素による検出法はジュネーブ大学のJerzy Paszkowski博士（現ケンブリッジ大学）の研究室で使用されていた方法で，同研究室の岩崎まゆみ博士にご助言を頂いた。実験手法を確立する際に，名古屋大学の山本章子博士に条件検討などの実験を行って頂いた。皆様に感謝の意を表したい。

引用文献

Cokus, S. J. *et al.* 2008. Shotgun bisulphite sequencing of the *Arabidopsis* genome reveals DNA methylation patterning. *Nature* **452**: 215-219.

Clark, T. A. *et al.* 2013. Enhanced 5-methylcytosine detection in single-molecule, real-time sequencing via Tet1 oxidation. *BMC Biology* **11**: 4.

Clarke, J. *et al.* 2009. Continuous base identification for single-molecule nanopore DNA sequencing. *Nature Nanotechnology* **4**: 265-270.

Fang, G. *et al.* 2012. Genome-wide mapping of methylated adenine residues in pathogenic *Escherichia coli* using single-molecule real-time sequencing. *Nature Biotechnology* **30**: 1232-1239.

Flusbergv, B. A. *et al.* 2010. Direct detection of DNA methylation during single-molecule, real-time sequencing. *Nature Methods* **7**: 461-465

Frommer, M. *et al.* 1992. A genomic sequencing protocol that yields a positive display of

5-methylcytosine residues in individual DNA strands. *Proceedings of the National Academy of Sciences of the USA* **89**: 1827-1831.

Gruntman, E. *et al.* 2008. Kismeth: analyzer of plant methylation states through bisulfite sequencing. *BMC Bioinformatics* **9**: 371.

Hayatsu, H. *et al.* 2004. DNA methylation analysis: speedup of bisulfate-mediated deamination of cytosine in the genomic sequencing procedure. *Proceedings of the Japan Academy Series B-Physical and Biological Sciences* **80**: 189-194.

Hayatsu, H. *et al.* 1970. Reaction of sodium bisulfite with uracil, cytosine, and their derivatives. *Biochemistry* **9**: 2858-2865.

Hetzl, J. *et al.* 2007. CyMATE: a new tool for methylation analysis of plant genomic DNA after bisulphite sequencing. *The Plant Journal* **51**: 526-536.

Krueger, F. *et al.* 2012. DNA methylome analysis using short bisulfite sequencing data. *Nature Methods* **9**: 145-151.

Li, L. C & R. Dahiya. 2002. MethPrimer: designing primers for methylation PCRs. *Bioinformatics* **18**: 1427-1431.

Lister, R. *et al.* 2008. Highly integrated single-base resolution maps of the epigenome in *Arabidopsis*. *Cell* **133**: 523-536.

Miura, F. *et al.* 2012. Amplification-free whole-genome bisulfite sequencing by post-bisulfite adaptor tagging. *Nucleic Acids Research* **40**: e136.

Morel, J. B. *et al.* 2000. DNA methylation and chromatin structure affect transcriptional and post-transcriptional transgene silencing in *Arabidopsis*. *Current Biology* **10**: 1591-1594.

Roberts, R. J. *et al.* 2010. REBASE--a database for DNA restriction and modification: enzymes, genes and genomes. *Nucleic Acids Research* **38**: D234-236.

Shapiro, R. *et al.* 1970. Reactions of uracil and cytosine derivatives with sodium bisulfite. *Journal of the American Chemical Society* **92**: 422-424.

Shiraishi, M. & H. Hayatsu. 2004. High-speed conversion of cytosine to uracil in bisulfite genomic sequencing analysis of DNA methylation. *DNA Research* **11**: 409-415.

Zemach, A. *et al.* 2010. Genome-wide evolutionary analysis of eukaryotic DNA methylation. *Science* **328**: 916-919.

第11章 植物自然集団におけるヒストン修飾の解析法

西尾 治幾（京都大学生態学研究センター）

はじめに

　クロマチン構造は真核生物において遺伝子発現の根幹をなしており，DNAのメチル化およびヒストン修飾（histone modification）によって規定される（メカニズムは第1章参照）。ヒストンに施される化学修飾であるヒストン修飾はその修飾部位，種類によって遺伝子発現を活性化または抑制する。例えば，ヒストンH3サブユニットのリジン残基のアセチル化や4番目のリジン残基のトリメチル化（H3K4 me3）は転写活性化のマーク，27番目のリジン残基のトリメチル化（H3K27 me3）は転写抑制のマークとして知られている（Bannister & Kouzarides, 2011; Biterge, 2016）。植物においてヒストン修飾は，成長相の転換である花成をはじめ，病原体感染，乾燥，冠水などの環境ストレス応答において遺伝子発現を調節するメカニズムとして働く（Tsuji et al., 2006; Jaskiewicz et al., 2010; Kim et al., 2010; Ding et al., 2012; He, 2012）。したがって，複雑に変化する野外環境下においてヒストン修飾を研究することは，植物の環境適応戦略に関する新たな知見につながると期待できる。

　ヒストン修飾を解析する分子生物学的手法が，クロマチン免疫沈降法（chromatin immunoprecipitation: ChIP）である。ChIPはその後の解析によって主に3つの手法が知られている。①特定の遺伝子座に注目してリアルタイム定量PCRを行うChIP-qPCR，②ゲノムワイドに解析する手法としてマイクロアレイを用いたChIP-on-chip，③次世代シーケンサーで解析するChIP-seqである。いずれの手法も医学，発生生物学，植物生理学などの分野で用いられている。しかし，筆者らが植物の自然集団でヒストン修飾の研究を開始した2012年4月の時点で，動植物を問わず野外サンプルを用いたChIP解析は研究例がなかった。そのため，筆者らは野外サンプルへの適用を目指してChIPの実験条件の最適化を行った（Nishio et al., 2016）。

　本章では，まず1.で遺伝子特異的にヒストン修飾を解析する手法であるChIP-qPCRの詳細を解説する。それを踏まえ2.では，一般的に行うChIPの最適化実験，および野外植物の解析へ向けた最適化実験の方法を解説し，最後にChIP用野外サンプルの採取方法を紹介する。

1. クロマチン免疫沈降－リアルタイム定量 PCR 法 (ChIP-qPCR 法)

1.1. 原理・背景

ChIP は，解析したいタンパク質を認識する抗体を用いてそのゲノム上の結合領域を推定する手法である。クロマチンを抽出した後，超音波破砕によりクロマチンの断片化を行う。その後，解析したいヒストン修飾を認識する抗体および抗体と親和性のあるビーズを用いてそのヒストン修飾を含むクロマチン断片のみを沈降（免疫沈降）させ，共沈降する DNA の配列を決定する（図1）。ChIP-qPCR では，精製した DNA を鋳型に注目する遺伝子領域に設計されたプライマーを用いてリアルタイム定量 PCR を行い，その領域における修飾量を測る。

ChIP には，はじめに細胞をホルムアルデヒドで固定する Cross-link ChIP と固定しない Native ChIP が存在する。Native ChIP は標的タンパク質の抗原部位をホルムアルデヒド架橋構造に乱される可能性がないので，抗原抗体反応が阻害されないという利点がある（O'Neill & Turner, 2003）。その一方で，抗原抗体反応に影響がなければ，ホルムアルデヒド架橋をした方がサンプルのヒストン修飾を安定的に維持できるため Cross-link ChIP が望ましい。ここでは，免疫沈降の効率や野外サンプルへの適用を考慮し，Cross-link ChIP について解説する。

本節では，Gendrel et al. (2005) のプロトコルに基づき，筆者の研究室でシロイヌナズナ属の多年草であるハクサンハタザオ（*Arabidopsis halleri* subsp. *gemmifera*）の葉サンプルを材料として行っている手法を解説する。

1.2. 材料・準備

1.2.1. 試薬

■ 37% ホルムアルデヒド液
■ PBS（常温で保存） 137 mM NaCl，8.1 mM Na_2HPO_4，2.68 mM KCl，1.47 mM KH_2PO_4。1 L 溶液の調製には，NaCl 8 g，$Na_2HPO_4・12H_2O$ 2.9 g，KCl 0.2 g，KH_2PO_4 0.2 g を蒸留水に溶解する。

■ PBS（1 L）

試薬	容量	最終濃度
NaCl	8 g	137 mM
$Na_2HPO_4・12H_2O$	2.9 g	8.1 mM
KCl	0.2 g	2.68 mM
KH_2PO_4	0.2 g	1.47 mM
H_2O	up to 1 L	

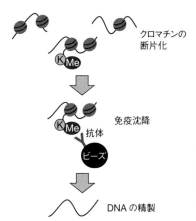

図1 クロマチン免疫沈降法（ChIP）の概念図
クロマチンの断片化後，解析したいヒストン修飾を特異的に認識する抗体を用いて，その修飾を含むクロマチン断片を選抜する．結果として，修飾が蓄積しているDNA領域が，そうでない領域より多く得られる．

- 2.5 M グリシン（常温で保存） 50 ml 溶液の調製には，9.38 g のグリシンを蒸留水に溶解する．完全に溶解するには，熱湯などで加熱する必要がある．
- 0.2 M PMSF（−20℃で保存） 50 ml 溶液の調製には，1.74 g の PMSF をイソプロパノールに溶解する．
- PIC（Protease Inhibitor Cocktail）溶液（−20℃で保存） 蒸留水 1 ml に対し cOmplete, EDTA-free（Roche）1錠の割合で溶解する．
- Extraction buffer 1（4℃で保存） 400 mM sucrose, 10 mM Tris-HCl（pH 8），10 mM $MgCl_2$。100 ml 溶液の調製には，2 M sucrose 20 ml, 1 M Tris-HCl（pH 8) 1 ml, 1 M MgCl2 1 ml を蒸留水に加え，混合する．使用直前に 14.3 M β-ME 35 μl, 0.2 M PMSF 50 μl, PIC 溶液 2 ml を加え，混合する．
- Extraction buffer 2（4℃で保存） 250 mM sucrose, 10 mM Tris-HCl（pH 8），10 mM $MgCl_2$, 1% Triton X-100（vol/vol）。10 ml

■ Extraction buffer 1（100 ml）

ストック溶液	容 量	最終濃度
2 M sucrose	20 ml	400 mM
1 M Tris-HCL（pH 8）	1 ml	10 mM
1 M $MgCl_2$	1 ml	10 mM
14.3 M β-ME	35 μl	5 mM
0.2 M PMSF	50 μl	0.1 mM
*PIC 溶液	2 ml	
H_2O	up to 100 ml	

■ Extraction buffer 2（10 ml）

ストック溶液	容 量	最終濃度
2 M sucrose	1.25 ml	250 mM
1 M Tris-HCL（pH 8）	100 μl	10 mM
1 M $MgCl_2$	100 μl	10 mM
20% Triton X-100	500 μl	1%
14.3 M β-ME	3.5 μl	5 mM
0.2 M PMSF	5 μl	0.1 mM
*PIC 溶液	200 μl	
H_2O	up to 10 ml	

溶液の調製には，2 M sucrose 1.25 ml，1 M Tris-HCl (pH 8) 100 μl，1 M MgCl₂ 100 μl，20% Triton X-100 500 μl を蒸留水に加え，混合する．使用直前に 14.3 M β-ME 3.5 μl，0.2 M PMSF 5 μl，PIC 溶液 200 μl を加え，混合する．

■ Extraction buffer 3（4℃で保存）
1.7 M sucrose，10 mM Tris-HCl (pH 8)，2 mM MgCl₂，0.15 % Triton X-100（vol/vol）．10 ml 溶液の調製には，2 M sucrose 8.5 ml，1 M Tris-HCl (pH 8) 100 μl，1 M MgCl₂ 20 μl，20 % Triton X-100 75 μl を蒸留水に加え，混合する．使用直前に 14.3 M β-ME 3.5 μl，0.2 M PMSF 5 μl，PIC 溶液 200 μl を加え，混合する．

■ Extraction buffer 3（10 ml）

ストック溶液	容量	最終濃度
2 M sucrose	8.5 ml	1.7 M
1 M Tris-HCL (pH 8)	100 μl	10 mM
1 M MgCl₂	20 μl	2 mM
20% Triton X-100	75 μl	0.15%
14.3 M β-ME	3.5 μl	5 mM
0.2 M PMSF	5 μl	0.1 mM
*PIC 溶液	200 μl	
H₂O	up to 10 ml	

*PIC（Protease Inhibitor Cocktail）溶液：使用直前に cOmplete, EDTA-Free 1 錠を 1 ml の H₂O に溶かす．

■ Nuclei lysis buffer（常温で保存）
50 mM Tris-HCl (pH 8)，10 mM EDTA，1% SDS（vol/vol）．10 ml 溶液の調製には，1 M Tris-HCl (pH 8) 500 μl，0.5 M EDTA 200 μl，10% SDS 1 ml を蒸留水に加え，混合する．使用直前に PIC 溶液 200 μl を加え，混合する．

■ Nuclei lysis buffer（10 ml）

ストック溶液	容量	最終濃度
1 M Tris-HCL (pH 8)	500 μl	50 mM
0.5 M EDTA	200 μl	10 mM
10% SDS	1 μl	1%
*PIC 溶液	200 μl	
H₂O	up to 10 ml	

*PIC（Protease Inhibitor Cocktail）溶液：使用直前に cOmplete, EDTA-Free 1 錠を 1 ml の H₂O に溶かす．

■ ChIP dilution buffer（4℃で保存）
16.7 mM Tris-HCl (pH 8)，1.2 mM EDTA，167 mM NaCl，1.1% Triton X-100（vol/vol）．10 ml 溶液の調製には，1 M Tris-HCl (pH 8) 167 μl，0.5 M EDTA 24 μl，3 M NaCl 556.6 μl，20 % Triton X-100 550 μl を蒸留水に加

■ ChIP dilution buffer（10 ml）

ストック溶液	容量	最終濃度
1 M Tris-HCL (pH 8)	167 μl	16.7 mM
0.5 M EDTA	24 μl	1.2 mM
3 M CaCl	556.6 μl	167 mM
20% Triton X-100	550 μl	1.1%
H₂O	up to 10 ml	

＊：Extraction buffer 1, 2, 3, Nuclei lysis buffer, Elution Buffer は毎回新しく調製する．これら以外はストック溶液を保存可能である．いずれの試薬も滅菌する必要はない．

え,混合する。

■抗修飾ヒストン抗体

抗体には,多数のエピトープ(抗原決定基)を認識するポリクローナル抗体と,1種類のエピトープのみを認識するモノクローナル抗体が存在する。筆者の研究室では,ホルムアルデヒドによってエピトープが被覆される可能性を考慮し,より汎用性の高いポリクローナル抗体を使用している。例)Anti-trimethyl-Histone H3(Lys 27)(#07-449, Millipore), Anti-H3 antibody-ChIP Grade(#ab1791, Abcam)など

■ Dynabeads Protein G(Novex)

■ Low salt wash buffer(4℃で保存)
20 mM Tris-HCl(pH 8), 2 mM EDTA, 150 mM NaCl, 1 % Triton X-100(vol/vol), 0.1 % SDS(vol/vol)。100 ml 溶液の調製には,1 M Tris-HCl(pH 8)2 ml, 0.5 M EDTA 400 μl, 3 M NaCl 5 ml, 20% Triton X-100 5 ml, 10% SDS 1 ml を蒸留水に加え,混合する。

■ Low salt wash buffer(100 ml)

ストック溶液	容量	最終濃度
1 M Tris-HCL(pH 8)	2 ml	20 mM
0.5 M EDTA	400 μl	2 mM
3 M NaCl	5 ml	150 mM
20% Triton X-100	5 ml	1%
10% SDS	1 ml	0.1%
H_2O	up to 100 ml	

■ High salt wash buffer(4℃で保存)
20 mM Tris-HCl(pH 8), 2 mM EDTA, 500 mM NaCl, 1% Triton X-100(vol/vol), 0.1 % SDS(vol/vol)。100 ml 溶液の調製には,1 M Tris-HCl(pH 8)2 ml, 0.5 M EDTA 400 μl, 3 M NaCl 16.6 ml, 20% Triton X-100 5 ml, 10% SDS 1 ml を蒸留水に加え,混合する。

■ High salt wash buffer(100 ml)

ストック溶液	容量	最終濃度
1 M Tris-HCL(pH 8)	2 ml	20 mM
0.5 M EDTA	400 μl	2 mM
3 M NaCl	16.6 ml	500 mM
20% Triton X-100	5 ml	1%
10% SDS	1 ml	0.1%
H_2O	up to 100 ml	

■ LiCl wash buffer(4℃で保存)
10 mM Tris-HCl(pH 8), 1 mM EDTA, 250 mM LiCl, 1% NP-40(vol/vol), 1% DOC(vol/vol)。100 ml 溶液の調製には,1 M Tris-HCl(pH 8)1 ml, 0.5 M EDTA 200 μl, 1 M LiCl 25 ml,

■ LiCl wash buffer(100 ml)

ストック溶液	容量	最終濃度
1 M Tris-HCL(pH 8)	1 ml	10 mM
0.5 M EDTA	200 μl	1 mM
1 M LiCl	25 ml	250 mM
20% NP-40	5 ml	1%
10% DOC	10 ml	1%
H_2O	up to 100 ml	

20% NP-40 5 ml, 10% DOC 10 ml を蒸留水に加え, 混合する。

■ TE wash buffer（4℃で保存）
10 mM Tris-HCl（pH 8），1 mM EDTA。100 ml 溶液の調製には，1 M Tris-HCl（pH 8）1 ml，0.5 M EDTA 200 μl を蒸留水に加え，混合する。

■ TE wash buffer（100 ml）		
ストック溶液	容量	最終濃度
1 M Tris-HCL(pH 8)	1 ml	10 mM
0.5 M EDTA	200 μl	1 mM
H₂O	up to 100 ml	

■ 10 mg/ml Proteinase K 溶液（−20℃で保存） 50 mM Tris-HCl（pH 8），5 mM CaCl₂，50% glycerol，10 mg/ml Proteinase K（ナカライテスク）。2 ml 溶液の調製には，1 M Tris-HCl（pH 8）100 μl，1 M CaCl₂ 10 μl，Glycerol 1 ml，Proteinase K 20 mg を蒸留水に加え，混合する。

■ 10 mg/ml Proteinase K（2 ml）		
ストック溶液	容量	最終濃度
1 M Tris-Hcl (pH8)	100 μl	50 mM
1 M CaCl₂	10 μl	5 mM
Glycerol	1 ml	50%
Proteinase K	20 mg	10 mg/ml
H₂O	up to 2 ml	

■ グリコーゲン溶液（20 mg/ml；ナカライテスク）
■ リアルタイム PCR 試薬（例：Power SYBRgreen PCR Master Mix（Applied Biosystems）
＊：いずれの試薬も滅菌する必要はない。

1.2.2. 器具

真空ポンプ，デシケーター，液体窒素，乳鉢，乳棒，Miracloth（Millipore），ボルテックス，遠心機，超音波破砕機，マイクロチューブローテーター，マグネットスタンド，ブロックインキュベーター

1.3. 方法の詳細

1.3.1. 植物組織のホルムアルデヒド固定

・1% ホルムアルデヒド溶液（PBS 20 ml＋37% ホルムアルデヒド液 600 μl）を 50 ml のコニカルチューブに調製する（毎回新しく調製，滅菌不要）。
・ハクサンハタザオの葉サンプル 1 g（湿重量，以下サンプル重量についてはすべて同様）を量り取り，ハサミで半分または 3 分の 1 に切り，20 ml の 1% ホルムアルデヒド溶液に浸す。この際,できる限りサンプルをチューブの底に押し込むようにする(溶液上に浮いていると,溶液が組織に浸透しにくいため)。

- 真空ポンプで5分間引き続ける。その後開放弁を開くことで植物組織内にホルムアルデヒド溶液を浸透させる。
- 溶液を軽く攪拌した後，もう一度5分間の真空，開放を行う。うまく固定された組織は半透明色となり，容器の底に沈む。この操作により，DNA－ヒストン間にホルムアルデヒドによる架橋構造が形成され，両者の結合が安定化する。
- 終濃度125 mMとなるように2.5 Mグリシンを加え，攪拌する。さらにもう一度5分間の真空，開放を行い，架橋反応を止める。
- サンプルをPBSで洗浄し，ペーパータオルなどで水分を拭き取る。
- サンプルを50 mlコニカルチューブに入れるか，アルミホイルなどで包み，液体窒素で瞬間凍結し，クロマチンを抽出するまで－80℃で冷凍保存する。

1.3.2. クロマチンの抽出

- 乳棒，乳鉢，薬さじを－80℃の冷凍庫内で冷やす。
- Extraction buffer 1, 2, 3 を調製し（用事調製，滅菌不要），4℃に冷やす。
- 冷凍保存していた植物組織を乳棒，乳鉢を用いて液体窒素中で粉砕する。
- 粉末を30 mlのExtraction buffer 1に加え，ボルテックスで攪拌し懸濁する。
- 2重にしたMiraclothに懸濁液を通し，ろ液を50 mlの遠心管に回収する。
- $3,000 \times g$，4℃で20分間遠心する。
- 上清を取り除き，沈殿物に1 mlのExtraction buffer 2を加えピペッティングにより懸濁する。
- $12,000 \times g$，4℃で10分間遠心する。この操作により，濃緑色のクロロフィル層の下に白い沈殿物が生じる。ここにクロマチンが含まれている。
- 上清を取り除き，沈殿物に300 μlのExtraction buffer 3を加えピペッティングにより懸濁する。
- 懸濁液を採取し，新しいマイクロチューブに準備した300 μlのExtraction buffer 3の上に静かに重ねる（マイクロチューブの壁面伝いに重ねる）。
- $16,000 \times g$，4℃で60分間遠心する。
- 上清を取り除き，沈殿物に300 μlのNuclei lysis bufferを加えピペッティングにより懸濁する。この際，マイクロチューブ壁面へのクロロフィル層の付着が多い場合は，キムワイプなどで拭き取る。

1.3.3. クロマチンの断片化

- 超音波破砕（ソニケーション）によりクロマチンの断片化を行う。後述のように用いる破砕機の種類に応じて破砕の条件を最適化する。筆者らは超音波ホモジナイザー Q700（QSONICA）に微量サンプル処理用マイクロチップ（カタログ番号：4417）を取り付け，出力10％で15秒間のソニケーションを8回行っている。注意すべき点は，破砕時に溶液の泡立ちを防ぐため，チップをマイクロチューブの底近く（溶液の深く）まで入れて行うことである（特にSDSを含むバッファーは泡立ちやすいので，サンプルを含まないバッファーで事前に練習することを勧める）。超音波により溶液の温度が過剰に上昇するのを防ぐため，破砕の繰り返し間にサンプルを氷上で1分間以上冷やす。
- 破砕後，12,000×g，4℃で5分間遠心し，上清を回収する（破砕によるロスのため，容量は280〜290 μl となる）。
- 上清から10 μl の input サンプルを取り，−20℃で保存する。上清の残りは液体窒素で瞬間凍結後，−80℃で保存可能である。

1.3.4. 免疫沈降

- ChIP dilution buffer を調製，4℃に冷やす。
- クロマチン溶液を ChIP dilution buffer で希釈する。筆者らは3 ml になるように希釈，5等分し，そのうち3サンプルについてそれぞれ異なる抗体で免疫沈降を行っている。残りの2サンプルは液体窒素で瞬間凍結後，クロマチンストックとして−80℃で冷凍保存している。
- 希釈したクロマチン溶液（600 μl）を10 μl の Dynabeads Proteing（1 ml の ChIP dilution buffer で事前に洗浄しておく）に加え，4℃で1時間ローテートし，pre-wash（ビーズに非特異的に結合するクロマチン断片を除去）する。
- マグネットスタンドでビーズを回収し，上清を新しいチューブに移す。
- 適切な量の抗体（実験に応じて最適化する；後述）を加え，5時間から一晩4℃でローテートする（少なくとも初めて ChIP 実験を行う際は，抗体を加えない no antibody コントロールを含める必要がある）。
- 15 μl の Dynabeads Proteing（1 ml の ChIP dilution buffer で事前に洗浄しておく）を加え，4℃で2時間ローテートし，抗原抗体複合体をビーズに結合させる。
- マグネットスタンドでビーズを回収し，上清を除去する。

- 回収したビーズを4種類の洗浄バッファー（Low salt wash buffer, High salt wash buffer, LiCl wash buffer, TE buffer の順）でそれぞれ2回ずつ洗浄する。1回目は転倒混和により懸濁後、ビーズを回収し上清を除去する。2回目は4℃で5分間ローテートした後、ビーズを回収し上清を除去する。

1.3.5. リバースクロスリンク

- Elution buffer（1% SDS（vol/vol），100 mM $NaHCO_3$）を調製する（毎回新しく調製、滅菌不要）。20 ml 溶液の調製には、10% SDS 2 ml，$NaHCO_3$ 0.168 g を蒸留水に加え、混合する。

■ Elusion buffer（20 ml）

ストック溶液	容量	最終濃度
10% DSD	2 μl	1%
$NaHCO_3$	0.168 g	100 mM
H_2O	up to 20 ml	

- 洗浄したビーズに 250 μl の Elution buffer を加え、65℃で15分間保温する。その間3分毎にビーズを転倒混和する。これにより、クロマチン断片をビーズから解離させる。
- マグネットスタンドでビーズを回収し、上清を新しいチューブに回収する。
- 同じ溶出操作をもう一度繰り返し、500 μl の溶出液とする。
- 溶出液に20 μl の 5 M NaCl を加え、転倒混和する。また、冷凍保存していた input サンプルに 500 μl の Elution buffer, 20 μl の 5 M NaCl を加え、転倒混和する。これらを65℃で一晩保温し、DNA－ヒストン間の架橋構造を解除する。

1.3.6. DNA の精製

- 各サンプルに以下の試薬を加える。

0.5 M EDTA	10 μl
1 M Tris-HCl（pH 6.5）	20 μl
10 mg/ml Proteinase K	2 μl

- 45℃で1時間保温し、サンプルに含まれるタンパク質を分解する。
- フェノール/クロロホルム抽出を2回行う。
- 2 μl のグリコーゲン溶液（20 mg/ml）を共沈剤として加え、エタノール沈殿を行い、DNA を精製、乾燥させる。
- 乾燥させた DNA を 20〜50 μl の TE に溶解し、−20℃で冷凍保存する。

1.3.7 リアルタイム定量 PCR

　一般的なリアルタイム定量 PCR については，タカラバイオ社のリアルタイム PCR 実験ガイド（https://www.takara-bio.co.jp/prt/guide.htm）に詳しい．リアルタイム定量 PCR の成功を左右する最も重要な要素が，適切なプライマーの設計である．上記サイトの「プライマー設計ガイドライン」などを参考にして，専用のソフトウェアを用いてプライマーを設計することが望ましい．定量方法には，Input DNA の希釈系列を用いて検量線を引き，未知サンプルを定量する検量線法と，基準サンプルに対する相対量を算出する ΔΔCt 法がある（Livak & Schmittgen, 2001; Larionov *et al.*, 2005）．いずれもリファレンス遺伝子に対する相対量を算出するが，ΔΔCt 法は解析する遺伝子の増幅効率が 100% 近くでなければ適用できない．したがって，そのようなプライマーの設計が難しい場合は，ひとまず検量線法を採用した方が良い．

2. 手法の最適化，野生植物への適用

2.1. 背景

　ChIP は多くのステップからなる非常に行程の長い実験系であるため，対象材料ごとに各ステップの条件の最適化は必須である．特にクロマチン超音波破砕の強度，免疫沈降時に加える抗体の量は，それぞれ用いる破砕機，抗体の種類によって最適条件が異なるため，事前に実験によって検討する．

　野生植物において安定的にヒストン修飾を解析するため，著者らは調査地に移動式電源装置，真空ポンプ，デシケーターを持ち込み，野外でサンプルのホルムアルデヒド固定を行っている．その後サンプルを研究室に運搬し ChIP-qPCR を行い定量データを得ている（図 2）．しかし，一般に ChIP を行うには比較的多量（>1 g）の組織サンプルが必要となるため，用いる組織が野生植物から多量に採取できない場合（例：頂端分裂組織など）は解析が困難となる．したがってそのような場合は，少量のサンプルから ChIP を行えることを確かめておく必要がある．また野外サンプリング作業，および野外調査地から研究室までの運搬後に，ヒストン修飾を安定的に検出できることを確認しておかなければならない．

　ここでは ChIP において一般的に行う最適化実験の方法，および野外サンプルに適用するための最適化実験の方法を解説する．最後に，筆者らが確立したハクサンハタザオ葉サンプルの野外採取法（Nishio *et al.*, 2016）を紹介する．

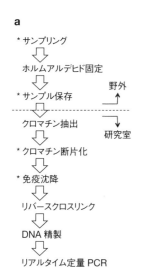

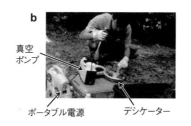

図2 野外サンプルを用いたクロマチン免疫沈降法
(Nishio et al., 2016 より改変)
a：解析の全体的な流れ。初めの3ステップは野外において行う。適切な保存方法で持ち帰った野外サンプルは，液体窒素で瞬間凍結後，クロマチン抽出まで冷凍保存する。特に条件検討が必須と考えられるステップを＊印で示した。**b**：野外において葉サンプルのホルムアルデヒド固定を行っている様子。移動式の実験器具を赤の矢印で示している。

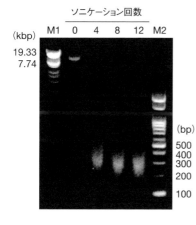

図3 ソニケーションによるクロマチン断片化の評価(Nishio et al., 2016 より改変)
クロマチンを4, 8, 12回のソニケーションで断片化した後，DNAを精製しアガロース電気泳動を行った。0回では7 kbp以上の位置に検出されたDNAが，4回のソニケーションで300 bpほどに断片化されているのがわかる。8回と12回ではほとんど差が見られない。 M1: λ DNA/Sty I digest, M2: 100 bp DNA ladder

2.2. 一般的な最適化実験

2.2.1. クロマチン断片化

使用する超音波破砕機の出力によってクロマチン断片化の効率は異なるため，破砕の条件を最適化する必要がある。まず破砕機の出力，破砕時間を数点振って超音波破砕を行う。その後リバースクロスリンクを行ったクロマチン溶液からDNAを精製し，アガロースゲル電気泳動により断片化の程度を評価する（図3）。一般にChIPでは，1,000 bp以下に断片化する必要がある。近傍の遺伝子領域上の修飾量を比べるなど解像度の高いChIP-qPCRを行うには，200〜500 bp程度に断片化

することが望ましい。

2.2.2. 抗体量

解析するサンプルの種類（生物種，組織の種類など），量，用いる抗体の種類に応じて免疫沈降時に加える抗体の量を最適化する必要がある。等量のサンプルに対して加える抗体の量を3～5点で振り（例えば1μg，2μg，4μgなど），リアルタイム定量 PCR を行う。Input DNA に比して算出される沈降効率（％ of input）が直線的に増加する範囲の抗体量を用いることが望ましい。抗体量を増加しても沈降効率が増加しない，あるいは逆に減少することは，抗体量が飽和していることを示している。非特異的な沈降を抑えるため，このような範囲の抗体量は避ける。この実験の目的は最適な input クロマチン量と抗体量の比率を決定することであるから，上述のように抗体量を変化させる代わりにクロマチンの希釈系列を用いても良い（Haring et al., 2007）。

2.3. 野外サンプルへ適用するための最適化実験

2.3.1. サンプル量

ChIP では，免疫沈降後の DNA の収量が非常に少ないため，比較的多量のサンプルが必要である［Gendrel et al.（2005）のプロトコルでは，1.5 g から 2 g のシロイヌナズナの組織サンプルからスタートし，3通りの抗体で ChIP を行う］。しかし，野外サンプルは自然に生育している個体の大きさに依存するしかなく，大量に採取するのが困難な場合が多い。特に継続した時系列サンプリングを行う場合は，一度のサンプル量を減らすことで自然集団への影響を小さくする必要がある。したがって，異なるサンプル量（例えば 0.3 g，0.9 g，1.5 g など）で ChIP-qPCR を行い，サンプル間で同様の結果が得られることを確認しなければならない。また，後の解析に十分な量の ChIP 後 DNA が得られることも確認し，サンプル量を決定する。著者らが対象としているハクサンハタザオの葉サンプルでは，1 g の葉から抽出したクロマチン溶液を5つに分注し，それぞれ別の抗体で ChIP を行っている。

2.3.2. サンプリングの影響

ヒストン修飾を安定的に定量するためには，サンプリング後即座にホルムアルデヒド固定を行うのが理想である。しかし自然集団において野生個体は分布がまとまっていないため，個体間の移動に長い時間がかかる。さらに多数の個体を対象としたサンプリング作業には一層の時間を要する。したがって，サンプリング作業前

後でヒストン修飾が変化しないことを確認する必要がある。そのため1〜2時間のサンプル保存の後，ホルムアルデヒド固定，ChIP-qPCR を行い，保存しなかったサンプルと結果を比較し，同様の結果が得られることを確認しなければならない。著者らは，1〜2時間のサンプリングの間サンプルの乾燥を防ぐため，切断面が浸るように葉を蒸留水に浸し氷上で保存している (Nishio et al., 2016)。

2.3.3. 野外調査地から研究室へ運搬時のサンプルの保存方法

サンプリングを行う野外調査地が研究室から遠く，サンプルの運搬に時間がかかる場合，野外でホルムアルデヒド固定したサンプルを研究室へ持ち帰るまでの間の保存方法を検討する必要がある。理想的には野外で液体窒素によってサンプルを瞬間凍結し，冷凍保存して持ち帰るのが良い。しかし実際は法令で定められた基準を満たしながら野外調査地まで液体窒素を安全に運搬することは困難である。他の選択肢として，ドライアイスでサンプルを挟み凍結保存する，サンプルを適当なバッファーに入れ氷上保存するなどが考えられる。

サンプル保存によるヒストン修飾への影響を調べるため，筆者らは花成抑制因子である FLOWERING LOCUS C (FLC) 遺伝子に注目した。冬季一年生のシロイヌナズナにおいて，長期間の低温処理（春化処理）は FLC 遺伝子座に抑制型ヒストン修飾である trimethyl histone H3 Lys 27 (H3K27 me3) を蓄積させ，温暖条件に移行後の花成を促す (Finnegan & Dennis. 2007; De Lucia et al. 2008; Angel et al., 2011)。FLC 遺伝子は筆者らの研究対象であるハクサンハタザオにも保存されている (Aikawa et al., 2010)。そこで筆者らはハクサンハタザオに6週間の低温処理を施し，FLC 遺伝子座における H3K27 me3 修飾レベルを ChIP-qPCR により定量した。その際，ホルムアルデヒド固定後に3通りの方法で7時間保存したサンプルを用いて結果を比較した。その結果，方法よらず低温処理あり・なしを検出できることがわかった（図4）。このことはいずれの方法でもヒストン修飾を保存できることを示している。著者らは方法の簡便さを重視し，PBS バッファーにサンプルを浸し氷上保存する方法を採用している。現在，野外調査地から研究室まで車で移動する間（交通状況により7時間におよぶこともある）この方法でサンプルを保存し，ヒストン修飾の季節変化を安定的に検出することに成功している (Nishio et al., 2016)。しかし対象とする植物種，組織によって適切な保存方法が異なる可能性があるため，それぞれの材料に応じて保存方法を検討することを勧める。

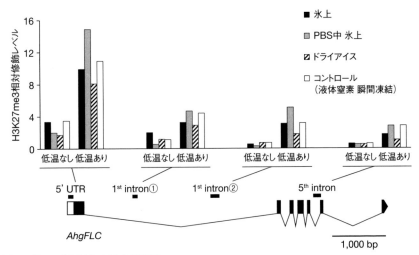

図4 サンプル保存方法の最適化
葉サンプルをホルムアルデヒド固定した後,3通りの方法(氷上,PBSバッファー中氷上,ドライアイスで挟む)で7時間サンプルを保存した.その後ChIP-qPCRを行いFLC遺伝子座上4領域におけるH3K27me3のACT2に対する相対修飾量をコントロール(保存なし:ホルムアルデヒド固定後,液体窒素で瞬間凍結)と比較した.方法間で差はあったが,どの方法でも低温あり・なしの差を検出できている.

2.4. ハクサンハタザオ葉サンプルの野外採取法

2.4.1. 背景

筆者らは継続したサンプリングを行うため,自然集団への影響が少なくなるようなサンプリング方法を採用している.すなわち,自然集団全体からランダムに選択した10個体それぞれから葉を等量ずつ採取し,プールして1反復の葉サンプルとしている.ここでは,筆者の研究室が対象としているハクサンハタザオ自然集団における,ChIP解析用葉サンプルの採取法を紹介する.

2.4.2. 材料・準備

1) 試薬

DW 30 ml,1%ホルムアルデヒド溶液20 ml,PBS 20 ml
以上はすべて50 mlのコニカルチューブに入れる.
PBS 100 ml(100 ml プラスチックコンテナに入れる),2.5 M グリシン,消毒用エタノール

2) 器具

氷を詰めたアイスボックス，ピンセット，ハサミ，ペーパータオル，ゴム手袋，水平器，秤量皿，電子はかり（電池式），真空ポンプ，デシケーター，ポータブル電源，ストップウォッチ，マイクロピペット（1,000 μl），ピペットチップ（1,000 μl）

2.4.3. 方法の詳細

1) 1個体から，目分量でおよそ0.1 gの葉をとり，30 mlのDWに切断箇所がDWにつかるように浸し，サンプリングの間，氷上で保存する。計10個体から葉を集め，約1 gの葉サンプルとする。この際，サンプル量の不足を防ぐため，少し多めに採取しておく。サンプリングは2時間以内に完了させる。
2) 風雨を避けることができる場所（テントや車）に移動する。
3) サンプリングした葉を保存していたDWで洗浄し（50 mlコニカルチューブ内で思いきりシェイク），ペーパータオルで葉を挟んで水分を拭き取る。
4) 水平器で確認しながら水平な台を確保し，秤量する。大きめの葉の一部を切除するなどして，1 gに調節する。
5) 1.3.1.と同様にしてホルムアルデヒド固定を行う。
6) 溶液からサンプルを取り出し，100 mlのPBSで洗浄する。
7) サンプルを20 mlのPBSに浸し，野外から研究室へ運搬する間，氷上で保存する。
8) 研究室に到着後，サンプルの水分をペーパータオルで拭き取り，アルミホイルで包む。液体窒素で瞬間凍結し，クロマチン抽出を行うまで−80℃で冷凍保存する。

2.4.4. 追記

最適化した手法に基づき定期的な野外サンプリングを2012年9月に開始したが，実際は容易ではなかった。研究室では当たり前にできることが野外ではそうではないからである。まず葉を秤量するための水平な台を確保する必要がある。そのため，水平器を頼りに台の傾きを調整する。また採取したサンプルをホルムアルデヒド固定する際，真空ポンプで引かなければならない。調査にバンなど大きめの車を利用できれば車内で作業を行うことができるが，小型の車でスペースが十分でない場合は，車外で行わなければならない。その際に大きな障害となるのが，雨と風である。雨の日は実験具や溶液を雨から防ぐため，テントを張ってテント内で作業する必

要がある。晴れであっても風が強い日はサンプルの秤量が困難となるため，秤量時には秤を箱で覆うなど風を防ぐ工夫が要る。また，夏場は気温が高くサンプル保存用の氷が早く溶けてしまうため，追加の氷を道中の食料品店などで調達する。このように野外サンプルを用いた ChIP には様々な困難が伴うため，継続した解析を行うには，何よりも根気が必要である。

おわりに

ChIP は複雑な実験系であり実験者の分子生物学実験のスキルが要求されるとともに，多くの時間と労力を要する手法である。筆者らは野外サンプリングから ChIP 後 DNA を得るまで，まる4日間かかっている。したがって，一般に多検体を対象とする生態学研究に取り入れるのは容易ではない。しかし，細胞壁や葉緑体，液胞などのオルガネラを持ち，クロマチンの抽出に時間がかかる植物細胞に比して，これらを持たない動物細胞では状況は比較的ましである。近年，動物の培養細胞を用いた ChIP は改良が進み，実験時間の短縮が試みられている (Nelson et al., 2006)。また，簡便化されたキットも登場している（例えば TAKARA BIO 社の EpiScope ChIP Kit では細胞のホルムアルデヒド固定から免疫沈降後の DNA の溶出までを1日で行えるとのことである）。したがって，生態学者が多検体を対象にヒストン修飾を解析することも徐々に現実的になってきている。

また，ヒストン修飾は進化的に非常によく保存されているため，ChIP において同じ抗修飾ヒストン抗体を様々な生物種の解析に適用できる。実際，筆者らがハクサンハタザオの解析に用いている抗体も，ヒトの修飾ヒストンを抗原として作られた抗体である。近年のシーケンシング技術の発展に伴うゲノム情報の急速な整備により，いわゆる非モデル生物においても遺伝子の機能を解析することが可能になりつつある。したがって，研究者が各々興味のある任意の野生生物に対して ChIP を行い，生態学研究においてヒストン修飾量を新たなパラメーターとして用いることも遠い未来の話ではない。

謝辞

本章で紹介したクロマチン免疫沈降法は筑波大学の Diana Buzas 博士にご教授頂いた。また龍谷大学永野惇博士，京都大学の工藤洋博士には手法の最適化の際にご助言を頂いた。この場を借りて皆様に感謝の意を表したい。

引用文献

Aikawa, S. *et al.* 2010. Robust control of the seasonal expression of the *Arabidopsis FLC* gene in a fluctuating environment. *Proceedings of the National Academy of Sciences, USA* **107**: 11632-11637.

Angel, A. *et al.* 2011. A Polycomb-based switch underlying quantitative epigenetic memory. Nature **476**: 105-108.

Bannister, A. J. & T. Kouzarides. 2011. Regulation of chromatin by histone modifications. *Cell Research* **21**: 381–395.

Biterge, B. 2016. A mini review on post-translational histone modifications. *MOJ Cell Science & Report* **3**: 00047.

De Lucia, F. *et al.* 2008. A PHD-Polycomb Repressive Complex 2 triggers the epigenetic silencing of *FLC* during vernalization. *Proceedings of the National Academy of Sciences, USA* **105**: 16831-16836.

Ding, Y. *et al.* 2012. Multiple exposures to drought "train" transcriptional responses in *Arabidopsis*. *Nature Communications* **3**: 740.

Finnegan, E. J. & E. S. Dennis. 2007. Vernalization-induced trimethylation of histone H3 Lysine 27 at *FLC* is not maintained in mitotically quiescent cells. *Current Biology* **17**: 1978-1983.

Gendrel, A-V. *et al.* 2005. Profiling histone modification patterns in plants using genomic tiling microarrays. *Nature Methods* **2**: 213-218.

Haring, M. *et al.* 2007. Chromatin immunoprecipitation: optimization, quantitative analysis and data normalization. *Plant Methods* **3**: 11.

He, Y. 2012. Chromatin regulation of flowering. *Trends in Plant Science* **17**: 556-562.

Jaskiewicz, M. *et al.* 2011. Chromatin modification acts as a memory for systemic acquired resistance in the plant stress response. *EMBO Reports* **12**: 50-55.

Kim, J-M. *et al.* 2010. Chromatin regulation functions in plant abiotic stress responses. *Plant, Cell & Environment* **33**: 604-611.

Larionov, A. *et al.* 2005. A standard curve based method for relative real time PCR data processing. *BMC Bioinformatics*, **6**: 62.

Livak, K. J. & T. D. Schmittgen. 2001. Analysis of relative gene expression data using real-time quantitative PCR and the $2^{-\Delta\Delta C_T}$ method. *Methods* **25**: 402-408.

Nelson, J. D. *et al.* 2006. Protocol for the fast chromatin immunoprecipitation (ChIP) method. *Nature Protocols* **1**: 179-185 .

Nishio, H. *et al.* 2016. From the laboratory to the field: assaying histone methylation at *FLOWERING LOCUS C* in naturally growing *Arabidopsis halleri*. *Genes & Genetic Systems* **91**: 15-26.

O'Neill, L. 2003. Immunoprecipitation of native chromatin: NChIP. *Methods* **31**: 76-82.

Tsuji, H. *et al.* 2006. Dynamic and reversible changes in histone H3-Lys4 methylation and H3 acetylation occurring at submergence-inducible genes in rice. *Plant & Cell Physiology* **47**: 995-1003.

執筆者一覧
(五十音順)

荒木 希和子(あらき きわこ) 　　　　　　　　　　　　　　　　編者, 第6章

立命館大学生命科学部 助教。専門は植物生態学, 分子生態学, 環境科学。野外に生育する草本植物の中でもクローン成長する種を主な対象とし, フィールドワークと分子生物学的な手法により生活史戦略や環境応答について研究を進めている。

伊藤 秀臣(いとう ひでたか) 　　　　　　　　　　　　　　　　　　第4章・コラム

北海道大学大学院理学研究院 助教。環境ストレスとゲノム進化に興味を持つ。植物を材料に, 環境ストレスで活性化するトランスポゾンの研究から, トランスポゾンが宿主植物に与える影響や, 宿主植物が獲得したトランスポゾン制御機構について研究している。

小林 一三(こばやし いちぞう) 　　　　　　　　　　　　　　　　　　　　第8章

東京大学 名誉教授, 杏林大学医学部 講師, パリ大学客員 教授 (Jean d'Alembert Scholar), Jawaharlal Nehru Centre for Scientific Research 客員教授, 東北大学生命科学研究科 客員研究者。関心は, 生命と遺伝と進化の原理。細菌の免疫系である制限修飾系がホストを攻撃する「利己的な遺伝子」であることを示した (Naito et al. Science 1995; Fukuyo et al. Scientific Report 2012)。適応進化の単位がゲノムでなくエピゲノムである可能性を, 細菌の制限修飾系による進化の駆動を中心に, 一分子リアルタイムシーケンサーによるメチローム解読などから検討している (Furuta & Kobayashi, NCBI Bookshelf; Furuta et al. PLoS Genetics 2014)。塩基切り出し型制限酵素の発見から, 制限修飾系の概念を拡張し, 任意のエピジェネティックなラベルと任意のDNA損傷の組み合わせからなる「自己認識エピジェネテティック系」の概念を提唱している。アプローチは, 分子遺伝学, ゲノム科学, バイオインフォマティクス, 実験進化学, 生化学, 構造生物学, 数理生態学, バイオテクノロジーと多面的。英語論文についてはGoogle Scholar Citationsを参照。日本語著書,『遺伝子とゲノムの進化』(シリーズ進化学 第2巻, 共著, 岩波書店) などがある。

佐竹 暁子(さたけ あきこ) 　　　　　　　　　　　　　　　　　　　　　第5章

九州大学理学研究院 准教授。植物の季節応答の分子メカニズム, 熱帯雨林で見られる一斉開花, 人間や動物の意思決定機構などを, 非線形力学・格子モデル・ゲーム理論・学習理論と野外実験・分子生物学的実験を合わせた統合的アプローチによって研究している。主著『生態学と社会科学の接点』(編著, 共立出版),『Temporal Dynamics and Ecological Process』(共著, Cambridge University Press) など。

鈴木 俊介(すずき しゅんすけ) 　　　　　　　　　　　　　　　　　　　　第9章

信州大学学術研究院 (農学系) 助教。信州大学先鋭領域融合研究群バイオメディカル研究所代謝ゲノミクス部門併任。東京工業大学で博士 (理学) を取得後, 東京医科歯

科大学難治疾患研究所エピジェネティクス分野（石野史敏研究室）特任助教，日本学術振興会海外特別研究員（オーストラリア，メルボルン大学 Marilyn Renfree 研究室）を経て，現職．PI として，分子生物学や比較ゲノム学を用いた哺乳類のゲノム機能の進化に関する研究をすすめている．

田中 健太 （たなか けんた） 第 7 章

筑波大学生命環境系・菅平高原実験センター 准教授．専門は進化生態学・保全生態学．変動環境に対して植物がどのように適応して次代を築いているかに興味を持ち，森林・草原・山岳のフィールドワークと遺伝子解析を横断した研究を行っている．主著『森林の生態学』（分担執筆，文一総合出版），『ゲノムが拓く生態学』（分担執筆，文一総合出版），『植物の進化』（分担執筆，秀潤社），『森林の科学』（共著，朝倉書店），『生態学』（分担翻訳，京都大学出版会）など．

玉田 洋介 （たまだ ようすけ） 第 1 章

自然科学研究機構基礎生物学研究所 助教．「細胞の運命がいつ，どのように変わるか」という疑問を，次世代シーケンサーを用いたエピゲノム・トランスクリプトーム解析と，単一細胞核におけるクロマチン修飾のライブイメージングとを組み合わせて，エピジェネティクスの視点から解明しようと研究中．主著『植物のエピジェネティクス』（分担執筆，学研メディカル秀潤社），『初めてでもできる！ 超解像イメージング』（分担執筆，羊土社）など．

土畑 重人 （どばた しげと） 第 7 章 Box 1

京都大学大学院農学研究科 助教．専門は進化生態学・行動生態学・社会生物学．主著『社会性昆虫の進化生物学』（分担執筆，海游舎）など．

西尾 治幾 （にしお はるき） 第 11 章

京都大学生態学研究センター 研究員．学部，修士課程を分子生物学の研究室で過ごすうちに，野外における遺伝子の機能に興味を持つようになる．京都大学大学院にて，植物自然集団における花成制御遺伝子のヒストン修飾の季節解析で博士号を取得．現在は主に，ChIP-seq 解析を用いて植物の環境記憶を担う遺伝子の探索を進めている．

西村 泰介 （にしむら たいすけ） 第 3 章・第 10 章

長岡技術科学大学技学研究院 准教授．専門は植物分子遺伝学・植物エピジェネティクス・植物遺伝子工学．植物の遺伝子サイレンシング機構やエピ変異の研究などを行っている．主著『植物のエピジェネティクス』（分担執筆，学研メディカル秀潤社），『Nuclear Functions in Plant Transcription, Signaling and Development』（分担執筆，Springer-Verlag New York）．

星野 敦 （ほしの あつし） 第 2 章

基礎生物学研究所 助教 兼 総合研究大学院大学生命科学研究科 助教．アサガオを対象

とした分子遺伝学が専門。花の模様にかかわるトランスポゾンやエピジェネティクス，花の色が決まる仕組みの研究のほか，ナショナルバイオリソースプロジェクトにおいて，アサガオのバイオリソースを収集，保存，提供する事業をすすめている。主著『植物色素フラボノイド』（共著，文一総合出版），『植物の分子育種学』（共著，講談社），『エピジェネティクス』（共著，シュプリンガー・フェアラーク東京）など。

索 引

■生物名■

Arabidopsis arenosa 107
Arabidopsis suecica 107
Claytonia perfoliata 158
アカパンカビ（*Neurospora crassa*） 37
アサガオ（*Ipomoea nil*, または *Pharbitis nil*） 63
　'フライングソーサー' 75
　ホワイトバリアント 70
イネ（*Oryza sativa*） 109, 118
オウシュウミヤマハタザオ（*Arabidopsis lyrata* subsp. *petoraea*） 115, 161
オオムギ（*Hordeum vulgare*） 118
カモノハシ（*Ornithorhynchus anatinus*） 192
キャベツ（*Brassica oleracea*） 44
コムギ（*Triticum* sp.） 118
コンロンソウ（*Cardamine leucantha*） 137
ショウジョウバエ（*Drosophila melanogaster*） 20, 37, 105
シロイヌナズナ（*Arabidopsis thaliana*） 11
　Columbia-0（Col-0）系統 51
スズラン（*Convallaria keiskei*） 133
セイヨウタンポポ（*Taraxacum officinale*） 150
セイヨウミヤマハタザオ（*Arabidopsis lyrata* subsp. *lyrata*） 50
セコイヤスギ（*Sequoiadendron giganteum*） 148
線虫（*Caenorhabditis elegans*） 105
ソライロアサガオ（*Ipomoea tricolor*） 63, 64
タバコ（*Nicotiana tabacum*） 107
タマーワラビー（*Macropus eugenii*） 192
トウモロコシ（*Zea mays*） 107
ナツメヤシ（*Phoenix dactylifera*） 148
ノアサガオ（*Ipomoea indica*） 63
ハクサンハタザオ（*Arabidopsis halleri* subsp. *gemmifera*） 122, 161, 220, 232
分裂酵母（*Schizosaccharomyces pombe*） 103
ホソバウンラン（*Linaria vulgaris*） 81
ポプラ（*Populus tremula*） 118
マルバアサガオ（*Ipomoea purpurea*） 63, 64
ミツバチ（*Apis mellifera*） 37
ミヤマハタザオ（*Arabidopsis kamchatica*） 161

FWA → FLOWERING WAGENINGEN

■人名■

今井喜孝 70
McClintock, Barbara 67
ラマルク 169

■事項■

【英数字】

Ⅰ型制限修飾系 179
Ⅲ型制限修飾系 178

CG アイランド 34
CG 配列 31
CG メチル化 → メチル化
CG メチル化維持酵素 85
CHG メチル化 → メチル化
ChIP → クロマチン免疫沈降法
ChIP-on-chip 219
ChIP-qPCR → クロマチン免疫沈降-リア

ルタイム定量 PCR 法
ChIP-seq → クロマチン免疫沈降-シーケンシング法
clk (*clark kent*) *84*
CMT3 → 維持型メチル化酵素
Columbia-0 系統 → シロイヌナズナ
CpG アイランド *187*

ddm1 (*decrease in dna methylation 1*) 突然変異体 *85*
DECREASE IN DNA METHYLATION 1 (*DDM*1) *102*
de novo メチル化酵素 → メチル化酵素
differentially methylated region (DMR) *185*
DMR → differentially methylated region
DNA メチル化 → メチル化
DRM2 *87* → *de novo* メチル化酵素，→ 新規 DNA メチル化酵素

EcoKI *179*
EcoPI *179*
EcoRI *171*, *173*
epigenetic landscape *13*, *14*
epiRILs (epigenetic Recombinant Inbred Lines; エピジェネティック組換え自殖系統群) *89*

FLC → *FLOWERING LOCUS C*
FLOWERING LOCUS C (*FLC*) *11*, *120*
FLOWERING LOCUS T (*FT*) *118*
FLOWERING WAGENINGEN (*FWA*) *108*
FT → *FLOWERING LOCUS T*

GAG 領域 *191*
GRN → 遺伝子制御ネットワーク

H3K9 *102*

Hi-C *24*
Homeobox (*Hox*) 遺伝子 *20*
Hox 遺伝子 → *Homeobox* 遺伝子

iPS 細胞 → 誘導万能性幹細胞

LTR → 反復配列

McrA *179*
MET1 *85*, *102* → 維持型メチル化酵素，CG メチル化維持酵素
met1 (*dna methyltransferase* 1) *84*
*met*1-3 突然変異体 *85*
miRNA → マイクロ RNA
mRNA *93*
MS-AFLP (Methylation-Sensitive AFLP) *139*

ONSEN *107*, *109*

PcG → ポリコームグループ
*PEG*10 *191*
PEV → 斑入り位置効果
POL 領域 *191*

RdDM → RNA 依存的 DNA メチル化
RDR → RNA 依存型 RNA ポリメラーゼ
restriction avoidance *178*
RNA 依存型 RNA ポリメラーゼ (RNA dependent RNA polymerase, RDR) *103*
RNA 依存的 DNA メチル化 → メチル化
RNA 干渉 (RNA interference) *103*

siRNA → 低分子干渉 RNA
SNP → 一塩基多型 (SNP)
sRNA → 低分子 RNA
SUP (*SUPERMAN*) *83*

TE → 転移因子
Tpn1 → トランスポゾン
TRD *178*
TrxG → トライソラックスグループ

【ア行】

アイソシゾマー *139*
アセチル化 *22*
アライメント解析 *214*
亜硫酸水素塩 → バイサルファイト
アントシアニン *65*

維持型メチル化酵素 → メチル化酵素
異質倍数体 *107, 161*
一塩基多型（SNP）*185, 195*
一分子リアルタイムシーケンシング *181*
遺伝子座 *143*
遺伝子制御ネットワーク（gene regulatory network: GRN）*14*
遺伝子ヘッド *25*
遺伝子ボディ *25*
遺伝的中毒 *173*
遺伝的変異 *136*
インプリント遺伝子 *187*
インプリントドメイン（imprinted domain）*187*

運河化（canalization）*14*

エコロジカル・エピジェネティクス *43, 78*
エピアリル（エピ変異 epi-mutation, epi-allele, epiallele）*38, 82*
エピゲノム（epigenome）*18, 28, 168*
──の初期化（リプログラミング）*35*
エピジェネティクス（epigenetics）*13, 68, 168*

エピジェネティクス駆動進化モデル *170*
エピジェネティック組換え自殖系統群 → epiRILs
エピジェネティック制御（epigenetic regulation）*15*
エピジェネティック制御機構 *187*
エピジェネティック変異 *136*
エピジェネティックリプログラミング *28*
エピジェノタイプ（epi-genotype）*138*
エピ変異 → エピアリル
塩基配列上の変異 *83*
エンハンサー *188*

オルソログ *192*

【カ行】

開花フェノロジー（flowering phenology）*118*
階層ベイズモデル *145*
可逆的 *72, 83, 104*
「獲得形質の遺伝」とも呼べるラマルク的な現象 *171*
花成（floral transition）*43, 118*
花成ホルモン（フロリゲン）*118*
片親性ダイソミー（uniparental disomy）*186*
環境応答 *49*
環境要因 *119*
完全活性 *127*
完全抑制 *127*

空間構造 *143*
空間的遺伝構造（spatial genetic structure）*138*
クローン構造 *136*
クローン植物 *133*
クロマチン（染色質, chromatin）*15*
クロマチン修飾 *15, 16*

クロマチン免疫沈降−シーケンシング法
　　（Chromatin immunoprecipitation-
　　sequencing, ChIP-seq）*15*
クロマチン免疫沈降法（Chromatin
　　immunoprecipitation: ChIP）*219*
クロマチン免疫沈降−シーケンシング法
　　（Chromatin immunoprecipitation-
　　sequencing, ChIP-seq）*219*
クロマチン免疫沈降−リアルタイム定量
　　PCR 法（ChIP-qPSR 法）*219, 220*

継代エピジェネティクス遺伝
　　（transgenerational epigenetic
　　inheritance）*156*
継代効果（transgenerational effect）*155*
　　適応的——（adaptive ——）*157*
ゲノムインプリンティング *35, 186*

高メチル化状態 *74*
コンフリクト仮説 *187*

【サ行】

再活性化 *107*
細胞記憶（cellular memory）*15, 120*
サイレンシング *33, 82* → 沈黙状態

ジェネット *133*
ジェノタイプ（genotype）*138*
自己 *171*
自殺型防御 *175*
雌性発生胚 *186*
自然選択（natural selection）*156*
シトシンメチル化→ メチル化
シトシンメチル化阻害剤 *35*
試薬
　　抗修飾ヒストン抗体 *223*
　　制限酵素 *205, 206*
　　バイサルファイト（亜硫酸水素塩）*205,*
　　　209
春化（vernalization）*11, 119*
春化処理→ 低温処理
小分子 RNA → 低分子 RNA
初代培養細胞 *196*
進化（evolution）*156*
新規 DNA メチル化酵素→ *de novo* メチル
　　化酵素
真獣類 *192*

水平伝達 *170*
刷り込み *189*

制限酵素 *171* → 試薬
制限修飾系 *171*
　　——間の競争 *175*
　　——の配列認識 *175*
正のフィードバック *122*
染色質→ クロマチン

双安定性 *122*
相同組換え *178*

【タ行】

ダーウィン進化論 *167*
多遺伝子座（mutlilocus）*138*
多型 *143*
脱メチル化酵素 *27* → メチル化酵素
　　DNA —— *105*

地下茎 *133*
超音波破砕 *220*
調節因子（controlling element）*67* → ト
　　ランスポゾン
沈黙状態（silenced state）*33*

低温記憶 *118*
低温処理（春化処理）*119*

低分子 RNA（small RNA, sRNA, smRNA）160
低分子 RNA（小分子 RNA，small RNA, sRNA, smRNA）40, 103
低分子干渉 RNA（small interference RNA または short interfering RNA, siRNA）40, 87, 160
低メチル化→メチル化
適応 156
適応進化（adaptive evolution）49, 156
　——のしくみ 167
適応的意義（adaptive significance）156
適応的継代効果→継代効果
適応度（fitness）155, 156
転移 67, 102
転移因子（transposable element, TE）31, 50
転移酵素 67
転移制御 103
転移抑制 93
転写因子 81, 84, 120
転移活性 67
転写活性化 22
転写活性化マーク 121
転写抑制 102
転写抑制化マーク 121

トライソラックスグループ（Trithorax group, TrxG）20
トランスクリプトーム 160
トランスポゾン（transposon）63, 67, 82, 101, 113
　DNA 型の—— 114
　Tpn1（Transposable element Pharbitis nil 1）64
　レトロ——（retrotransposon）94, 101, 113

【ナ行】

二重突然変異体 83
二年生植物 43

ノックアウトマウス 186

【ハ行】

バイサルファイト→試薬
バイサルファイト変換 209
バイバレント領域（bivalent domain）29
ハウスキーピング（housekeeping）遺伝子 34
刷毛目絞 71
発現解析 195
発現抑制 84, 105
発現量 195
バンド 142
反復配列（long terminal repeat, LTR）113

非 CG メチル化 32
非自己 171
ヒステリシス（hysteresis）122
ヒストン 16
ヒストン修飾（histone modification）104, 219
表現型（phenotype）83, 138, 155, 156, 186
表現型可塑性（phenotypic plasticity）43, 156
病原性 176

斑入り位置効果（position-effect variegation, PEV）37
不可逆的 72
フラグメント 142
プロモーターメチル化→メチル化

フロリゲン→花成ホルモン
分離後細胞死 173

ヘテロクロマチン (heterochromatin) 16

ホスト 171
母性効果 (maternal effect) 155
ポリコームグループ (Polycomb group, PcG) 20

【マ行】

マイクロ RNA (micro RNA, miRNA) 40

メチル化 16, 170, 185
  CG —— 32, 93
  CHG —— 32, 88, 93
  DNA —— 74, 82
    RNA 依存的—— 39
    RNA 指令型の——（RdDM）103
  シトシン—— 41
  脱—— 41
  低—— 106
    ——状態 74
  プロモーター—— 41
メチル化解析
  次世代シーケンサーによる—— 215
  制限酵素による—— 205
メチル化感受性 207

メチル化酵素 25
  de novo（新規 DNA）—— 31
    DRM2 32
  維持型—— 31
    CMT3 32
    Dnmt1 32
    MET1 32
メチル化シトシン 41
メチローム解析 90
免疫沈降 220
メンデル遺伝学 167

【ヤ行】

ユークロマチン (euchromatin) 16
雄性発生胚 186
誘導万能性幹細胞（iPS 細胞）35

抑制状態 (repressed state) 33

【ラ行】

ラメット 133

リーキー (leaky) 72
リクルート (recruit) 17
利己的な遺伝子 171

レトロトランスポゾン→トランスポゾン

種生物学会（The Society for the Study of Species Biology）

植物実験分類学シンポジウム準備会として発足。1968年に「生物科学第1回春の学校」を開催。1980年，種生物学会に移行し現在に至る。植物の集団生物学・進化生物学に関心を持つ，分類学，生態学，遺伝学，育種学，雑草学，林学，保全生物学など，さまざまな関連分野の研究者が，分野の枠を越えて交流・議論する場となっている。「種生物学シンポジウム」（年1回，3日間）の開催および学会誌の発行を主要な活動とする。

● 運営体制（2016〜2018年）

　　　会　　長：大原　雅（北海道大学）
　　　副 会 長：陶山　佳久（東北大学）
　　　庶務幹事：富松　裕（山形大学）
　　　会計幹事：渡邊　幹男（愛知教育大学）
　　　学 会 誌：英文誌　Plant Species Biology（発行所：Wiley）
　　　　　　　編集委員長／大原　雅（北海道大学）
　　　　　　　和文誌　種生物学研究（発行所：文一総合出版，本書）
　　　　　　　編集委員長／川北　篤（京都大学）
　　　学会ＨＰ：http://www.speciesbiology.org/

エピジェネティクスの生態学(せいたいがく)
環境(かんきょう)に応答(おうとう)して遺伝子(いでんし)を調節(ちょうせつ)するしくみ

2017年2月20日　初版第1刷発行

編●種生物学会(しゅせいぶつがっかい)
責任編集●荒木 希和子(あらき きわこ)

©The Society for the Study of Species Biology　2016

カバー・表紙デザイン●村上美咲(むらかみ みさき)

発行者●斉藤　博
発行所●株式会社　文一総合出版
〒162-0812　東京都新宿区西五軒町2-5
電話●03-3235-7341
ファクシミリ●03-3269-1402
郵便振替●00120-5-42149
印刷・製本●奥村印刷株式会社

定価はカバーに表示してあります。
乱丁，落丁はお取り替えいたします。
ISBN978-4-8299-6207-7　Printed in Japan
NDC 468　判型 148×210 mm 248 p.